"十三五"职业教育系列教材

电力类技术技能型人才培养系列教材

锅炉运行

主　编　廉根宽　牛　勇

副主编　程翠萍　刘华东

编　写　李宏毅　时海刚　孙永福

主　审　张　磊

U0246317

中国电力出版社

CHINA ELECTRIC POWER PRESS

内 容 提 要

本书为"十三五"职业教育规划教材,主要介绍了火力发电机组的自然循环锅炉运行、大型直流锅炉运行和循环流化床锅炉运行技术。内容涵盖了电厂锅炉工作过程分析、锅炉启动与受热面保护、锅炉汽水系统调节、制粉系统的运行、煤粉锅炉燃烧的调整、循环流化床锅炉的运行、锅炉停运、锅炉事故处理。为了扩展学生视野,本书还介绍了最先进的锅炉燃烧优化理念、低氧化氮燃烧器调节、直流锅炉主要系统图以及系统流程。

本书可作为高职高专热能与发电工程类相关专业的教材,也可作为普通高等院校能源与动力工程专业参考书,同时可作为工程技术人员的仿真培训教材。

图书在版编目(CIP)数据

锅炉运行/廉根宽,牛勇主编 . —北京:中国电力出版社,2018.8(2024.8重印)
"十三五"职业教育规划教材 电力类技术技能型人才培养系列教材
ISBN 978-7-5198-2328-3

Ⅰ.①锅… Ⅱ.①廉… ②牛… Ⅲ.①锅炉运行—职业教育—教材 Ⅳ.①TK227

中国版本图书馆 CIP 数据核字(2018)第 184949 号

出版发行:中国电力出版社
地　　址:北京市东城区北京站西街 19 号(邮政编码 100005)
网　　址:http://www.cepp.sgcc.com.cn
责任编辑:李 莉
责任校对:黄 蓓　闫秀英
装帧设计:郝晓燕　赵丽媛
责任印制:吴 迪

印　　刷:北京天泽润科贸有限公司
版　　次:2018 年 8 月第一版
印　　次:2024 年 8 月北京第三次印刷
开　　本:787 毫米×1092 毫米　16 开本
印　　张:13.25
字　　数:322 千字
定　　价:38.00 元

前 言

锅炉是将煤、油、天然气等燃料或其他热能释放出来的热量，通过金属受热面传递给经净化的水，并将其加热到一定压力和温度的水和蒸汽的连续运行的换热设备。

随着材料等级的不断提高和科学技术的进步，锅炉参数也逐步向超临界压力直流锅炉扩展，其压力等级和温度等级得到了更进一步的提高。发展大容量高参数直流锅炉发电机组是当今世界和我国火电发展的重要趋势之一。超临界压力机组是现阶段提高煤电效率、降低单位发电量污染物排放的最有效手段之一。与此同时，教材的编写内容必须适应电力发展的要求。

本书在编写过程中特别注重理论知识的运用及理论与实际的结合，既讲述了锅炉本体和辅助系统运行的基本知识，又讲解了火力发电机组的自然循环锅炉运行、大型直流锅炉运行和循环流化床锅炉运行等内容。

本书编写体现了项目驱动、任务引领，考虑工学结合教学实施。全书由从事锅炉运行培训教学的教师与现场工程技术人员，结合实践经验，参考国内外相关书籍及文献编写而成。其中，项目一、项目七由程翠萍编写，项目二由刘华东编写，项目三由牛勇编写，项目四、项目五由廉根宽编写，项目六中任务一由孙永福编写，项目六中任务二、任务三、任务四由时海刚编写，项目八由李宏毅编写。全书由山东电力高等专科学校廉根宽、牛勇担任主编并统稿，山东电力高等专科学校程翠萍、神华国华寿光发电有限责任公司刘华东担任副主编，山东电力高等专科学校李宏毅、时海刚、孙永福参与编写。

本书由山东电力高等专科学校张磊担任主审。在编写过程中，得到了山东电力高等专科学校的领导、老师和神华国华寿光发电有限责任公司领导的支持与帮助，在此一并表示感谢。

由于作者水平有限，不当之处在所难免，敬请读者批评指正。

编 者

2018 年 7 月

目　录

项目一　电厂锅炉工作过程分析

> **项目目标** ◄

（1）通过对锅炉基本设备组成及工作过程分析的学习，能叙述锅炉的作用和设备构成、绘制锅炉基本工作过程简图、看图说明锅炉基本工作过程。

（2）通过对锅炉的主要技术指标认知的学习，能描述锅炉工作各主要技术指标（包括技术规范指标、安全性指标和经济性指标）的内涵。

任务一　锅炉设备组成及工作过程分析

> **任务目标** ◄

1. 知识目标

（1）掌握锅炉的作用和设备组成。

（2）掌握锅炉的工作过程。

2. 能力目标

（1）能叙述锅炉的作用和设备组成。

（2）能绘制锅炉基本工作过程简图，并能看图说明锅炉基本工作过程。

> **知识准备** ◄

一、电站锅炉的作用和组成

锅炉是火力发电厂三大主机中最基本的能量转换设备。其作用是使燃料在炉内燃烧放热，加热锅水并生成一定数量和一定质量的过热蒸汽。电站锅炉由锅炉本体设备、辅助设备和锅炉附件组成。

锅炉本体设备是锅炉的主要组成部分，由燃烧系统和汽水系统两大部分组成。锅炉燃烧系统由炉膛、烟道、燃烧器、空气预热器等组成，其主要作用是使燃料在炉内良好燃烧，放出热量，如图1-1所示为大型煤粉锅炉燃烧系统。锅炉汽水系统由省煤器、水冷壁、启动分离器（汽包）、过热器、再热器等组成，其主要任务是有效吸收燃料放出的热量，使锅水蒸发并形成具有一定温度和压力的过热蒸汽，如图1-2所示为亚临界压力自然循环汽包锅炉的汽水系统，如图1-3所示为直流锅炉的汽水系统。

锅炉的辅助设备主要包括通风设备、制粉设备、给水设备、除尘除灰设备等。通风设备主要包括送风机、引风机、烟风道、烟囱等，其主要作用是提供燃料燃烧和煤粉干燥所需的空气，并将燃烧生成的烟气排出炉外。制粉设备主要包括原煤仓、给煤机、磨煤机、粗粉分离器等，其主要作用是将原煤干燥并磨制成合格的煤粉。给水设备由给水泵和给水管路组成，其主要作用是可靠地向炉内供水。除尘、除灰设备的主要任务是清除烟气中的飞灰和燃

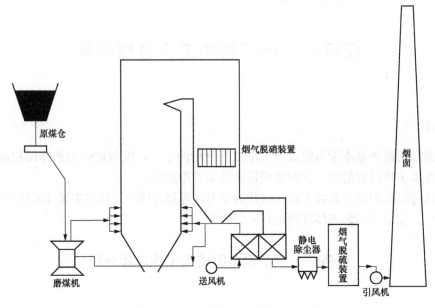

图1-1　大型煤粉锅炉燃烧系统

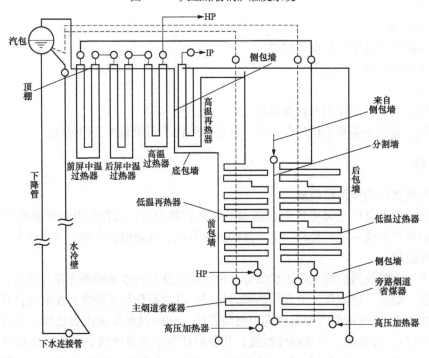

图1-2　亚临界压力自然循环汽包锅炉的汽水流程
HP—汽轮机高压缸；IP—汽轮机中压缸

料燃烧后的灰渣。

　　锅炉附件主要包括安全阀、水位计、吹灰器、热工仪表和控制设备等。此外。锅炉本体还有炉墙和构架。炉墙用来构成封闭的炉膛和烟道、构架是用来支承和悬吊汽包、锅炉受热面、炉墙等。

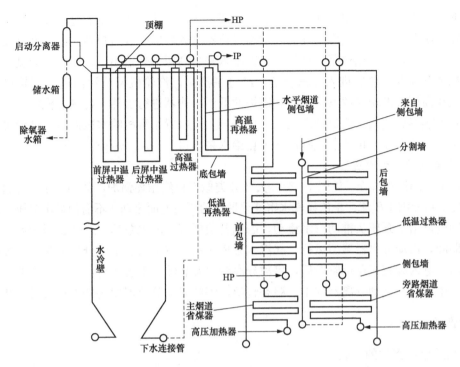

图 1-3　直流锅炉的汽水流程
HP—汽轮机高压缸；IP—汽轮机中压缸

二、电站锅炉的工作过程

1. 烟气系统流程

由图 1-1 可知，煤粉和空气在炉膛中混合燃烧形成烟气，烟气在炉膛中向上流动，依次经过水冷壁、前屏中温过热器、后屏中温过热器、高温过热器、高温再热器、低温过热器/低温再热器、省煤器、空气预热器后离开锅炉。煤粉燃烧后形成的灰渣经下部的冷灰斗和排渣口排出炉膛，飞灰随着烟气流动离开锅炉本体，在静电除尘器（ESP）中被捕捉下来；烟气中含有少量的 SO_2、NO_x 气体，分别在烟气脱硫装置（FGD）和烟气脱硝装置（SCR）中被脱除。净化处理后的烟气经引风机送入烟囱，排向大气环境。

2. 汽包锅炉的汽水流程

亚临界压力自然循环汽包锅炉的汽水流程见图 1-2，水冷壁部分为简化结构。来自高压加热器的给水进入省煤器，水在省煤器中被加热，温度升高，然后分左右两路进入汽包。在汽包中，给水和来自水冷壁的汽水混合物混合，蒸汽经过汽水分离器离开汽包。未饱和水进入下降管，通过下联箱和下连接管进入水冷壁。水冷壁中的水受到炉膛内高温烟气的辐射换热被加热、蒸发、变成汽水混合物。汽水混合物经过水冷壁出口联箱、汽水导管进入汽包。

来自汽包的饱和蒸汽分为两路：一路蒸汽进入炉膛顶棚过热器、水平烟道侧包墙、水平烟道底包墙后进入竖井烟道前包墙，蒸汽自上而下流动进入前包墙出口联箱；另一路蒸汽进入竖井烟道顶包墙、后包墙。蒸汽自上而下流动进入后包墙出口联箱。竖井烟道前后包墙出口联箱各自分为左、右两个出口，蒸汽进入竖井烟道左、右侧包墙入口联箱。蒸汽在侧包墙中从下向上流动经过出口联箱和导管进入分隔墙入口联箱，蒸汽在分隔墙内自上而下流动，经过出口联箱进入低温过热器入口联箱。低温过热器位于竖井烟道后半部分，蒸汽在低温过热器由下往上流动，经过出口联箱进入前屏中温过热器。蒸汽离开低温过热器之后，经过Ⅰ级喷水和一次左右交叉。蒸汽离开前屏中温过热器进入后屏中温过热器，经过Ⅱ级喷水和二次左右交叉，进入高温过热器。过热蒸汽减温水来自高压加热器出口。压力、温度、流量合格的蒸汽离开高温过热器进入蒸汽管道，经过主汽阀、汽轮机调节汽门进入汽轮机的高压缸。蒸汽在高压缸做功并抽汽后，回到锅炉的低温再热器进行加热。再热蒸汽经过低温再热器、高温再热器后进入汽轮机的中压缸。再热器入口布置了事故喷水减温器，高温再热器入口布置了喷水减温器。再热蒸汽减温水来自给水泵出口。

3. 直流锅炉的汽水流程

直流锅炉的汽水流程（见图1-3），大部分类似于自然循环锅炉，区别在于：①自然循环锅炉蒸发受热面内工质流动是依靠汽水密度差形成的压力差而流动，不需消耗水泵压头。而直流锅炉则全靠给水泵压头推动汽水流动，因此要消耗较多的水泵功率。②在锅炉启停及低负荷运行期间，启动分离器湿态运行，起汽水分离作用，将蒸汽从水中分离出来，收集的水排入储水箱。进入纯直流运行阶段后，启动分离器由湿态转入干态运行，启动分离器只作为蒸汽通道。由于存在启动分离器的干、湿态转换，因此启动分离器始终处于热态备用状态。

▶ **能力训练** ◀

1. 简述电厂锅炉的组成。
2. 简述锅炉烟气系统流程。
3. 简述汽包锅炉汽水系统流程。
4. 简述直流锅炉汽水系统流程。

任务二　锅炉主要技术指标认知

▶ **任务目标** ◀

1. 知识目标
（1）掌握锅炉的分类和型号。
（2）掌握锅炉的主要技术指标。
2. 能力目标
（1）能说明锅炉的分类和型号。
（2）能说明锅炉主要技术指标的内涵。

▶ **知识准备** ◀

一、锅炉的分类

电厂锅炉根据其工作条件、工作方式和结构形式的不同，可有多种分类方法。

1. 按锅炉燃用燃料分类

按锅炉燃用燃料种类的不同，可以分类为燃煤炉、燃油炉和燃气炉等。

2. 按锅炉容量分类

按锅炉容量的大小，锅炉有大、中、小型之分，但它们之间没有固定、明确的分界。随着我国电力工业的发展，电站锅炉容量不断增大，大中小型锅炉的分界容量便不断变化。从当前情况来看，发电功率等于或大于 300MW 的锅炉才算是大型锅炉。

3. 按蒸汽压力分类

按锅炉的蒸汽压力，可分为低压锅炉（$p \leqslant 2.45\text{MPa}$）；中压锅炉（$p = 2.94 \sim 4.90\text{MPa}$）；高压锅炉（$p = 7.84 \sim 10.8\text{MPa}$）；超高压锅炉（$p = 11.8 \sim 14.7\text{MPa}$）；亚临界压力锅炉（$p = 15.7 \sim 19.6\text{MPa}$）；超临界压力锅炉（$p \geqslant 22.1\text{MPa}$）。现在还习惯上将 $p \geqslant 25\text{MPa}$ 的锅炉称为超超临界压力锅炉。

低压锅炉主要用于工业锅炉，装机容量等于或大于 300MW 发电机组均采用亚临界压力和超临界压力的锅炉。

4. 按锅炉的燃烧方式分类

锅炉按燃烧方式可分为层燃炉、室燃炉、旋风炉、流化床锅炉，如图 1-4 所示。

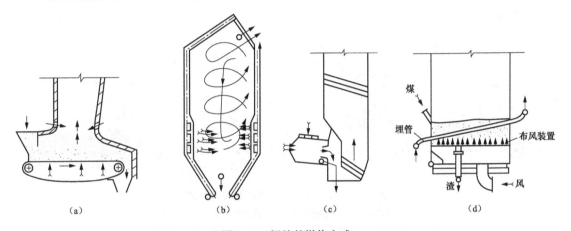

图 1-4　锅炉的燃烧方式
(a) 层燃炉；(b) 室燃炉；(c) 旋风炉；(d) 流化床锅炉

层燃炉是指煤块或其他固体块状燃料以一定的厚度在炉排上进行燃烧，空气从炉排下穿过燃料层向上流动，提供燃料燃烧需要的氧气。

室燃炉是指燃料在炉膛内呈悬浮状态进行燃烧，可燃用煤粉、油和天然气等，是当前火力发电厂广泛采用的燃烧方式。

旋风炉是煤粉和空气在旋风筒内强烈旋转并进行燃烧，以旋风筒作为燃烧室的锅炉。

流化床锅炉包括鼓泡床锅炉（沸腾炉）和循环流化床锅炉，鼓泡床锅炉是煤颗粒在布风板上呈沸腾状态进行燃烧；而循环流化床锅炉的气流速度更高，燃料在流化状态下燃烧，未燃尽的颗粒经分离器捕捉下来后，经返料装置返送回炉内继续燃烧。循环流化床锅炉具有燃烧稳定、燃料适应性好、有害气体排放少等优点，是一种极具发展潜力的锅炉。

5. 按工质在蒸发受热面中的流动方式分类

按工质在锅炉中的流动方式，可分为自然循环锅炉和强制流动锅炉两大类。

自然循环锅炉中工质在蒸发受热面内的流动是依靠水冷壁和下降管中工质的密度差形成的循环压头进行的。其工质在蒸发受热面中的流动如图 1-5 (a) 所示。

强制流动锅炉又分为控制循环锅炉、直流锅炉和复合循环锅炉。

控制循环锅炉是在自然循环锅炉的基础上发展而成，它在循环回路的下降管上装置了循环泵，如图1-5（b）所示。控制循环锅炉的工质流程是：给水在省煤器中加热后送进汽包；汽包中的锅水经下降管、循环泵、水包（下联箱）进入水冷壁，在水冷壁中吸热、汽化，形成汽水混合物后送入汽包，并在汽包中进行汽水分离，分离出的蒸汽从汽包上部引出送入过热器；分离出的水在与省煤器来的给水混合后进入下降管，再进行水循环。可见，循环回路中工质的循环是靠下降管内水和水冷壁内汽水混合物的密度差产生的压力差以及循环泵的压头来推动的。因而控制循环锅炉的水循环推动力要比自然水循环的大（大5倍左右），这样控制循环锅炉的循环回路能克服较大的流动阻力，其工质在蒸发受热面中的流动如图1-5（b）所示。

直流锅炉中工质在受热面中的流动是依靠给水泵提供的压头进行的，且一次完成加热、蒸发和过热，其工质在蒸发受热面中的流动如图1-5（c）所示。

复合循环锅炉是由直流锅炉和炉水循环泵组合形成的，其工质在蒸发受热面中的流动如图1-5（d）所示。

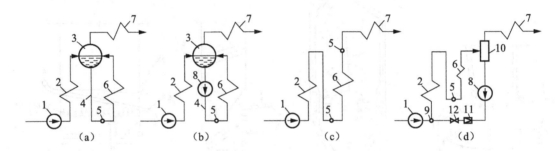

图1-5　工质在蒸发受热面的流动方式

（a）自然循环；（b）控制循环；（c）直流锅炉；（d）复合循环

1—给水泵；2—省煤器；3—锅炉汽包；4—下降管；5—联箱；6—水冷壁；7—过热器；
8—炉水循环泵；9—混合器；10—汽水分离器；11—止回阀；12—调节阀

6. 按锅炉排渣方式分类

按锅炉排渣方式的不同，可以分为固态排渣炉和液态排渣炉。

二、描述锅炉工作的主要技术指标

（一）技术规范指标

1. 锅炉容量

锅炉容量即锅炉蒸发量，分为额定蒸发量（BRL）和最大连续蒸发量（BMCR）两种。额定蒸发量是指锅炉在额定蒸汽参数、额定给水温度、使用设计燃料并保证锅炉效率时所规定的蒸发量。最大连续蒸发量是指锅炉在额定蒸汽参数、额定给水温度、使用设计燃料，长期连续运行时所能达到的最大蒸发量。最大连续蒸发量通常为额定蒸发量的1.03～1.2倍，锅炉容量常用符号 D_e 表示，单位为 t/h（或 kg/s）。

2. 蒸汽参数

一般指过热器出口处过热蒸汽的压力和温度。蒸汽压力用 p 表示，单位为 MPa（或 kgf/cm²）；蒸汽温度用 t 表示，单位为℃。

对于具有中间再热的锅炉，蒸汽参数中还应包括再热蒸汽的压力和温度。

3. 给水温度

对锅炉而言，给水温度是指给水在省煤器入口处的温度。不同参数的锅炉其给水温度不相同。

4. 排烟温度

排烟温度是指烟气在锅炉最后一级受热面烟气侧出口处的温度。不同参数的锅炉其排烟温度不相同。

（二）安全性指标

1. 锅炉连续运行小时数

锅炉连续运行小时数是指锅炉两次被迫停炉进行检修之间的运行小时数。

2. 锅炉事故率

锅炉事故率是指在统计期间内，锅炉事故停炉总小时数，与总运行小时数和事故停炉总小时数之和的百分比，即

$$事故率 = \frac{事故停炉总小时数}{总运行小时数 + 事故停炉总小时数} \times 100\%$$

3. 锅炉的可用率

锅炉的可用率是指在统计期间，锅炉运行总小时数和总备用小时数之和，与该统计期间总小时数的百分比，即

$$可用率 = \frac{运行总小时数 + 总备用小时数}{统计期间总小时数} \times 100\%$$

锅炉可用率和事故率的统计期间可以是一年或两年。连续运行小时数越大，事故率越小，可用率、利用率越大，锅炉安全可靠性就越高。目前，我国大、中型电站锅炉的连续运行小时数在 5000h 以上，事故率约为 1%，平均可用率约为 90%。

（三）经济性指标

1. 锅炉热效率

在锅炉运行中，燃料实际上不可能完全燃烧，其可燃成分未完全燃烧会造成热量损失。此外，燃料燃烧放出的热量也不可能完全得到有效利用，其中一部分热量被排烟、灰渣带走或由于锅炉本体向大气散热而损失，这些损失的热量，称为锅炉热损失，其大小决定了锅炉的热效率。

锅炉热效率又称锅炉效率，指锅炉有效利用热量 Q_1 占锅炉输入热量 Q_r 的百分数，用符号 η 表示，即

$$\eta = \frac{Q_1}{Q_r} \times 100\%$$

现代化大型电站锅炉的热效率一般在 90% 以上。工业锅炉的热效率为 50%～80%。

2. 锅炉净效率

只用锅炉热效率来说明锅炉运行的经济性是不够的，因为锅炉热效率只反映了燃烧和传热过程的完善程度，但从火电厂锅炉的作用看，只有供出的蒸汽和热量才是锅炉的有效产品，自用蒸汽消耗及排污水的吸热量并不向外供出，而是自身消耗或损失掉了。而且，要使锅炉能正常运行，生产蒸汽，除使用燃料外，还要使其所有的辅助系统和附属设备正常运行，也都要消耗电力。因此锅炉运行的经济性指标，除锅炉热效率外，还有一个锅炉净效率。

锅炉净效率是指扣除了锅炉机组运行时自用耗能（热耗和电耗）以后的锅炉效率。

锅炉净效率 η_j 可用下式计算：

$$\eta_j = \frac{Q_1}{Q_r + \sum Q_{zy} + \dfrac{b}{B} 29308 \sum P} \times 100\%$$

式中　B——锅炉燃料消耗量，kg/h；

　　Q_{zy}——锅炉自用热耗，kJ/kg；

　　$\sum P$——锅炉辅助设备实际消耗功率，kW；

　　b——电厂发电标准耗煤量，kg/（kW·h）。

三、锅炉的型号

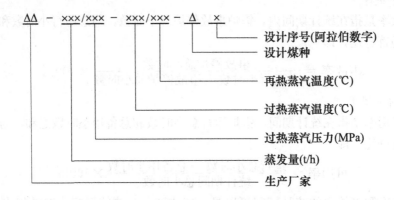

相对于工业锅炉型号，电厂锅炉的型号比较简单，它反映了电厂锅炉的主要技术特性。我国电厂锅炉的型号一般采用三组或四组字码表示，其形式一般为：锅炉生产厂家—锅炉额定容量/过热蒸汽额定压力—过热蒸汽额定温度/再热蒸汽额定温度—设计序号。

中、高压电厂锅炉的型号用三组字码表示，超高压及以上压力的电厂锅炉均为中间再热锅炉，其型号用四组字码表示。

举例一：HG-410/9.8-1，HG—哈尔滨锅炉厂，410/9.8——锅炉额定容量为410t/h，额定蒸汽压力（表）为9.8MPa，1——表示第1次设计。

举例二：DG-670/13.7-540/540-M8，它表示：东方锅炉厂制造的额定容量为670t/h，过热蒸汽额定压力（表）为13.7MPa，过热蒸汽温度为540℃，再热蒸汽温度为540℃，设计序号为8（该型号锅炉为第8次设计）的燃煤锅炉。

有的电厂锅炉型号中，还在设计序号前用符号注明燃用燃料的种类：M表示燃煤锅炉，Y表示燃油锅炉，Q表示燃气锅炉，T表示燃烧其他燃料的锅炉。

我国主要电厂生产厂家及汉拼缩写：

HG—哈尔滨锅炉厂　　SG—上海锅炉厂　　DG—东方锅炉厂　　BG—北京锅炉厂

WG—武汉锅炉厂　　CG—四川锅炉厂　　UG—无锡锅炉厂　　YG—济南锅炉厂

JG—江西锅炉厂　　TG—泰安锅炉厂

> **能力训练** ◀

1. 电厂锅炉如何分类？

2. 电厂锅炉技术规范指标有哪些？

3. 电厂锅炉安全性指标有哪些？

4. 电厂锅炉经济性指标有哪些？

项目二　锅炉启动与受热面保护

> **项目目标** <

（1）通过对锅炉启动前的准备和检查、锅炉上水、锅炉吹扫、锅炉点火、锅炉初始升温、升压的学习，能叙述自然循环锅炉的启动操作步骤。

（2）通过对控制循环汽包锅炉滑参数启动的学习，能叙述炉水循环泵的启动步骤。

（3）通过对直流锅炉滑参数启动的学习，能叙述直流锅炉滑参数启动步骤。

（4）通过对汽包锅炉机组受热面的保护的学习，能叙述汽包、受热面的保护措施。

（5）通过对直流锅炉启动系统和受热面的保护的学习，能叙述直流锅炉受热面的保护措施。

根据锅炉启动前的热状态，锅炉启动分为冷态启动和热态启动。冷态启动是指锅炉经中、长期备用，炉内工质的温度、压力和金属温度相对较低的启动；热态启动是指锅炉经短期备用，炉内工质的温度、压力和金属温度相对较高的启动，即热备用状态下的启动。就锅炉本身而言，冷态启动和热态启动的基本步骤和要求基本相同，因此，按锅炉本身的冷、热态来划分启动方式意义不大。对单元机组的锅炉而言，锅炉的冷、热态主要是根据汽轮机的冷、热态来划分启动方式。若制造厂没有特殊规定，一般以汽轮机调节级高压内缸的金属温度划分：200℃以下为冷态启动；200～370℃为温态启动；370～450℃为热态启动；450℃以上为极热态启动。有些机组按停机时间的长短划分：停机一周后再启动为冷态启动；停机8h后再启动为温态启动；停机2h后再启动为极热态启动。

根据锅炉的启动参数，锅炉启动分为额定参数启动和滑参数启动（即机、炉联合启动）。对母管制锅炉，采用额定参数启动；单元制机组的锅炉，一般采用滑参数启动。本书重点介绍滑参数启动方式。

（一）额定参数启动

额定参数启动是指启动时，先将锅炉的蒸汽参数提升至额定值，然后再进行汽轮机的冲转、升速、并列带负荷、升负荷。由于额定参数启动时，采用高参数蒸汽加热管道和汽轮机，使金属零部件产生很大的热应力和热变形，且冲转时蒸汽存在很大的节流损失，因而现代大容量单元机组不采用该方式，而采用滑参数联合启动方式。

（二）滑参数启动方式

滑参数联合启动方式是指在锅炉点火、升温升压过程中，利用低参数蒸汽进行暖管、冲转，并随蒸汽参数的提高逐步提高机组的转速，至额定转速时发电机并列带负荷，然后随蒸汽参数的提高进一步提升机组的负荷，当锅炉出口蒸汽参数达到额定状态时，发电机达到额定出力。由于汽轮机的暖管、升速、并列带负荷、升负荷是在蒸汽参数不断变化的情况下进行的，因此称为滑参数启动。采用滑参数启动，改善了汽轮机的启动条件，缩短了启动时间，增加了电网调度的灵活性，因而是目前单元机组启动采用的主要方法。

滑参数启动有滑参数真空法启动和滑参数压力法启动两种方式。

1. 滑参数真空法启动

滑参数真空法启动是指在锅炉点火前，从锅炉汽包到汽轮机之前的所有阀门全部开启，机组抽真空时，汽轮机及其一、二次汽管道直至锅炉汽包均处于真空状态，即在锅炉点火前就已在系统上建立了机、炉间的滑压关系，这样，锅炉点火后，通常在机前压力不到一个表压时，汽轮机即自行冲转，所以称为真空法启动。

采用滑参数真空法启动的优点是操作简单、启动热损失小。但是，在该启动方式下，汽轮机冲转后的升速过程需通过调节锅炉燃烧来控制，而启动初期的燃烧控制比较困难，因此该启动方式不利于机组的升速控制。另一方面，由于启动初期汽轮机的高压缸排汽温度较低，启动时也不利于提高再热蒸汽温度。所以，目前单元机组一般不采用该方式启动。

2. 滑参数压力法启动

滑参数压力法启动是指在锅炉出口蒸汽参数达到一定压力和温度时，再开启冲转汽门冲转汽轮机的启动方式。

采用滑参数压力法启动时，因冲转时压力、温度较高，且具有一定的过热度，因而有利于机组的升速控制，也有利于再热蒸汽温度的提高，特别是对高、中压合缸结构的汽轮机，再热蒸汽温度和过热蒸汽温度接近，可大大减小汽缸的热应力，但采用滑参数压力法启动时，由于启动前锅炉出口的不合格蒸汽需通过旁路系统排入凝汽器，以调节冲转参数，因而增大了机组的启动热损失。

自然循环汽包锅炉的冷态启动一般采用滑参数压力法启动。控制循环汽包锅炉启动方式与其类似，不同的是启动初期水循环倍率就很大，水冷壁管内有足够的水量流动，而且给水和锅水经汽包、循环泵混合后进入水冷壁，温度比较均匀，所以在点火启动中不需采用如对称投入点火器等特殊措施来改善水冷壁的受热情况。直流锅炉在较低负荷时（<40%MCR）汽水分离器代替汽包使用。因此，启动运行方式与汽包锅炉相类似，不同的是启动时要有一定的启动流量，必须不间断地向锅炉进水，维持足够的工质流速使受热面得到冷却。当负荷达40%MCR时，汽水分离器由湿态切换到干态，锅炉变作直流运行，这时内置式汽水分离器充当集汽箱的作用。

虽然是不同类型的锅炉，但启停过程大同小异。启动过程主要包括启动前的准备和检查、锅炉进水、锅炉点火和升温、升压。

下面任务一至任务五中，主要以自然循环汽包锅炉为例来进行锅炉机组的启动操作。

任务一 锅炉启动前的准备和检查

> **任务目标** <

1. 知识目标

（1）熟悉锅炉启动前准备与检查工作的主要内容。

（2）掌握锅炉启动前的主要试验项目。

2. 能力目标

（1）能叙述锅炉启动前准备与检查工作的主要内容。

（2）能叙述锅炉启动前的主要试验项目。

> **知识准备** <

锅炉启动前，为保证启动过程的顺利进行和设备安全，必须对锅炉设备和汽水系统进行全面检查，并进行必要的试验。

锅炉启动前准备与检查工作的主要内容如下。

1. 锅炉本体设备检查

锅炉本体的设备检查包括炉内检查和炉外检查。炉内检查可结合检修后的验收工作进行，主要是检查炉膛和烟道中有无杂物、炉墙是否完好、燃烧器和受热面是否结渣或积灰、油枪和吹灰器位置是否正确、其电动执行机构进退是否灵活等。炉外检查主要是检查炉膛的各孔、门、挡板是否完好，位置是否正确，各挡板的传动装置是否灵活等，并将各挡板调至启动位置。

2. 汽水系统的检查

锅炉启动前汽水系统的检查主要是检查汽水系统的阀门是否完好，手轮开关的方向标志是否正确，汽水取样和加药设备是否完整，汽包、联箱等处的膨胀指示器是否完好，并记录其初始膨胀。检查完毕后，将汽水系统的各阀门按要求调整至启动位置。

3. 转动机械的检查、校验与试运

转动机械的检查主要是检查转动机械如空气预热器、风机、磨煤机、给煤机等及其附属设备是否完好，内部是否有杂物和积粉，转动机械及其电动机的基础是否牢固，转动部分的防护罩是否完好等。此外，还应检查轴承和油箱的油位、油质及各检测仪表是否正常等。检查后对转动机械的调节装置、各风门挡板进行校验。

转动机械试运时，特别应注意其电动机的电流和试运设备的转动方向、振动、轴承温度、窜轴等情况，发现问题要及时消除。对空气预热器，启动前应先进行盘车，以检查有无卡涩。

4. 控制盘面检查

锅炉启动前，应检查集控室和锅炉辅助设备操作盘、控制站上的有关仪表、键盘、按钮、通信、操作把手等是否完好，事故照明和声光报警信号是否正常、阀门指示位置是否正确等。

锅炉启动前的主要试验项目有：

（1）锅炉各电动门、调节门、气控装置、风机的静叶、动叶和风烟系统各风门挡板的试验。

（2）锅炉各电气连锁保护和热工保护的试验。锅炉检修后应对电气连锁保护和热工保护动作的准确性进行鉴定性试验，以保证各电气连锁和保护装置动作的准确性。

锅炉的电气连锁试验主要是跳闸连锁试验。如运行中当两台空气预热器中其中一台停运或跳闸时，该空气预热器侧的送风机、一次风机将自动停止运行，该空气预热器的进、出口烟气挡板及出口一、二次风门联动关闭，盘车装置联动投运。又如当所有一次风机停用或跳闸时，将自动停运所有磨煤机和给煤机运行，锅炉将自动停炉。

锅炉的热工保护试验主要是当锅炉运行中出现故障时，为防止设备损坏而进行的保护动作试验。如当锅炉全部燃料中断、锅炉总风量小于最小设定量、锅炉的全炉膛火焰丧失等情况时，锅炉将紧急停炉。

锅炉检查和试验结束，确认已具备启动条件时，可向锅炉上水。

▶ 能力训练 ◀

1. 锅炉启动前准备与检查工作的主要内容是什么？
2. 锅炉启动前的主要试验项目有哪些？

任务二 锅 炉 上 水

▶ 任务目标 ◀

1. 知识目标
(1) 掌握锅炉进水的具体方法。
(2) 掌握投炉底加热的基本方法。
2. 能力目标
能叙述锅炉上水的具体步骤。

▶ 知识准备 ◀

锅炉检查完毕，确认具备启动条件时，可启动给水泵或凝结水泵或补水泵向锅炉上水。大容量单元机组一般采用除氧器水箱内的除氧水由给水管的旁路给水管上水，以便于流量的控制。

锅炉进水的具体方法是：先启动电动给水泵，开启主给水电动门，逐渐调节给水调节门的开度，以控制进水速度。当省煤器满水后，关闭省煤器空气门继续进水，待汽包就地水位计见水后，停止进水，并关闭给水电动门及调整门，锅炉进水完毕。

对强制循环汽包锅炉，在锅炉进水前，应先进行炉水循环泵的注水排气，并连续投一次冷却水的冲洗水，以防水质较差的炉水渗入电动机腔室。

对直流锅炉，上水至分离器可见水位，调整省煤器入口流量满足启动要求。

锅炉上水时，应注意上水温度和上水速度。因为锅炉汽包为厚壁承压部件，进水时温水与汽包壁接触而加热汽包，由于汽包壁受热不均而形成汽包内、外壁温差和上、下壁温差，内、外壁温差使汽包内壁受压缩应力，外壁受拉伸应力；上、下部温差使汽包上部受拉伸应力，下部受压缩应力。过大的热应力会影响汽包寿命，因此，锅炉上水时，应严格控制进水温度和进水速度，一般冷态启动时进水温度为 $40\sim60$ ℃，且当给水温度高于汽包壁温 50 ℃以上时，应注意控制给水流量。锅炉上水时间一般夏季不少于 2h，冬季不少于 4h。此外，在汽包上还装有若干热电偶，以显示汽包壁各处的温度，上水时应注意监视。

锅炉上水时的水质也是一个重要监视指标。

大容量单元机组在启动初期为迅速建立稳定的水循环、缩短启动时间和节约点火用油，通常在汽包锅炉的水冷壁下联箱装有炉底加热蒸汽引入管，用邻炉再热冷段来汽或辅助汽源加热炉水，使其升至一定温度、压力时再点火。

投炉底加热的基本方法是：

锅炉上水至点火水位时，关闭其上水门，开启省煤器再循环门，投炉底加热。炉底加热系统如图 2-1 所示。

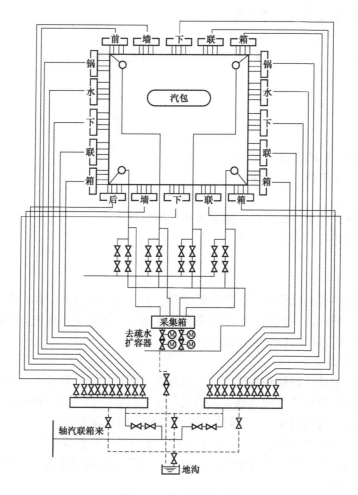

图 2-1　炉底加热系统

（1）加热系统的疏水暖管。投炉底加热时，首先开启加热汽源的加热总门，开启管道和联箱疏水门进行疏水暖管。

（2）暖管结束后，缓慢开启各水冷壁下联箱的加热门，进行加热。当汽压升至一定值时，关闭空气门，开启过热器、再热器疏水门，待汽压升至规定值，冲洗水位计，准备点火。

投炉底加热时应维持锅炉汽包水位低于正常水位，这是因为在加热过程中炉内水空间含汽量不断增加，会造成汽包水位不断上升。此外，还应控制炉水温升率使加热过程缓慢进行，以防升压过程中锅炉汽包壁各点温差过大，保证锅炉各受热部件的均匀膨胀。为此，加热过程中应严格监视锅炉汽包壁的温差（汽包壁上、下温差最大不超过 50℃）和水冷壁下联箱的膨胀情况，发现温差有超限趋势时，应及时采取措施。

> 能力训练 ◀

1. 锅炉进水的具体方法是什么？
2. 投炉底加热的基本方法是什么？

任务三 锅 炉 吹 扫

> 任务目标 ◀

1. 知识目标
(1) 熟悉锅炉吹扫的意义。
(2) 掌握锅炉吹扫的具体步骤。
2. 能力目标
(1) 能绘制锅炉风烟系统图，并能描述其工作流程。
(2) 能叙述锅炉吹扫的具体步骤。

> 知识准备 ◀

锅炉点火是锅炉启动过程中的一个重要步骤。为确保锅炉点火成功，点火前先将锅炉应投入的各种保护、炉前油系统及火焰检测系统投入运行。为防止点火时炉内残存的可燃性物质发生爆燃，点火前还应对炉膛和烟道进行吹扫。

1. 锅炉点火前的吹扫

锅炉点火前，为清除炉膛和烟道中可能残存的可燃性物质，防止点火时发生爆燃和烟道二次燃烧，必须顺序启动空气预热器、引风机、送风机各一台（大容量锅炉需同时启动两侧的空气预热器，引、送风机系统），维持炉膛负压和一定风量对炉膛和烟道进行吹扫。吹扫时间一般为 5~10min，吹扫风量一般为额定风量的 30%。对燃煤锅炉，吹扫时还应对一次风管进行吹扫；对油燃烧器，点火前应用压缩空气或蒸汽对其油管路和油喷嘴进行吹扫。风烟系统如图 2-2 所示。

2. 大容量锅炉采用双侧引、送风吹扫的具体操作

(1) 先启动回转式空气预热器，同时投暖风器。
(2) 启动甲侧引风机，甲侧送风机；启动乙侧引风机，乙侧送风机。
(3) 全开一、二次风总门及各燃烧器的二次风挡板；调节引、送风机的入口调节挡板，维持炉膛负压和风量对炉膛和烟道进行吹扫。吹扫完毕，关小各燃烧器的二次风挡板，调节引、送风量，维持适当的一、二次风压和炉膛负压，准备点火。

现代大型电站锅炉的吹扫均采用程序控制。当投程控吹扫时，若满足吹扫条件，则程控装置自动维持 30% 的额定风量，进行 5~10min 的吹扫，吹扫完毕，发出吹扫成功信号；若吹扫中断或吹扫失败，则发出吹扫中断信号，并提示吹扫失败的原因。此时，需重新进行吹扫后方可点火。

> 能力训练 ◀

1. 叙述锅炉吹扫的意义。

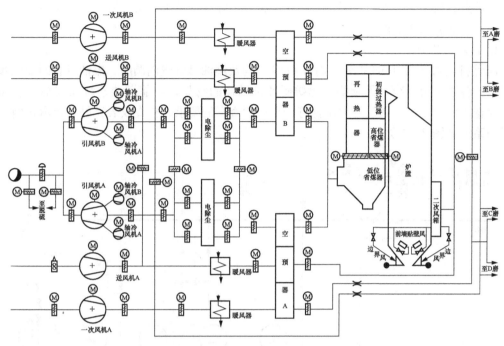

图 2-2 风烟系统

2. 叙述锅炉吹扫的具体步骤。

任务四 锅 炉 点 火

> **任务目标** <

1. 知识目标
(1) 熟悉炉前油系统启动投入步骤。
(2) 熟悉油枪的投入步骤及运行维护。
2. 能力目标
能叙述锅炉点火的具体步骤。

> **知识准备** <

目前，电站锅炉多采用轻油或重油作为点火燃料。轻油易燃且对锅炉受热面污染小。对大型电站锅炉，则常以重油作为点火燃料。点火前油系统吹扫完毕后可建立油循环，维持燃油温度、母管及油枪入口处油压在规定范围。锅炉点火时，一般应同时投入两只油燃烧器运行，以利于炉内热负荷均匀。若燃烧器为四角布置时，应先投对角两只，并应定期切换对角两只燃烧器；多层布置时，应先投下层燃烧器。

锅炉点火后，应立即调节配风，维持适当的风、油配比，未投运的油燃烧器也应保持一定的风量，以冷却燃烧器。调节一、二次风，检查炉内燃烧情况，并注意油燃烧器油压和雾化蒸汽压力。

锅炉点火后，若发生锅炉灭火，则应重新对炉膛和烟道进行吹扫后，方可重新点火。

一、炉前油系统启停

1. 投运前检查

油燃料跳闸（Oil Fuel Trip，简称OFT）阀及燃油母管进油调阀、燃油母管回油调阀关闭严密；各油枪层干净，无杂物，无妨碍油枪动作的物品；炉前燃油系统无漏油、渗油现象；检查炉前油系统各阀门开关位置符合点火检查卡的要求；检查仪表完好，指示正确。锅炉燃油系统如图 2-3 所示。

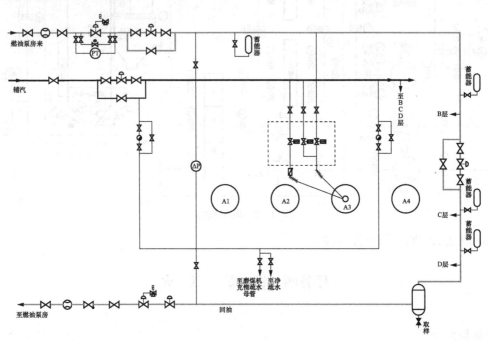

图 2-3 锅炉燃油系统

2. 炉前油系统投入

确认炉前供油母管油压保持 1.5MPa，投入炉前雾化蒸汽系统。

（1）确认辅汽系统已投运。且压力、温度正常。

（2）暖管时各路疏水器前后隔离门、旁路门均应保持全开。

（3）微开各路雾化汽进汽隔离门。

（4）暖管 10min 后，关闭疏水器旁路门。

（5）确认雾化汽母管各部正常，全开进汽隔离阀。

3. 炉前油系统的停止

（1）关闭各油枪进油手动隔离阀，关闭本炉燃油母管进、回油母管手动隔离阀。

（2）停炉大修时，关闭供、回油母管与本炉进、回油管道联络门，关闭进、回油流量计前后截门。

二、油枪启停

按照锅炉启动前系统检查卡检查，各油枪符合点火条件。

1. 单只油枪程序投运条件

（1）锅炉吹扫完成。

（2）无 MFT 条件。

（3）无 OFT 条件。

（4）OFT 阀开。

（5）供油母管压力大于 0.5MPa（1 号炉）/0.35MPa（2 号炉）。

（6）雾化汽/油差压大于 0.1MPa。

（7）火检风压大于 3.5kPa。

2. 单只油枪程序启动步骤

（1）对应燃烧器的套筒风挡板置点火位。

（2）推进油枪及打火器。

（3）开油枪进油电磁阀、雾化汽电磁阀，同时打火器打火。

（4）打火器打火 13s。

（5）打火器退出。

3. 单只点火油枪程序停运步骤

（1）关闭油枪进油电磁阀、雾化汽电磁阀。

（2）有吹扫需求，执行以下步序（无吹扫需求，退出油枪及打火器）：

a. 推进打火器。

b. 打火器打火。

c. 打开蒸汽吹扫阀。

d. 120s 后关闭蒸汽吹扫阀。

e. 打火器停止打火，退出油枪及打火器。

4. 层油枪子组控制启动条件

（1）锅炉吹扫 OK。

（2）无 MFT 条件。

（3）无 OFT 条件。

（4）任一油枪投运条件满足。

5. 层点火油枪子组控制启动步骤

（1）开 OFT 阀及回油快关阀，并将燃油母管进油调阀、层平衡调阀投自动。

（2）该层燃烧器对应的套筒风挡板置"点火位"。

（3）按 1、4、2、3 顺序投入各油枪子组控制启动程序。

6. 层油枪子组控制停运步骤

（1）将燃油母管进油调阀置自动。

（2）依次按 3、2、4、1 投入油枪子组控制停运逻辑。

三、油枪的运行维护

油枪的运行维护包括以下内容。

（1）油枪运行中，应雾化良好，着火稳定。

（2）燃油管路、蒸汽管路、阀门、接头处无漏水、漏汽、漏油现象。

（3）维持雾化蒸汽压力正常。

（4）经常检查雾化汽管路自动疏水器工作正常。

（5）停运的油枪在退出位置，处于良好的备用状态。

（6）正常运行中，全部停油后，重新进行燃油母管泄漏试验，投入炉前油循环正常。刚进行燃油母管泄漏试验再次 OFT 时，可选择"燃油母管泄漏试验选择子回路"，不必进行泄漏试验。

（7）正常运行中，保持炉前油温 20～40℃，若油温超出范围，通知外围班并分析原因、处理。

▶ 能力训练 ◀

1. 炉前油系统启动投入的步骤是什么？
2. 油枪的投入步骤是什么？
3. 油枪的运行维护措施是什么？

任务五　锅炉初始升温、升压

▶ 任务目标 ◀

1. 知识目标
掌握锅炉升温、升压的三个阶段。
2. 能力目标
能叙述锅炉升温、升压的步骤。

▶ 知识准备 ◀

锅炉点火后，随燃烧的加强，其蒸发受热面和炉水温度、锅炉出口的蒸汽温度、蒸汽压力逐渐升高，蒸汽升至工作压力和工作温度的过程，称为锅炉的升温、升压过程。

锅炉的升温、升压过程是同时进行的。因为水和蒸汽在饱和状态下，温度和压力存在一一对应关系，因此升温、升压过程又称为升压过程。受锅炉汽包和受热面热应力及汽轮机金属零部件热应力的限制，锅炉的升温、升压过程不是随意进行的，而是根据锅炉受热面的受热情况和汽轮机启动的各阶段对蒸汽参数的要求，通过启动试验，确定启动中各阶段的升温、升压速度，并制订出升温、升压曲线，锅炉的升温、升压应严格按升温、升压曲线进行。启动曲线如图 2-4 所示。

大型电站锅炉的升温、升压过程一般分为三个阶段：

第一阶段为汽轮机冲转前的升温、升压，在这一阶段，其主要任务是在规定的升温、升压速度下，调整锅炉燃烧和锅炉出口的蒸汽参数，使汽温、汽压尽快达到汽轮机所要求的冲转参数。对中间再热机组，还可通过旁路系统配合调节，如当汽压偏低、汽温偏高时，可适当关小高压旁路；反之，可适当开大高压旁路。在锅炉升温、升压初期，应特别注意升压速度不能太快，因为一方面锅炉升压初期投入燃料较少，燃烧较弱且受热面和炉墙温度较低，水冷壁受热面内产汽量少，蒸发受热面受热不均匀程度较大，受热面（尤其是锅炉汽包）容易产生过大的热应力；另一方面，压力越低，升高单位压力时相应饱和温度的上升速度越大。

第二阶段为汽轮机全速至锅炉开始洗硅前的升温、升压，这一阶段的主要任务是通过调

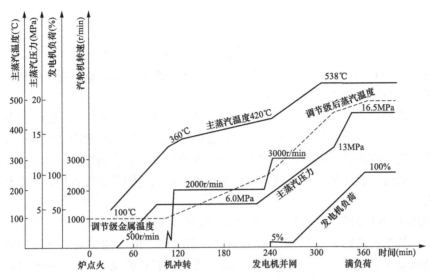

图 2-4　300MW 自然循环锅炉冷态滑参数启动曲线

整旁路及锅炉燃料量满足汽轮机升速、并列、暖机的需要。汽轮机的冲转、升速过程中，主要依靠调整旁路来控制冲转时的主蒸汽压力。汽轮机全速、发电机并列带初负荷暖机时，锅炉应保持主蒸汽压力尽量不变，逐渐升高汽温，以满足汽轮机低负荷暖机的需要，然后根据电负荷的需要，逐渐增加燃料，继续升温、升压，并根据要求进行定期排污或开连排洗硅。

第三阶段为锅炉开始洗硅至锅炉满负荷，这一阶段的主要任务是根据机组负荷的需要，继续调整锅炉燃烧提高汽温、汽压和锅炉洗硅。通过定期排污和连续排污，将含盐浓度较高的炉水排掉，称为锅炉洗硅。在锅炉的启动过程中，特别是高参数锅炉，炉水中的含硅量必须严格控制，并根据含硅量来控制锅炉的升温、升压过程。因为高参数蒸汽对盐类有较强的溶解能力，在蒸汽溶解的各种盐类中，硅酸是溶解能力最强的一种。蒸汽溶盐会影响蒸汽品质。

锅炉的升温、升压过程主要靠燃烧系统的燃料和风量的有效配合来实现。

> **能力训练**

　　1. 电站锅炉升温、升压的步骤是什么？

任务六　控制循环汽包锅炉滑参数启动

> **任务目标**

　　1. 知识目标

（1）掌握炉水循环泵的启动步骤。

（2）掌握炉水循环泵运行中的安全事项。

　　2. 能力目标

（1）能叙述炉水循环泵的启动步骤。

（2）能叙述炉水循环泵运行中的安全事项。

> **知识准备**

配控制循环汽包锅炉的单元机组启动顺序与自然循环汽包锅炉机组类似，但控制循环锅炉下降管上装有控制循环泵，通常还在过热蒸汽系统中配有5％启动旁路，使机组启动的时间大大缩短，安全性和经济性提高。

控制循环锅炉的汽包结构不同于自然循环锅炉，汽包容量较小，在结构上内有弧形衬板，上升管来的汽水混合物从汽包顶部引入，沿弧形衬板与汽包金属内壁之间的通道自上而下流动，然后进入汽水分离装置，这样整个汽包内壁与汽水混合物相接触，其上下内壁温度基本相同。点火前，循环泵已经启动，建立了水循环，汽包的受热比较均匀，有利于升温升压速度的提高。

控制循环锅炉依靠循环泵进行强制循环，即使点火时炉膛内热负荷不均匀也不会影响水冷壁的安全。控制循环锅炉在25％～30％额定负荷之前，依靠循环泵对省煤器进行强迫循环，其循环水量大，保护可靠。而且再循环阀不需要频繁开关操作，可保持全开状态，在额定负荷的25％～30％之后，再循环阀关闭。

过热器旁路系统作为锅炉的旁路，启动时通过改变过热器出口的流量来控制汽压、汽温，满足提高运行灵活性、缩短启动时间的要求。过热器旁路系统是在垂直烟道包覆过热器下环形联箱接出一根管至凝汽器，并在管路上装设控制阀构成。其设计流量通常为锅炉最大连续负荷的5％，也称5％旁路。5％启动旁路对汽压、汽温的控制：开大5％旁路，可以降低汽压，提高汽温；关小5％旁路，可以提高汽压，降低汽温。

强制循环锅炉循环泵启动前，应充水排出泵内空气。循环泵投运后，要确保其冷却水畅通。循环泵启停时要特别注意监视汽包水位的变化。第一台循环泵在锅炉点火前启动，第二台循环泵一般在锅炉起压后、汽轮机冲转前启动，第三台循环泵备用。

一、炉水循环泵的启动和运行

炉水循环泵为潜水泵，避免了高温高压下的密封问题。浸泡在高温炉水中的循环泵及其系统运行的可靠性是至关重要问题。一般一炉配备三台泵，两台运行，一台备用。

（一）炉水循环泵的启动方式

炉水循环泵的启动方式可分为：冷态正常启动、热态正常启动和大修后启动。

炉水循环泵冷态正常启动时，启动顺序：电动机腔体静态清洗、启动电动机、电动机腔体动态清洗、正常运行。

炉水循环泵热态正常启动时，启动顺序：暖泵、启动电动机、正常运行。

在锅炉安装或锅炉大修后的首次启动，启动顺序：高压和低压冷却水系统清洗、电动机腔体充水并静态清洗、锅炉上水、启动电动机动态清洗、转入正常运行。

（二）炉水循环泵的首次启动

1. 冲洗水系统管路的清洗

在对电动机腔体进行清洗之前，必须先对冲洗水系统管路进行清洗。断开系统与电动机腔体的连接处，另接排水管，同时过滤器被短路，如图2-5所示。水源来自凝结水泵出口的凝结水或除盐水，清洗直至排放水水质合格，浊度小于10mg/L，含铁量小于300μg/L。

2. 低压冷却水系统的清洗

低压冷却水系统的清洗过程分两步，如图2-6所示。

第一步断开冷却器和隔热体进行清洗。将冷却水系统与冷却器、隔热体连接处断开，另接排水管进行清洗，直至排放水合格。

第二步冷却水管路系统和冷却器、隔热体一起清洗。将第一步断开处恢复连接，再进行清洗，直至排放水合格。

3. 电动机腔体充水和静态清洗

首先，在完成对冲洗水系统管路的清洗后连接原断口，将电动机与冷却器的连接断开，用凝结水或除盐水，对电动机腔体进行充水。水量为 $2\sim3L/min$，水温需小于45℃。

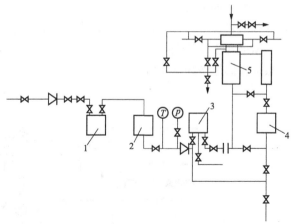

图2-5　冲洗水系统管路的清洗

1—高压冷却水过滤器；2—冷却器；3—充水过滤器；
4—泵运行时高压冷却水过滤器；5—炉水循环泵

用凝结水或除盐水对电动机腔体进行静态清洗，可分为两步进行。第一步在电动机与冷却器连接断开的情况下清洗，使电动机腔体内的气体和杂质从断口处排除，待水质合格后，将电动机与冷却器恢复连接。第二步打开循环水泵进口放水阀排放清洗水，进行清洗，冲洗水流量为 $0.7\sim11m^3/h$，静态清洗水合格后停止清洗。

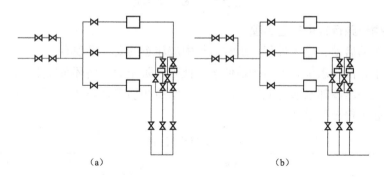

图2-6　低压冷却水系统的清洗过程

(a) 第一步清洗过程；(b) 第二步清洗过程

4. 锅炉上水

在锅炉上水过程中，必须维持电动机腔体内凝结水的水压，保持一定清洗水流量，防止炉水进入电动机腔体，待汽包水位达到规定值，上水过程结束。

5. 启动电动机动态清洗

打开炉水循环泵出口止回阀，当炉水和泵壳之间的温度差小于56℃时，瞬时运转，即启动 $2\sim3s$ 后停止。

第一次瞬时运转，判断旋转方向是否正确。循环泵进出口压差值为正值，旋转方向正确；循环泵进出口压差值为负值，旋转方向错误。

再用三次瞬时运转进行动态清洗，每两次瞬时运转的时间间隔为 $10\sim30min$。在时间间隔内开大高压注水阀，增加注水流量，排尽腔体内的气体，提高清洗效果。

炉水循环泵启动之后，每隔 15min 测量并记录振动值、轴承温度和电动机腔体温度，若测量结果稳定且合格，即进入正常运行状态。

KSB 型炉水循环泵冷却水系统如图 2-7 所示。炉水循环泵冷却水系统可分为高压冷却水系统和低压冷却水系统。

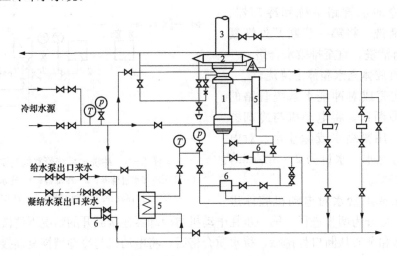

图 2-7　KSB 型炉水循环泵冷却水系统

1—电动机腔体；2—泵腔体；3—进水管；4—止回阀；5—冷却器；6—过滤器；7—流量孔板；

t—温度测量；p—压力测量

二、炉水循环泵运行中安全事项

炉水循环泵的启动、停运过程，正常运行中应注意的安全事项有：

（1）运行中，汽包水位必须高于最低水位低限，防止炉水循环泵发生汽蚀。

（2）无论是高压冷却水或是低压冷却水，其水质必须符合表 2-1 的要求。同时，水温、水压、流量都必须符合要求。

表 2-1　　　　　　　　　　　炉水循环系水质指标

名　称	单　位	冷却水	冲洗水	紧急充水	主体冷却水
pH 值		9~10			9~9.5
导电率	μS/cm	300~500		<0.3	<0.9
溶解氧		<300		<30	7
全铁/全铜					<20/<3
联氨	μg/L				10~3
二氧化硅		<15			<20
氯化物				<200	<100
氨	mg/L				0.75~0.8
二氧化碳		<5			
硬度	μg/L	0			
浊度			<1		

（3）启动时，为了维持电动机腔体内的压力，保证达到清洗的目的，需要保持电动机腔

体内注水流量。当电动机停运时,为了能对电动机继续进行冷却,也应继续保持注水流量。

(4)无论炉水泵在启动过程中,或正常运行时,或电动机停止运行后,对隔热体和冷却器都要通低压水进行冷却。

(5)启动过程中,当泵壳与炉水之间温度相差超过56℃时,必须先暖泵,然后再启动电动机。

> **能力训练** <

1. 炉水循环泵的启动方式有哪些?
2. 低压冷却水系统的清洗步骤是什么?
3. 炉水循环泵运行的安全事项是什么?

任务七 直流锅炉滑参数启动

> **任务目标** <

1. 知识目标
(1)掌握直流锅炉汽水系统流程。
(2)掌握直流锅炉滑参数启动步骤。
2. 能力目标
(1)能识读直流锅炉汽水系统图。
(2)能叙述直流锅炉滑参数启动步骤。

> **知识准备** <

一、锅炉汽水系统

锅炉汽水系统是指高压给水通过锅炉受热面的加热为汽轮机提供合适参数的蒸汽,满足机组负荷的需要。锅炉汽水系统见图2-8。

1. 正常运行时锅炉汽水系统流程

主给水→主给水电动门→主给水止回门→锅炉给水母管→省煤器入口联箱→省煤器→省煤器出口联箱→省煤器出口给水下降管→锅炉前、后墙螺旋水冷壁入口联箱→前、后、侧墙螺旋水冷壁→前、后、侧墙螺旋水冷壁中间联箱→前、后、侧墙垂直水冷壁→前、后、侧墙垂直水冷壁出口联箱→折焰角入口汇集联箱→折焰角入口联箱、水平烟道侧包墙入口联箱→折焰角/水平烟道后墙联箱、水平烟道侧包墙出口联箱→汽水分离器A、B、C、D→顶棚管入口联箱→顶棚管→尾部烟道入口联箱→分两路→第一路经尾部烟道前墙;第二路经尾部烟道顶棚管→尾部烟道后墙→两路汇合到后烟道下部环形联箱(由前墙、后墙、两侧墙联箱相连组成)→尾部烟道两侧墙→侧包墙出口联箱→侧包墙管→后烟道中间隔墙入口上联箱→分两路→第一路中间隔墙→中间隔墙;第二路经省煤器及低温过热器悬吊管→中间隔墙下联箱→中间隔墙→汇合到低温过热器入口联箱→低温过热器→低温过热器出口联箱→一级喷水减温器A、B→一级喷水减温器A、B蒸汽管道左右交叉→屏式过热器进口联箱→屏式过热器→屏式过热器出口联箱→二级喷水减温器A、B→二级喷水减温器A、B蒸汽管道左右交

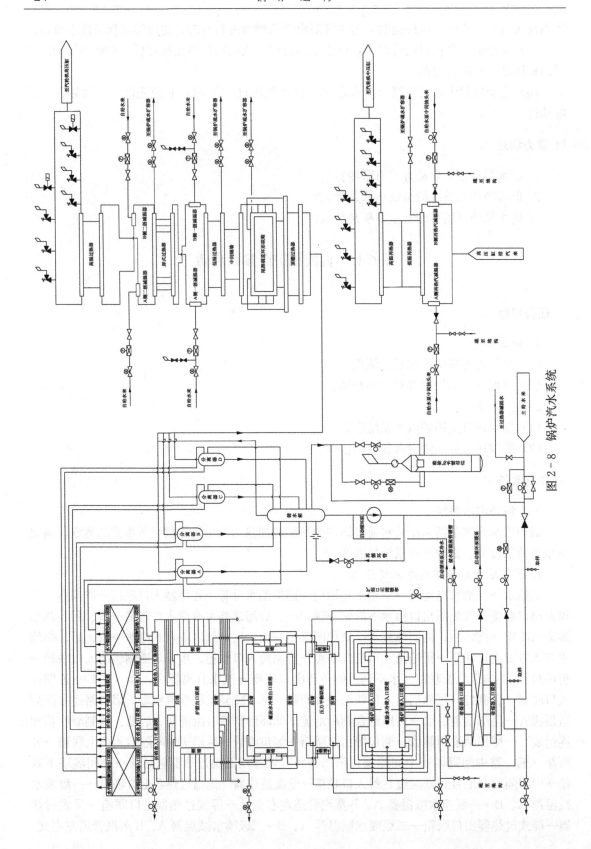

图 2-8 锅炉汽水系统

叉→高温过热器进口联箱→高温过热器→过热器出口联箱→汽轮机高压缸→汽轮机高压缸排汽→再热蒸汽冷段管道→A、B侧再热蒸汽温度减温器→低温再热器入口联箱→低温再热器→高温再热器→高温再热器出口汇集联箱→汽轮机中压缸。

2. 锅炉湿态下给水再循环流程

主给水→主给水旁路调节阀→主给水止回门→锅炉给水母管→省煤器入口联箱→省煤器→省煤器出口联箱→省煤器出口给水下降管→锅炉前、后墙螺旋水冷壁入口联箱→前、后、侧墙螺旋水冷壁→前、后、侧墙螺旋水冷壁中间联箱→前、后、侧墙垂直水冷壁→前、后、侧墙垂直水冷壁出口联箱→折焰角入口汇集联箱→折焰角入口联箱、水平烟道侧包墙入口联箱→折焰角/水平烟道后墙联箱、水平烟道侧包墙出口联箱→汽水分离器A、B、C、D→锅炉储水箱→锅炉启动循环泵入口管道→锅炉启动循环泵→锅炉启动循环泵出口管道→锅炉启动循环泵出口流量调节阀→锅炉启动循环泵出口电动门→锅炉启动循环泵出口止回门→锅炉给水母管→省煤器。

3. 锅炉热放水流程

锅炉已停→开屏式过热器至锅炉疏水扩容器放水电动二次门→开屏式过热器至锅炉疏水扩容器放水电动一次门→开低温过热器至锅炉疏水扩容器放水电动二次门→开低温过热器至锅炉疏水扩容器放水电动一次门→开包墙过热器至锅炉疏水扩容器放水电动二次门→开包墙过热器至锅炉疏水扩容器放水电动一次门→开折焰角过热器至锅炉疏水扩容器放水电动二次门→开折焰角过热器至锅炉疏水扩容器放水电动一次门→汽水分离器压力0.8MPa→垂直水冷壁至锅炉疏水扩容器放水电动二次门→垂直水冷壁至锅炉疏水扩容器放水电动一次门→螺旋水冷壁至锅炉疏水扩容器放水电动二次门→螺旋水冷壁至锅炉疏水扩容器放水电动一次门→开锅炉储水箱大溢流电动门前手动门→开锅炉储水箱大溢流电动门→开锅炉储水箱大溢流调节阀至锅炉疏水扩容器放水→开锅炉储水箱小溢流电动门前手动门→开锅炉储水箱小溢流电动门至锅炉疏水扩容器放水→开主给水母管至锅炉疏水扩容器放水电动二次门→开主给水母管至锅炉疏水扩容器放水电动一次门→开螺旋水冷壁至地沟放水二次门→开螺旋水冷壁至地沟放水一次门→开低温再热器至锅炉疏水扩容器放水手动二次门→开低温再热器至锅炉疏水扩容器放水手动一次门→开A侧一级喷水减温水管道放气手动二次门→开A侧一级喷水减温水管道放气手动一次门→开B侧一级喷水减温水管道放气手动二次门→开B侧一级喷水减温水管道放气手动一次门→开A侧再热减温水管道放水至地沟手动二次门→开A侧再热减温水管道放水至地沟手动一次门→开B侧再热减温水管道放水至地沟手动二次门→开B侧再热减温水管道放水至地沟手动一次门。

二、锅炉上水前的状态

（1）机组大修后启动，应在上水前记录锅炉膨胀指示器一次。

（2）炉水循环泵清洗完成，系统阀门位置正确，保持连续注水状态。注意应在分离器出口压力2.1MPa之前严密关闭各注水阀门。

（3）锅炉上水前，确认锅炉各级受热面排空气门全部开启。

（4）启动电动给水泵。

（5）联系化学投入给水加药。

（6）当给水水质合格后，开始用电泵冲洗炉前给水系统。

（7）锅炉上水水质达到表2-2的条件，方可以上水。

表 2-2 锅 炉 上 水 水 质 条 件

硬度（$\mu mol/L$）	pH 值	SiO_2（$\mu g/L$）	Fe（$\mu g/L$）	溶解氧（$\mu g/L$）
0	9.2～9.6	＜200	＜200	＜30

（8）打开锅炉汽水系统所有疏水阀，打开储水箱溢流阀。开启电泵出口旁路阀，锅炉开始上水，流量小于 180t/h。

（9）按下列顺序关闭疏水阀：省煤器入口电动门前、水冷壁入口联箱、螺旋管圈出口联箱、折焰角汇集联箱、炉水循环泵管路的疏水阀门。

（10）储水箱有可见水位后，关闭分离器入口空气门。

三、锅炉冷态冲洗

维持储水箱水位 5～6m，确认具备启动条件，进行炉水循环泵点动排气。排气后，确认最小流量阀自动状态，投入炉水循环泵运行。调整省煤器入口流量至 200～250t/h，进行冷态冲洗。清洗排放经储水箱溢流阀排到疏水扩容器，然后排至锅炉排水槽。当储水箱出口水质 Fe＜200$\mu g/L$，氢电导率小于 1$\mu S/cm$ 时，打开锅炉疏水扩容器至凝汽器电动隔绝门，启动回收水泵，炉水回收至凝汽器，关闭疏水扩容器至排水槽放水门。当省煤器入口水质 Fe＜50$\mu g/L$，分离器出口 Fe＜100$\mu g/L$ 时，锅炉清洗完成。

四、锅炉点火及升温升压

（一）锅炉点火前吹扫准备

（1）火检冷却风机投入运行。启动一台火检冷却风机，确认另一台投入备用，检查冷却风母管压力 7kPa 左右。当火检冷却风母管压力低于 5.6kPa 时，备用火检冷却风机自动启动。当火检冷却风/炉膛差压低于 3.23kPa 时，锅炉 MFT。

（2）启动空气预热器。检查空气预热器具备启动条件，打开一次风侧出口，二次风侧出口及烟气侧入口挡板，启动空气预热器，确认运行转速、电流正常。

（3）按顺序启动引风机、送风机，投入热风再循环，调节总风量在额定风量的 25%～35% 之间，并保持稳定，炉膛压力保持 -50～-100Pa。炉前燃油系统投入，进行燃油泄漏试验，并确认油泄漏试验合格。

1）引风机启动。确认引风机启动条件满足（至少一台空气预热器运行、引风机冷却风机运行、引风机出口挡板已关闭、引风机静叶已关闭、引风机入口挡板已打开、电机润滑油压正常、电机轴承温度正常、风机轴承温度正常、炉膛烟风道畅通），确认脱硫烟气旁路挡板开启，启动一台引风机。引风机启动后，引风机出口挡板联开，否则应手动开启。

2）送风机启动。确认送风机启动条件满足（引风机已运行且炉膛压力正常、风机出口挡板已关闭、风机入口动叶已关闭、风机出口联络挡板已打开控制、润滑油压正常、风机轴承温度正常、电机轴承温度正常），启动一台送风机，确认风机出口挡板联开，否则应手动开启。

（二）锅炉点火前吹扫

确认 MFT 系统吹扫条件满足，按下"吹扫请求"键，开始 5min 计时吹扫。在 5min 计时吹扫过程中，若任一吹扫条件不满足，则中断吹扫。待所有吹扫条件再次满足以后，可以重新开始吹扫。5min 计时吹扫完成后，"吹扫完成"信号发出。MFT 跳闸信号自动复位。

（三）锅炉点火

（1）确认锅炉冷态冲洗合格，过热器、再热器所有疏水门开启。

（2）调整给水流量至 30％BMCR 额定给水流量。

（3）锅炉点火可用等离子点火和油枪点火两种方式。

1）等离子点火方式。启动一台冷却水泵，检查冷却水系统运行正常，冷却水泵出口压力大于 0.8MPa，检查就地控制柜内冷却水压力 0.15～0.40MPa。启动一台载体风机，气供应压力为 0.01～0.03MPa。启动一台图像火检冷却风机，冷却风母管压力大于 4kPa。

检查等离子所在磨煤机一次风暖风器疏水手动门开启。开启磨煤机一次风暖风器进汽手动门，开启疏水旁路手动门暖管。

开启一台一次风机、密封风机，一次风母管压力和密封风压力正常。

开启磨煤机入口一次风关断挡板，调整磨煤机入口一次风量进行暖磨。当磨煤机入口一次风温度大于 140℃，出口温度大于 75℃时，投入磨煤机"等离子模式"。调整燃烧器辅助风挡板开度为 20％，调整磨煤机入口一次风量大于等于 80t/h。

检查等离子拉弧条件均满足，依次进行五个等离子点火装置拉弧。启动 B 磨煤机，启动 B 给煤机，调整 B 磨煤机给煤量为 20t/h。观测着火情况，当着火正常后，调整燃烧器辅助风挡板开度为 40％。

2）油枪点火方式。各层油枪进油手动门开启，打开燃油进油速断阀、回油阀，保持炉前燃油压力 3.0～3.5MPa。所有点火条件满足后，开始油枪点火。选择"远控"或"就地"点火方式。先投入最底层 5 只油枪，投油枪间隔时间为 30s。投油枪过程中注意控制油压正常。当第一支油枪投入后，确认省煤器电动排气阀关闭。锅炉点火后应就地查看着火情况，确认油枪雾化良好，配风合适，无漏油，如发现某只油枪无火，应立即关闭快关阀，对其进行吹扫后，重新点火。10min 后投入对冲墙 5 只油枪。

（4）锅炉点火后注意事项。锅炉点火后为了防止省煤器汽化，必须保持 3％BMCR 的最小给水流量，直到锅炉蒸发量超过这个值。锅炉点火后，投入空气预热器连续吹灰。主汽门前疏水门、高压旁路前疏水门开启，将高压旁路控制投入自动或手动开启暖管，开启减温水隔离门，并投入高压旁路减温水自动。投入低压旁路自动，开启减温水隔离门并投入低压旁路减温水自动。投入三级减温水、低压排汽缸喷水、高低压疏水扩容器喷水。开启高排止回门后、再热汽冷段、再热热段总管、低压旁路前到疏水扩容器各疏水门。

（四）锅炉升温升压

（1）锅炉点火后，首先控制燃油出力 6～12t/h 或磨煤机出力为 20t/h 进行暖炉，30min 后，再根据升压、升温曲线增加燃油出力或磨煤机的出力。升温升压过程中注意监视储水箱水位，汽水膨胀时应停止继续投入油枪或增加磨煤机出力，待汽水膨胀结束，储水箱水位恢复正常后再投入其他油枪或增加磨煤机出力。储水箱水位由于汽水膨胀上升，可通过开启溢流阀排水到锅炉疏水扩容器。当锅炉汽水膨胀已经渡过，储水箱中水位开始平稳下降时，将给水流量控制从手动限制最小流量转换为自动控制。

（2）点火后，投入炉膛烟温探针，并严格控制炉膛出口烟温低于 560℃。视情况投入炉水循环泵入口过冷水。按升温升压速度要求，调整高低压旁路系统。旁路投运后，加强凝结水水质监视。

（3）当汽水分离器压力达到 0.2MPa 时，关闭屏式过热器进口联箱空气门，关闭末级过热器进、出口联箱空气门。

（4）维持储水箱正常水位，根据炉水品质，当分离器温度达到 $180\sim210℃$ 时，控制给水流量 $100\sim150t/h$ 左右，锅炉进行热态冲洗。如汽水分离器入口温度在热态冲洗期间升高较快，可适当减少油枪数量。当储水箱排水 $Fe<100\mu g/L$，热态冲洗结束。

（5）逐步增加燃料量提高蒸汽流量和温度。同时调整高压旁路的开度，以达到汽轮机冲转的蒸汽参数。

（6）随着蒸发量增加，相应增加给水流量，始终保持省煤器入口流量大于或等于 35% BMCR 流量。

（7）汽轮发电机组并网后根据如图 $2-9$ 所示升温升压曲线，逐渐投入各磨煤机，增加锅炉的燃料量至锅炉满负荷。

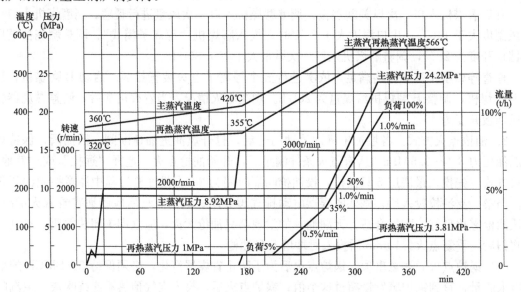

图 2-9 直流锅炉机组启动曲线

> **能力训练**

1. 直流锅炉汽水系统流程是什么？
2. 直流锅炉滑参数启动步骤是什么？

任务八 汽包锅炉机组受热面保护

> **任务目标**

1. 知识目标

（1）掌握汽包的保护措施。

（2）掌握水冷壁、过热器、再热器、省煤器、空气预热器的保护措施。

2. 能力目标

能叙述汽包、水冷壁、过热器、再热器、省煤器、空气预热器的保护措施。

> **知识准备** ◀

直流锅炉启停与以往常采用的汽包锅炉启停步骤基本相同，只是汽包锅炉在启停过程中需要监视和控制汽包的壁温差的变化。以及由于锅炉有汽包在启停过程中需要对主要受热面进行以下保护。循环流化床锅炉目前多采用汽包锅炉，它的启停特性可以归属于汽包锅炉。

一、启停过程中锅炉汽包的热应力与保护

（一）启动过程中锅炉汽包的温差和热应力

1. 锅炉上水工况

机组冷态启动时，在锅炉汽包上水之前，汽包温度接近于环境温度。一定温度的给水进入汽包后，内壁温度随之升高，因汽包壁较厚（600MW 机组的汽包一般达 200mm 左右），外壁（外表面）温升较内壁温升慢，从而形成内、外壁温差。由于汽包内、外壁温差的存在，温度高的内壁受热，力图膨胀，温度低的外壁则阻止膨胀，因此，在汽包内壁产生压缩热应力，外壁产生拉伸热应力。温差越大，产生的应力也越大，严重时会使汽包内表面产生塑性变形。此外，管子与汽包的接口也会由于过大的热应力而受到损伤。为此，部颁锅炉运行规程中规定，启动过程中的进水温度一般不超过 90～100℃，进水时间根据季节的变化控制在 2～4h。热态上水时，水温与汽包壁的温差不能大于 40℃。另外，为安全起见，要求锅炉进常温水时，上水温度必须高于汽包材料性能所规定的脆性转变温度 33℃以上。

2. 锅炉升压工况

一般自然循环锅炉在启动过程中，汽包壁温差是必须控制的重要安全性指标之一。在启动开始阶段，蒸发区内的自然循环尚不正常，汽包内的水流动很慢或局部停滞，对汽包壁的放热很少，因此汽包下部金属温度升高不多。汽包上部与饱和蒸汽接触；蒸汽对金属凝结放热，表面传热系数比汽包下部大好几倍，当升压速度越快时，饱和温度增加越快，汽包上、下壁温差就越大。因此汽包上部金属温度较高，汽包上下产生了温差应力，汽包有产生弯曲变形的倾向，如图 2-10 所示。这时由于上壁温度高，膨胀量大，而下壁温度低，膨胀量小，因而汽包上壁受压缩热应力，下壁则受到拉伸热应力。但是，与汽包连接的很多管子将约束汽包的自由变形，这样就产生很大的附加应力，严重时可能会使联箱、管子弯曲变形和管座焊缝产生裂纹。由于受与汽包连接的各种管子对变形的限制，这种温差应力将使汽包上部金属受压应力，汽包下部金属受拉应力，汽包趋向于拱背

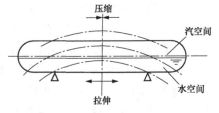

图 2-10　汽包上下壁温差产生的热应力和热变形

状变形。另外，在启动过程中，汽包金属从工质吸收热量，其温度逐渐升高并由内向外散热。因此，汽包壁由于内外存在温差而产生应力。为了防止过大的热应力损坏汽包，目前国内各高压和超高压锅炉的汽包上下壁温差及汽包筒体任意两点的温差均控制在 50℃以下。汽包壁上下及内外温差的大小在很大程度上取决于汽包内工质的温升速度，速度越大则温差越大。一般规定汽包内工质温升的平均速度不超过 1.5～2℃/min。

（二）汽包的保护

在锅炉启动过程中，防止汽包壁温差过大的主要措施有：

（1）严格控制升压速度，尤其是低压阶段的升压速度要尽量缓慢，这是防止汽包壁温差

过大的根本措施。为此，在升压过程中应严格按照规定的升压曲线进行。在升压过程中，若发现汽包壁温差过大时，应减慢升压速度或暂停升压。控制升压速度的主要手段是控制好燃料量。此外，还可加大排汽量或开大旁路系统调节门的开度。

（2）启动中对汽包壁温差的监督和控制。我国一般规定，汽包金属的上、下壁温差和内、外壁温差均不允许超过40℃。这个限制主要是考虑到理论上对启动热应力做精确计算的困难以及损伤汽包的严重性而制定的。我国引进的 BABCOCK 生产的 660MW 机组锅炉对此的规定是：汽包任意两点间壁温差不大于 35℃，壁温变化率不大于 0.6℃/min。

对汽包壁温差的监视，通过在汽包壁上沿长度方向装设上、下壁温度的若干组测点进行。由于汽包内壁金属温度无法直接测量，以饱和蒸汽引出管外壁温度代替汽包上部的内壁温度，以汽包下集中下降管外壁温度代替汽包下部的内壁温度。计算表明，上述代替所引起的壁温误差不会超过 3~5℃。在监护和控制温差时，按以下方法计算壁温差：以最大的引出管外壁温度减去汽包上部外壁最小温度，差值即为汽包上部内、外壁最大温差。

（3）尽快建立正常水循环。水循环越强，上升管出口的汽水混合物就以更大流速进入并扰动水空间，使水对汽包下壁的表面传热系数提高，从而减小上、下壁温差。

（4）初投燃料量不能太少，炉内燃烧、传热应均匀。初投燃料量太少，水冷壁产汽量少，水流动慢，初投燃料量与控制升压速度的矛盾，可用开大旁路系统调门的方法解决。如炉内热负荷不均匀，有可能部分水冷壁处于无循环或弱循环状态，相应的汽包长度区间上、下壁温差增大。因此保持均匀火焰是启动燃烧调整的重要任务。

我国引进的 BABCOCK 生产的锅炉，为降低汽包上、下壁温差，还在汽包内安装了与汽包同长度的弧形板。上升管来的汽水混合物由汽包的顶部进入，然后经环形夹层向下流动，所以上下汽包壁都与水接触，而没有汽包上壁的凝结放热问题。但由于冲刷汽包上壁的水速较高，上、下壁温差还是存在。但允许的饱和水温升率要大得多。

（三）机组停运减负荷时的注意事项

（1）整个停炉过程中，为了使汽包上下壁温差不超过规定数值，要求汽包内工质温度以不大于 0.06℃/min 左右的速度下降，否则减小降压速度或暂停降压。与此相应，开始时汽压较高降压速度可较大，后阶段的汽压较低降压速度应较小。降压速度主要由燃烧率控制。

在汽压下降的同时汽温也会下降，汽温下降速度取决于汽轮机冷却的要求，过热蒸汽的降温速度大约为 2℃/min，再热蒸汽降温速度大约为 2.5℃/min。要控制再热蒸汽温度与过热蒸汽温度变化一致，不允许两者温差过大，同时应始终保持过热蒸汽温度有不低于 50℃的过热度，以确保汽轮机的安全。为此，除用燃料量和使用减温水调节汽温外，还可通过汽轮机增加负荷的办法共同进行。

（2）整个滑参数停机过程中，各阶段的操作，必须遵照下列原则：

1）汽温、汽压应匹配下降，且汽压降低应先于汽温的降低。

2）主汽温、再热蒸汽温度应缓慢均匀匹配地下降，严防汽温大幅度回升。

3）主汽门前蒸汽过热度，控制在 100℃ 以上，最低不得小于 50℃，严密监视主汽温、再热蒸汽温度，防止汽轮机过水。

4）汽轮机首级金属温度变化率不大于 100℃/h。

5）控制汽温主要指标是使首级蒸汽温度低于首级金属温度 20~40℃，根据汽轮机差胀和上述温差变化情况来决定是否暂停滑参数停机，只有在差胀变化趋于稳定时，才可继续进行滑参数停机。

二、锅炉受热面的保护

（一）水冷壁

自然循环锅炉在点火过程中，特别在升温升压的初始阶段，水冷壁受热不多，管内工质含汽量很少，水循环还不正常。又因为此时投入油枪或燃烧器的数量少，所以水冷壁受热和水循环的不均匀性较大。因此，同一联箱上的水冷壁管之间存在金属温差，产生一定的热应力，严重时会使下联箱变形或管子损伤。

大型锅炉的水冷壁都是膜式水冷壁，管子间为刚性连接，不允许有相对位移。所以邻管之间的温差会产生很大的热应力。理论上，应限制相邻管子间的壁温差不超过50℃。对于平行工作的水冷壁管，加热不均（如火焰偏斜）就会造成同回路不同管子间的壁温偏差，而管内流动不均则会加剧吸热不均的影响。

启动过程还有水循环问题。水循环正常时，有一定的水量进入水冷壁管口，且边流动边产汽，内壁周围有水膜，这是最好的冷却工况。但受热不均时，个别受热弱的管（或管组）水流动很慢，甚至停止，入口基本无水量流入。此时管内气泡易在水冷壁转弯处、焊缝或水平段积聚，形成汽环，使该处管壁局部过热产生鼓包、胀粗或爆管。这也要求启动之初均匀加热，否则个别受热很弱的管子也容易出问题。

各水冷壁管因受热而产生的膨胀差异将使下联箱下移的数值不同。因此，水冷壁的受热均匀性可以通过膨胀量（膨胀指示器）进行监督。启动中，若发现膨胀受阻等异常，则应暂缓升压，待查明原因处理后，方可继续升压。

升压过程中保护水冷壁的措施主要有两个。

1. 均匀炉内燃烧

沿炉膛四周均匀地或对称地投入喷燃器并定时切换运行：在符合升压曲线，汽包金属温差不大的情况下，可适量多投一些喷燃器，以求得炉膛热负荷的均匀。

2. 尽快建立正常水循环

正常的水循环可保证水冷壁内有均匀、较大的循环流量，冷却受热面。锅炉启动过程中可从以下几个方面促使正常水循环的尽快形成：

（1）加强水冷壁下联箱的放水。水冷壁下联箱定期或连续放水可将汽包下部温度较高的水、汽引到水冷壁管底部用热水代替冷水，增加水冷壁产汽区的长度，促进水循环。实践证明，这个措施对促进水循环的建立，减小汽包壁温差也是十分有效的。

（2）采用邻炉蒸汽加热。在锅炉点火前，从各水冷壁下联箱均匀地通入适量的蒸汽，加热各个循环系统，待水达饱和温度并有一定产汽量后，再进行点火。

（3）启动时可适当早开、开大排汽门，提高燃烧率，在不加快升压速度情况下，增大产汽量。

（4）启动初期较慢地升压对尽快建立正常水循环也是有利的。燃料热量中，一部分用于提升金属壁温和水温，增加蒸发系统的蓄热量，其余才用于产汽。所以升压速度低，用来增加水和金属蓄热的热量少，用于产汽的多；同时，低压下饱和温度低，管子壁温低，辐射换热量大，产汽多、汽水密度差大，循环动力大。

（二）过热器和再热器

锅炉正常运行时，过热器被高速蒸汽所冷却，管壁金属温度与蒸汽温度相差无几。在启动过程中，情况就与此大不相同。在冷炉启动之前，屏式过热器一般都有凝结水或水压试验后留下的积水。点火以后，这些积水将逐渐被蒸发，或被蒸汽流所排除。但在积水全部被蒸发或排除以前，某些管内没有蒸汽流过，管壁金属温度近于烟气温度。即使过热器内已完全没有积水，如蒸汽流量很小，管壁金属温度仍较接近烟气温度。因此，一般规定，在锅炉蒸发量小于 10%～15% 额定值时，必须限制过热器入口烟温。

控制烟温的方法主要是限制燃烧率（控制燃料）或调整火焰中心的位置（控制炉膛出口温度）。另外，还可使用喷水减温方法，但要注意对喷水量的控制，以防喷水不能全部蒸发，使蒸汽带水，危害汽轮机。

燃烧调整方面应注意两个问题：一是合理安排燃烧器的投入顺序，控制锅炉的左、右侧烟温差不超过 30～50℃，以避免过热器个别管子超温。二是增投燃料量应谨慎、缓慢。因为启动过程中锅炉利用热量的相当一部分是用于加热水冷壁、炉墙和受热面金属的。燃烧率增加过快时，烟量、烟温几乎立即增加。而水冷壁蒸发量的增加相对较慢，因而使过热蒸汽温度暂时升高。不仅如此，由于动态过程中管子壁温随烟量、烟温很快增加，也使壁温超过工质温度的差值增大。

启动初期过热器系统的各级疏水阀开启。过热器的各级疏水主要用于疏去积水，待积水疏尽后应及时关闭，避免蒸汽短路降低了对受热面的冷却能力，使过热器超温。过热器冷却所必需的蒸汽流量，靠开启高、低压旁路门维持。

启动过程中，再热器的安全主要与旁路系统的形式、受热面所处的烟气温度、启动方式（主要指汽轮机冲转的蒸汽参数）以及再热器所用的钢材性能有关。对于采用串联二级旁路系统的再热机组，启动期间锅炉产生的蒸汽可通过高压旁路站流入再热器，然后经低压旁路站流入凝汽器，使再热器得到充分冷却。对采用一级大旁路的系统，汽轮机冲转前再热器无蒸汽流过，因而应严格控制再热器前的烟温，有的锅炉可使用烟气旁路来控制进入再热器的烟气量。另外，为控制进入再热器的烟温，在条件允许时，汽轮机的冲转参数宜选低一些。

对于再热器，启动初期也要放气和尽可能地彻底疏水。管束内的积水在点火以后也会逐渐蒸发，当凝汽器开始抽真空时，所有的放气门和疏水门都必须关闭，而从高、低温段再热器管通往凝汽器的疏水阀都应继续开启，直到机组带上初负荷时方能关闭。某些引进的 600MW 机组的锅炉，其再热器设计是可以干烧的，只要控制炉膛出口烟温在 500℃ 以下，即使再热器内没有蒸汽流过，再热器仍然是安全的。这样的机组同样设置有高、低压旁路，主要为再热器的启动和事故的应对提供可靠的保护措施。

此外，过热器和再热器升温过快时，不但会增大厚壁元件的热应力，而且不利于积水的蒸发，加剧了过热器和再热器管间加热的不均匀性。因此，过热器和再热器在启动过程中应尽可能均匀地加热，加热过程中可通过监视过热器和再热器出口管的金属壁温，检查其加热的均匀性。

（三）省煤器和空气预热器

在点火后的一段时间内，锅炉不需进水或只需间断进水。在停止给水时，省煤器内局部的水可能汽化，如生成的蒸汽停滞不动，该处管壁可能超温。间断进水时，省煤器内的水温，也就间断地变化，使管壁金属产生交变应力，导致金属和焊缝产生疲劳。

600MW 机组自然循环锅炉绝大多数采用锅炉汽包与省煤器下联箱连通的措施，可使汽包与省煤器之间形成一个经过省煤器的自然循环回路。当停止给水时，开启再循环管上的再循环门，依靠下降管与省煤器之间水的密度差可维持持续水流冷却省煤器。同时，持续水流使省煤器出水温度降低，减轻了管壁金属产生的交变热应力。

要注意的是：锅炉在上水时要关闭再循环门，否则给水将由再循环管短路进入汽包，省煤器又会因失去水的流动而得不到冷却。上水完毕，在关闭给水门的同时，应打开再循环门。

如果在点火前投用邻炉蒸汽加热系统，则锅炉点火时，汽压已升至 0.5～0.7MPa，锅炉排汽量已相当大，锅炉需连续上水，即使不使用省煤器再循环也可有效保护省煤器。

省煤器或空气预热器的壁温低于烟气露点时，就会发生低温腐蚀和堵灰。锅炉腐蚀、堵灰发展最快的时期就是在启动过程，特别是在冬季。原因是：①启动时排烟温度低，受热面壁温低。此外烟速也低；②高、低压加热器无排汽，给水温度低使省煤器壁温低；③锅炉点火及 30％以下负荷时，燃烧轻油。轻油的含硫量高，烟气露点高。

在启动中可采取以下措施减轻低温腐蚀：①全开暖风器的进汽阀门和旁路风挡板，迫使更多空气流过暖风器以提高空气预热器进风温度和热风份额，开大热风再循环风门挡板等；②适当提高热力除氧器的压力，及早投入高压加热器等，以提高给水温度。

为保护回转式空气预热器，点火以前，必须先启动它，以防止烟气加热不均使空气预热器损坏。在轻油启动期间，空气预热器必须连续吹灰，以避免积灰和二次燃烧。

总之，启动过程中锅炉应该主要注意安全问题。另外，锅炉在低负荷燃烧时，不但过剩空气量较大，而且不完全燃烧损失也较大；同时，启动过程中的排汽和放水，也必然伴随着工质的损失。这些损失的大小与启动方式、操作方法以及启动持续时间等有关。所以，锅炉启动的原则是：在确保设备安全的条件下，既要能满足整套机组启动的要求，又要尽量节省工质和燃料，力求在最短时间内让机组投入运行。

▶ 能力训练 ◀

1. 防止汽包壁温差过大的主要措施是什么？
2. 升压过程中保护水冷壁的措施是什么？
3. 过热器和再热器在启动过程中的保护措施是什么？
4. 省煤器和空气预热器在启动过程中的保护措施是什么？

任务九　直流锅炉启动系统与受热面保护

▶ 任务目标 ◀

1. 知识目标
（1）了解直流锅炉启动特点。
（2）掌握直流锅炉的启动系统。
（3）掌握直流锅炉受热面保护的措施。

2. 能力目标
（1）能绘制直流锅炉启动系统图。
（2）能叙述直流锅炉受热面保护的措施。

▶ **知识准备** ◀

一、直流锅炉启动特点

直流锅炉与自然循环锅炉在燃烧系统、过热器系统和再热器系统的差别不大，差别比较大的是水冷壁系统和锅炉启动系统。

直流锅炉的水冷壁主要采用螺旋式水冷壁管形和一次垂直上升式管屏。直流锅炉启动时要求保证从启动到锅炉带满负荷全过程的安全性，防止亚临界参数下的膜态沸腾和超临界参数下的管壁超温，以及沿宽度方向上的热偏差。

二、内置式分离器启动系统

内置式分离器设置在蒸发段与过热段之间，没有任何隔绝门。在锅炉启动和低负荷运行时，分离器如同汽包一样，起汽水分离作用；高负荷时，分离器处于干态运行，起蒸汽通道作用。其优点是操作简单，不需切除分离器，但分离器要承受锅炉全压，对其强度和热应力要求较高。内置式分离器启动系统适用于变压运行锅炉。

1. 带扩容器的启动系统

如图 2-11 所示为 600MW 直流锅炉大气式扩容器启动系统，主蒸汽流量（BMCR）1900t/h，过热器蒸汽出口压力 25.3MPa，过热器出口温度 541℃，再热器温度 569℃。

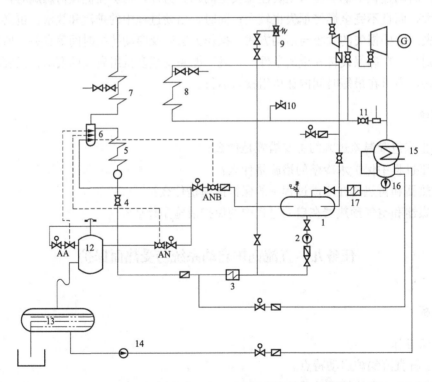

图 2-11　600MW 直流锅炉大气式扩容器启动系统

1—除氧器水箱；2—给水泵；3—高压加热器；4—给水调节阀；5—省煤器、水冷壁；6—启动分离器；7—过热器；
8—再热器；9—高压旁路阀；10—再热器安全阀；11—低压旁路阀；12—大气扩容器；13—疏水箱；
14—疏水泵；15—凝汽器；16—凝结水泵；17—低压加热器

启动系统主要由除氧器、给水泵、高压加热器、启动分离器、大气式扩容器、疏水回收箱、疏水回收泵、凝汽器等组成。

高压旁路容量 100％BMCR，低压旁路容量 65％BMCR。没有过热器安全门，再热器进、出口安全门容量为 100％BMCR。

（1）系统功能。该系统能保证各种启动工况（冷态、温态、热态）所要求的汽轮机冲转参数。由于采用 100％BMCR 容量的高压旁路和 65％BMCR 容量的低压旁路，再加上 100％BMCR 容量的再热器进出口安全阀，能满足各种事故工况处理。启动系统适用于带基本负荷，允许辅机故障带部分负荷和电网故障带厂用电运行。由于采用大气扩容器，如果经常频繁启停及长期极低负荷运行，将有较大的热损失和凝结水损失。

（2）启动系统中主要阀门的功能。

1）AA 阀：冷态启动、温态启动过程中，当水质不合格时，可将进入启动分离器的疏水排至大气式疏水扩容器，控制启动分离器的水位不超过最高水位，以防止启动分离器满水导致水冲入过热器，危及过热器甚至汽轮机的安全。

2）AN 阀：冷态和温态启动时，辅助 AA 阀排放启动分离器的疏水。当 AA 阀关闭后，由 AN 和 ANB 阀共同排除启动分离器疏水，并控制启动分离器水位。

3）ANB 阀：回收工质和热量，即使在冷态启动工况下，只要水质合格和满足 ANB 阀的开启条件，即可通过 ANB 疏水进入除氧器水箱。ANB 阀保持启动分离器的最低水位。需要特殊说明的是，此系统安全可靠性及运行经济性不够高。压力很高的启动分离器与低压运行的除氧器仅用 ANB 阀及电动隔绝阀隔开，一旦出现误动作或阀门泄漏，会严重危及除氧器等设备的安全。可以在 ANB 阀关闭后，采取立即切除电动隔绝阀电源的方法，解决此问题。

另外，此系统只能回收经 ANB 阀排出的疏水热，而通过 AN 及 AA 阀的疏水热却无法回收，因此工质热损失大，也是其缺点之一。

2. 带再循环泵的低负荷启动系统

启动分离器的疏水经再循环泵送入给水管路的启动系统。按循环水泵在系统中与给水泵的连接方式分串联和并联两种形式。部分给水经混合器进入循环泵的称为串联系统，给水不经循环泵的称为并联系统。带再循环泵的两种布置方式见图 2-12。该系统适用于带中间负荷或两班制运行。一般使用再循环泵与锅炉给水泵并联的方式。这样可以不必使用特殊的混合器，当循环泵故障时无须首先采用隔绝水泵，也不会对给水系统造成危害。

这种系统的缺点是再循环泵

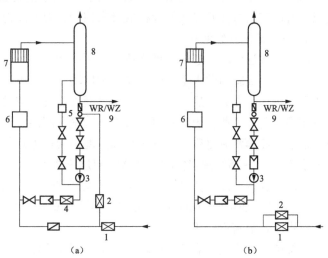

图 2-12　两种再循环泵启动系统的布置
(a) 串联系统；(b) 并联系统
1—给水调节阀；2—旁路给水调节阀；3—再循环泵；4—流量调节阀；
5—混合器；6—省煤器；7—水冷壁；8—启动分离器；
9—疏水和水位调节阀

充满饱和水，一旦压力降低，有汽化的危险。再循环泵与锅炉给水泵的并联布置方式可用于变压运行的直流锅炉启动系统，也可应用于亚临界压力机组部分负荷或全负荷复合循环（又称低倍率直流锅炉）的启动系统中。采用带再循环泵的启动系统，可减少启动工质及热量的损失。泵的参数选择及运行方式是该系统应考虑的主要问题。

带再循环泵的启动系统极低负荷运行和频繁启动特性较好，而扩容式启动系统较差，但初投资较少。

三、直流锅炉热应力特点及受热面的保护

1. 直流锅炉热应力特点

直流锅炉蒸发管出口往往是接近饱和，甚至是微过热蒸汽，因此管内发生膜态沸腾和结垢的可能性较大。强迫流动的特性常导致并列蒸发管中吸热越多的管子，其工质流量反而越小。

目前的螺旋水冷壁采用整焊膜式水冷壁，各个管带均匀地分布于炉膛四周，在同一高度上的管带受热几乎一样，相邻管带之间外侧管管壁温差较小（30℃）。由于各管带皆为倾斜上升，从而避免了拉姆辛管圈水平部分较易发生汽水分层的现象。同时，低负荷时采用炉水循环泵，建立炉水再循环，水冷壁质量流速的提高，也避免了发生膜态沸腾可能。从而有效地降低了水冷壁管的金属温度保证了安全可靠运行。

直流锅炉没有汽包，因此和汽包锅炉相比其金属壁较薄，在启、停过程中要注意以下几点：

（1）机组并网前应严格控制炉膛出口烟温小于 560℃。控制主再热蒸汽温度变化率在低于 100℃时不超过 1.1℃/min，汽轮机冲转前不超过 1.5℃/min。

（2）控制螺旋管圈水冷壁管出口管壁温度不超过 410℃，垂直管圈水冷壁管出口管壁温度不超过 430℃。锅炉金属温差不超限，屏相邻单管间的管壁温差不超过 50℃。

（3）储水箱内外壁温差限制在 25℃以内，内壁金属温度变化率限制在 5℃/min，超过以上限制值，应通过控制投入的油枪数量来控制升温升压速度。

2. 锅炉受热面的保护

锅炉正常运行时，过热器被高速蒸汽所冷却，管壁金属温度与蒸汽温度相差无几。在启动过程中，情况就与此大不相同。在冷炉启动之前，屏式过热器一般都有凝结水或水压试验后留下的积水。点火以后，这些积水将逐渐被蒸发，或被蒸汽流所排除。但在积水全部被蒸发或排除以前，某些管内没有蒸汽流过，管壁金属温度近于烟气温度。即使过热器内已完全没有积水，如蒸汽流量很小，管壁金属温度仍较接近烟气温度。因此，一般规定，在锅炉蒸发量小于 10％～15％额定值时，必须限制过热器入口烟温。

控制烟温的方法主要是限制燃烧率（控制燃料）或调整火焰中心的位置（控制炉膛出口温度）。另外，还可使用喷水减温方法，但要注意对喷水量的控制，以防喷水不能全部蒸发，使蒸汽带水，危害汽轮机。

燃烧调整方面应注意两个问题：一是合理安排燃烧器的投入顺序，控制锅炉的左、右侧烟温差不超过 30～50℃，以避免过热器个别管子超温。二是增投燃料量应谨慎、缓慢。因为启动过程中锅炉利用热量的相当一部分是用于加热水冷壁、炉墙和受热面金属的。燃烧率增加过快时，烟量、烟温几乎立即增加。而水冷壁蒸发量的增加相对较慢，因而使过热蒸汽温度暂时升高。不仅如此，由于动态过程中管子壁温随烟量、烟温很快增加，也使壁温超过工质温度的差值增大。

　　启动初期过热器系统的各级疏水阀开启。过热器的各级疏水主要用于疏去积水，待积水疏尽后应及时关闭，避免蒸汽短路降低了对受热面的冷却能力，使过热器超温。过热器冷却所必需的蒸汽流量，靠开启高、低压旁路门维持。

　　启动过程中，再热器的安全主要与旁路系统的形式、受热面所处的烟气温度、启动方式（主要指汽轮机冲转的蒸汽参数）以及再热器所用的钢材性能有关。对于采用串联二级旁路系统的再热机组，启动期间锅炉产生的蒸汽可通过高压旁路站流入再热器，然后经低压旁路站流入凝汽器，使再热器得到充分冷却。对采用一级大旁路的系统，汽轮机冲转前再热器无蒸汽流过，因而应严格控制再热器前的烟温，有的锅炉可使用烟气旁路来控制进入再热器的烟气量。另外，为控制进入再热器的烟温，在条件允许时，汽轮机的冲转参数宜选低一些。

　　对于再热器，启动初期也要放气和尽可能地彻底疏水。管束内的积水在点火以后也会逐渐蒸发，当凝汽器开始抽真空时，所有的放气门和疏水门都必须关闭，而从高、低温段再热器管通往凝汽器的疏水阀都应继续开启，直到机组带上初负荷时方能关闭。某些引进的600MW 机组的锅炉，其再热器设计是可以干烧的，只要控制炉膛出口烟温在 500℃ 以下，即使再热器内没有蒸汽流过，再热器仍然是安全的。这样的机组同样设置有高、低压旁路，主要为再热器的启动和事故的应对提供可靠的保护措施。

　　此外，过热器和再热器升温过快时，不但会增大厚壁元件的热应力，而且不利于积水的蒸发，加剧了过热器和再热器管间加热的不均匀性。因此，过热器和再热器在启动过程中应尽可能均匀地加热，加热过程中可通过监视过热器和再热器出口管的金属壁温，检查其加热的均匀性。

> **能力训练** <

　　1. 直流锅炉的启动特点是什么？
　　2. 请绘制 600MW 直流锅炉大气式扩容器启动系统。
　　3. 直流锅炉热应力特点是什么？直流锅炉受热面的保护措施是什么？

项目三 锅炉汽水系统调节

项目目标

（1）通过对汽包水位的监视与调节的学习，能分析影响汽包水位变化的因素并能调节汽包水位。

（2）通过对汽包锅炉蒸汽温度调节的学习，能分析影响汽包锅炉蒸汽温度的因素并能调节蒸汽温度。

（3）通过对汽包锅炉蒸汽压力调节的学习，能判断内扰和外扰并能调节汽包锅炉蒸汽压力。

（4）通过对直流锅炉蒸汽温度调节的学习，能分析热偏差产生的原因并能调节直流锅炉主蒸汽温度和再热蒸汽温度。

（5）通过对直流锅炉蒸汽压力调节的学习，能协调调节直流锅炉汽压、汽温。

（6）通过对蒸汽净化的学习，能分析蒸汽污染的原因并能说明蒸汽净化的措施。

任务一 汽包水位的监视与调节

任务目标

1. 知识目标

（1）熟悉维持汽包正常水位的意义。

（2）掌握影响汽包水位变化的因素。

（3）掌握汽包水位监视和调节方法。

2. 能力目标

（1）能分析影响汽包水位变化的因素。

（2）能调节汽包水位。

知识准备

一、维持汽包正常水位的意义

锅炉运行中，汽包水位是一个重要的监视参数。汽包水位的过高、过低都将危及锅炉和汽轮机的安全运行。

汽包水位过高，会使蒸汽中水分增加，蒸汽品质恶化，易造成过热器管内积盐、超温和汽轮机通流部分结垢；汽包严重满水时，还会造成蒸汽大量带水，引起主蒸汽温度急剧下降，甚至造成管道和汽轮机水冲击。

汽包水位过低，易引起下降管带汽，破坏水循环，造成水冷壁超温爆管；严重缺水时，还会引起大面积爆管事故发生。汽包水位过低还会使强制循环锅炉的炉水循环泵进口汽化引起泵组剧烈振动。

现代大型电站锅炉，随容量的增大，汽包的相对水容积越来越小，如给水中断或给水量与蒸发量不适应，往往几秒钟内就可能造成满水或缺水事故。汽包锅炉的水位变化 200mm 的飞升时间是 6～8s。因此，运行中必须严格监视汽包水位并及时调整。

二、影响水位变化的主要因素

锅炉运行中，汽包水位是经常变化的，引起汽包水位变化的根本原因是：①蒸发设备中的物质平衡破坏，即给水量与蒸发量不一致；②蒸汽压力变化引起工质比体积及水容积中含汽量的变化。

运行中引起汽包水位变化的具体原因：负荷增减幅度过快；安全阀动作；燃料增减过快；启动和停止给水泵时；给水自动失灵；承压部件泄漏；汽轮机调节门、旁路门、过热器及主蒸汽管疏水门开关时。归纳起来主要原因是锅炉负荷、燃烧工况、给水压力的变化。

1. 负荷变化对水位的影响

正常情况下，机组负荷正常变化时，锅炉燃烧和给水若能及时调整，锅炉汽包水位一般不会发生很大变化。但当负荷骤变时（特别是在炉跟机下运行时），若汽压有较大幅度的变化，则会引起汽包水位迅速波动。

下面以机组负荷骤增为例来说明对水位的影响：

对单元机组，当机组负荷骤增时，蒸汽压力将迅速下降，这时，一方面使汽包内汽水混合物的比体积增大；另一方面使汽包内工质的饱和温度降低，蒸发设备中的水和金属放出储热，产生附加蒸发量，使汽包水容积中的含汽量增加，炉水体积膨胀，促使水位上升，形成虚假水位。虚假水位是暂时的，因为随机组负荷的增大，炉水消耗量增加，炉水中气泡逸出水面后，汽水混合物的体积收缩，且随燃烧的加强，汽压逐渐恢复，若此时给水量未及时调整，则汽包水位将迅速下降，机组负荷骤降时，水位的变化情况与此相反。

运行中应注意虚假水位，当机组负荷大幅变化时，应首先调节燃料和风量，恢复汽压，以满足机组对蒸发量的需求。如虚假水位严重，不加限制会造成锅炉满水或缺水时，则应先适当减小或增加给水量，同时调节燃烧，恢复汽压，当水位停止变化时，再适当加大或减小给水，维持汽包正常水位。

2. 燃烧工况对水位的影响

对单元制机组，在外界负荷和给水量不变的情况下，燃烧工况的变动也会导致汽包内物质平衡的破坏和工质状态的变化，从而对水位产生显著的影响。燃烧工况的变动多是由于煤质变化、给煤、给粉不均、炉内结焦等因素造成的。燃烧工况的变动不外乎两种效果：一种是燃烧加强了，一种是燃烧减弱了。对单元机组来说，当燃烧加强时，炉内放热量增加，蒸发设备中含汽量增多，炉水体积膨胀，水位上升；但蒸发量的增加又使汽压上升，提高了蒸发设备中工质的饱和温度，水位又会逐渐下降。当汽压升高时，若保持外界负荷不变，则必须关小调节汽门，此时若不及时调节燃烧，则汽压会进一步升高，水位继续下降。燃烧减弱时对水位的影响与上述情况相反。燃烧工况变动时，水位变化的程度，取决于燃烧工况变化的程度和运行调节的及时性。

3. 给水压力变化对水位的影响

其他条件不变，给水系统压力变化时，将引起给水量变化，破坏物质平衡，引起水位变化。如给水压力增加时，给水量增加，水位上升；给水压力降低时，给水量减少，水位下降。此外，运行中若发生高压加热器、水冷壁、省煤器等设备泄漏，也会破坏物质平衡，使汽包水位下降。运行中应及时注意给水压力的变化，并及时调整，以维持汽包水位。

4. 汽包的相对容积

汽包尺寸越大，水位变化速度越慢，由于单元机组的相对汽包水容积大大减少，所以水位变化速度较大。

5. 锅水循环泵的启停及运行工况

强制循环锅炉在启动锅水循环泵前，汽包水位线以上的水冷壁出口至汽包的导管均是空的，所以启动锅水循环泵时，汽包水位将急剧下降。当锅水循环泵全部停运后，这部分水又要全部返回到汽包和水冷壁中，而使汽包水位上升。此外，锅水循环泵的运行工况，也将对汽包水位产生一定的影响。

三、汽包水位的监视与调节

1. 水位监视

汽包正常水位的标准线一般是在汽包中心线以下 100～200mm 处，在水位标准线的 ±50mm 以内为水位允许波动范围。运行中锅炉汽包水位是通过水位计来监视的。现代电站锅炉，为便于汽包水位的监视，除在汽包上装一次水位计外，还在中央集控室装有二次水位计或水位电视。运行中对水位的监视应以一次水位计的指示为准，为确保二次水位计指示的准确性，运行中应及时核对一、二次水位计的指示情况。应该指出，一次水位计指示的汽包水位比实际的水位偏低，这是由于散热使水位计中的水的密度大于汽包中水的密度。此外，当一次水位计的汽、水连通管结垢，汽侧门、水侧门、放水门泄漏时，会引起水位计指示不准确，因此，应定期对水位计进行检修和清洗。

在锅炉运行中应经常检查对照各水位计，每班校对就地与表盘水位计不少于 2 次。给水自动投入时，要经常检查给水控制系统的工作情况是否良好，发现"自动"异常和水位异常时及时处理。

2. 水位调节

锅炉汽包水位的调节可通过改变给水调整门的开度或改变给水泵的转速来改变给水量，以调节汽包水位。现代大型电站锅炉，正常运行时一般均通过改变电动给水泵或汽动给水泵的转速来调节汽包水位，锅炉启动时，汽包水位由旁路给水调整阀和电动给水泵分程调节。

运行中发现锅炉汽包水位偏差增大时，应观察水位、蒸汽流量及给水流量的变化情况，分析水位的变化趋势和引起水位变化的原因，若水位在规定的报警范围内，可不必切手动，集中精力处理引起水位变化的原因；若发现水位变化是由于机组负荷突变所致，应尽力恢复机组的负荷，否则，应控制燃料量、风量以维持水位。若发现水位偏差过大，则应在手动状态下恢复水位，严重时，应立即停炉。

3. 注意虚假水位

在进行水位调节时要注意虚假水位的影响。如果锅炉的负荷突然升高，在给水和燃烧未调整之前，汽包中的水位开始先升高，而后逐渐降低。开始升高的水位是由于压力突降，水面下的蒸汽容积增大使水位涨起而引起的，并不是由于存水量增加引起的，所以叫虚假水位。由于此时给水量没有增加，在大量蒸汽逸出水面后，水位也就随之降低。反之若锅炉负荷迅速降低，在给水和燃烧未调整之前，汽包水位的变化是先低后高，开始时水位降低并不是由于存水量减少了，因此也属于虚假水位，由于此时给水量并没有减少，所以在暂时的虚假水位现象消失之后，水位随之升高。

虚假水位现象只有在锅炉负荷变化较大、变化迅速情况下才能明显觉察出来。在锅炉发生熄火和安全门起座的情况下，虚假水位将达到很大程度。如果处理不当，锅炉就会发生缺水和满水事故。工况变动速度越大，汽包水位上下波动幅度也越大。

4. 三冲量给水调节

目前，大容量单元机组均采用了较成熟的全程给水调节系统。机组启动时，由于汽、水流量不平衡，所以采用单冲量调节，此时仅引入水位冲量，根据水位变化调节给水量；正常运行时，采用三冲量调节（见图 3-1），此时，引入蒸汽流量作前馈信号，给水流量作反馈信号进行粗调节，汽包水位作为校正信号。

为了消除虚假水位对给水调节的影响，锅炉采用三冲量给水调节系统，即根据过热蒸汽流量、汽包水位、给水流量三个信号来控制给水调门。蒸汽流量可以作为前馈信号，借以消除虚假水位的影响；给水流量可作为反馈信号，避免过调，或用以消除因给水压力变化等引起的给水扰动；汽包水位信号是主信号，它也起校正作用，最后使水位维持在规定值。

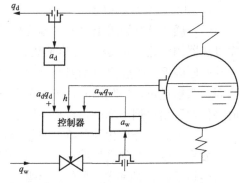

图 3-1 三冲量给水调节系统原理结构

机组正常运行中，应保持锅炉给水、除氧器上水、凝汽器补水的连续、均匀，保持好三大水位的正常稳定。就地水位计和控制室水位指示应一致。机组正常运行中，三大水位应投入"自动"，经常检查各上水控制系统的工作情况是否良好，发现自动异常和水位异常，应立即切至手动调节，并通知热工人员处理。在负荷增减过快，主汽压力变化过大或安全阀启座时应注意汽包水位的变化，考虑好虚假水位的影响，并协调控制好三大水位。

在启停给水泵、补给水系统自动失灵、锅炉泄漏、高压加热器危急疏水动作情况下时，应加强水位的监视和调整。当汽包水位高时，应及时减少给水量并通过开大连排和事故放水来协调处理。出现汽包水位低需大量上水时，应注意高、低压加热器的运行，防止加热器过负荷疏水不及而解列。

➤ 能力训练 ◄

1. 维持汽包正常水位的意义是什么？
2. 影响汽包水位变化的因素有哪些？
3. 如何监视和调节汽包水位？

任务二 汽包锅炉蒸汽温度的调节

➤ 任务目标 ◄

1. 知识目标

(1) 熟悉影响过热蒸汽温度变化的因素。

(2) 掌握过热蒸汽温度调节的方法。

(3) 掌握再热蒸汽温度调节的方法。

2. 能力目标

(1) 能分析烟气侧和蒸汽侧各因素对过热蒸汽温度的影响。

（2）能调节过热蒸汽温度和再热蒸汽温度。

▶ 知识准备 ◀

一、影响过热蒸汽温度变化的因素

影响过热蒸汽温度变化的主要因素有烟气侧和蒸汽侧两个方面。

1. 烟气侧的影响因素

（1）燃料量及炉膛出口处烟温变化的影响。燃料量增加将使炉膛出口烟气量都增加，从而过热器的传热温差 Δt 和传热系数 K 都增加，导致传热量 Q 的增加，结果汽温升高。当由于其他原因促使炉膛出口烟温升高时，也将使汽温升高，如燃煤挥发分含量降低，灰分含量增高，煤粉过粗，炉膛结渣，炉膛负压增大等均会使炉膛出口处烟温升高，汽温上升；相反时将使炉膛出口烟温降低，汽温下降。

（2）燃煤水分变化的影响。当燃煤水分含量增加时，将使煤的发热量减少，为了保证锅炉蒸发量不变，必须增加燃煤量。由于炉内水分蒸发和燃煤量的增加使生成的烟气量增加而导致传热系数 K 的增大；另外，燃煤量的增加已补足了水分对发热量减少的影响，还由于烟气量的增加使烟气在炉膛内的上升速度增加而导致炉膛出口烟温的升高。传热系数 K 的增大和炉膛出口烟温的升高又导致了过热蒸汽温度的升高。当燃煤水分减少时，汽温将下降。

（3）风量变化的影响。送风量或漏风量增加而使炉内过量空气系数增加，低温的空气会使炉膛温度下降，炉内辐射传热强度减弱，进而影响炉膛出口烟温升高。另外，空气量的增加使烟气量增加，传热系数 K 增大。总之，在一般情况下，风量增加时，辐射过热器汽温将有所下降，而对流过热器汽温升高。

（4）燃烧器运行方式及配风的影响：当燃烧器从上排运行切换至下排运行时，将使炉膛火焰中心下移，使汽温下降；反之，汽温将上升。在直流燃烧器运行中，在工况风量不变的情况下，如果多用上二次风而少用下二次风时，也会使火焰中心下移，汽温下降，反之，汽温将上升。

（5）给水温度变化的影响。当给水温度降低时，从给水加热到饱和蒸汽需要的热量增加，如不增加燃料量，蒸发将要下降。为了维持蒸发量不变，必须增加燃料量，这势必使过热器烟气侧的传热量增加，结果会使过热蒸汽温度升高。

（6）受热面清洁程度的影响。当过热器前的受热面结渣或积灰时，将使过热器的传热温差增大，汽温升高。当过热器本身被灰污时，将使过热器的传热系数减小而汽温下降；反之则相反。

2. 蒸汽侧的影响因素

（1）锅炉负荷变化的影响。运行中的锅炉负荷是经常变化的。负荷变化时，汽温的变化与过热器的形式有关，辐射式过热器的汽温变化特性是负荷增加时汽温降低，负荷减小时汽温升高；而对流式过热器的汽温变化特性是负荷增加时汽温升高，负荷减小时汽温降低。

（2）饱和蒸汽湿度变化的影响。从汽包出来的饱和蒸汽总是含有少量的水分。在汽压、水位稳定，锅炉负荷又不高的情况下，饱和蒸汽湿度变化很小。当运行工况不稳定。尤其是水位过高或负荷突增，而汽包内汽水分离设备的分离效果又不佳时，就会使饱和蒸汽的湿度大大增加。这样，饱和蒸汽增加的水分在过热器内要吸收汽化热，从而使汽温降低。蒸汽若大量带水，将引起汽温急剧下降。

（3）减温水量或水温变化的影响。在采用减温器的过热器系统中，当减温水量或减温水发生变化时，将引起蒸汽在过热器内总吸热量的变化，当烟气侧传给蒸汽的热量基本不变时，汽温就会相应地发生变化。

（4）此外，对于表面式减温器，当发生泄漏时会引起汽温的下降。

二、过热蒸汽温度的调节

由于过热蒸汽温度的变化是由蒸汽侧和烟气侧工况变动所引起的，因而汽温的调节也从这两方面进行。电站锅炉过热蒸汽温度的调节一般以蒸汽侧调节为主，同时配合烟气侧的调节。

1. 蒸汽侧调温

喷水减温是蒸汽侧最常用的调温方法。也是电站锅炉过热蒸汽温度的主要调节方法。它的原理是将洁净的给水直接喷进蒸汽，水吸收蒸汽的汽化潜热，从而改变过热蒸汽温度。汽温的变化通过减温器喷水量的调节加以控制。

喷水减温器前后的温度改变值与喷水量、锅炉负荷、工作压力有关，按下式计算：

$$\Delta t = \frac{h''}{c_p} \frac{(1-\psi)\phi}{1+\phi} \qquad (3-1)$$

$$\phi = \frac{D_{jw}}{D_p}$$

$$\psi = h_{gs}/h''$$

式中　ϕ——喷水率；

D_{jw}——减温水流量，t/h；

D_q——减温器进口蒸汽流量，t/h；

ψ——减温水焓与蒸汽焓之比；

h_{gs}——给水焓，kJ/kg；

h''——减温器进口蒸汽焓，kJ/kg；

c_p——蒸汽比定压热容，kJ/（kg·℃）。

根据式（3-1），同样的喷水量，低负荷时的温度改变要大于高负荷时的温度改变；压力低时的温度改变要大于压力高时的温度改变。对于具有不平稳汽温特性的过热器系统，在负荷的一定范围内，要靠减温水维持额定汽温。当喷水量减为零、继续降低负荷时过热蒸汽温度只能按汽温特性自然降低。锅炉能够保持额定汽温的负荷范围称调温范围，减温水量减为零时的负荷，称汽温控制点。大型锅炉的汽温控制点，在定压运行时为（60%～70%）MCR，在变压运行时则可延伸到30% MCR。随着负荷的降低，减温水量先上升后减小，最大减温水量出现在某一中间负荷（如70% MCR）。

喷水减温在热经济性上有一定损失，部分给水用去作减温水，使进入省煤器的水量减少，出口水温升高，因而增大了排烟损失。若减温水引自给水泵出口，则当减温水量增大时会使流经高压加热器的给水量减少，排挤部分高压加热器抽汽量，降低回热循环的热效率。但由于其设备简单、调节性能好、易于实现自动化等优点，仍得到了广泛应用。

电站锅炉的过热器一般都设有二级或三级减温。锅炉的过热器采用三级减温。一级减温水设置于大屏进口，用以保护大屏；二级减温水设置于大屏和后屏之间，是调节汽温的主要手段；三级减温水设置于后屏与高温过热器之间，仅用于过热蒸汽温度超过规定值时，作为紧急调节的手段。当汽温升高时，增大减温水量；反之，减少减温水量。

在采用喷水减温调节汽温时应缓慢进行，并注意减温后汽温的变化，以防造成汽温大幅波动。如图3-2所示为350MW机组锅炉汽水系统。

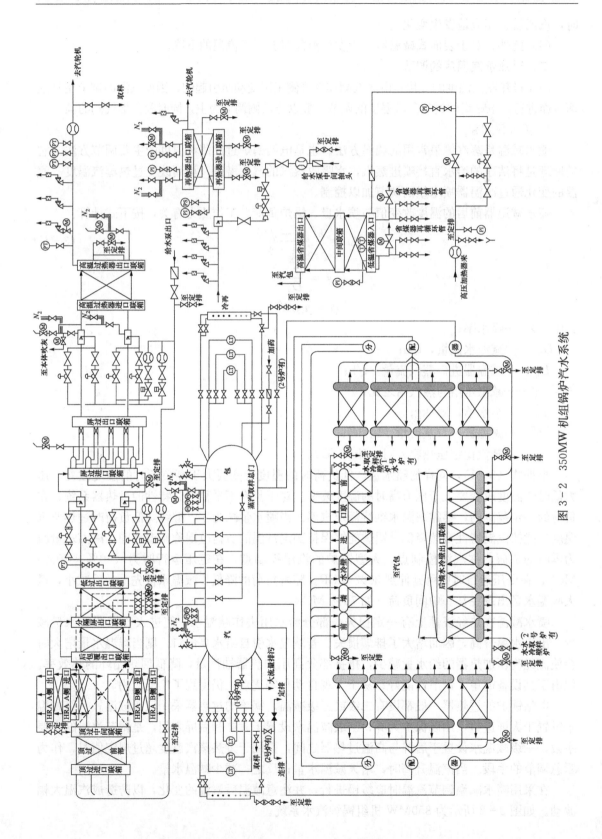

图 3-2 350MW 机组锅炉汽水系统

2. 烟气侧调温

当通过蒸汽侧调节不能满足调温需要时，应配合烟气侧进行调整。烟气侧的主要调温方法是改变火焰中心位置，也可用改变烟气量的方法进行。

（1）改变火焰中心位置。对具有摆动式燃烧器的锅炉，可通过改变燃烧器的倾角来调节火焰中心位置；也可采用改变燃烧器组合方式或运行燃烧器的位置（如上、下排燃烧器切换）、增大或减少上、下层燃烧器的二次风量等。当汽温偏低时，适当提高火焰中心位置；反之，适当降低火焰中心位置。

在采用改变燃烧器倾角调节火焰中心时，应注意燃烧器倾角的调节范围不可过大（一般为±20°），若向下倾角过大，可能会造成水冷壁下部或冷灰斗结渣；若向上倾角过大，则会增大不完全燃烧损失并造成炉膛出口的屏式过热器或凝渣管结渣；低负荷时，若向上倾角过大，还可能造成锅炉灭火。

（2）改变烟气量。即改变流经过热器的烟气量，从而改变烟气对过热器的放热量。增大烟气量时，烟气流速增大，对流换热系数增大，烟气对过热器的放热量增加，过热蒸汽温度升高；反之，过热蒸汽温度降低。

改变烟气量的常用方法有烟气再循环和烟气旁路法（该方法一般作为调节再热蒸汽温度的重要手段）。

此外，在调节汽温时，还应配合受热面的吹灰。当汽温偏低时，应加强对过热器的吹灰；汽温偏高时，则应加强对水冷壁和省煤器的吹灰，并在确保燃烧完全的前提下尽量减少风量。

三、再热蒸汽温度的调节

与过热蒸汽温度相似，再热蒸汽温度偏离额定值也会影响机组运行的经济性和安全性。例如：再热蒸汽温度过低，将使汽轮机汽耗量增加；再热蒸汽温度过高，也会造成金属材料的损坏。因此。运行中也必须保持再热蒸汽温度在规定范围内。

运行中引起再热蒸汽温度变化的原因与引起过热蒸汽温度变化的原因相似，电站锅炉的再热器多布置为对流式，因此，再热蒸汽温度的变化呈现为较明显的对流特性。应该指出：由于再热蒸汽的压力较低，因而其比热容较过热蒸汽的比热容小，这样，等量的蒸汽在获得相同热量时，再热蒸汽温度的变化比过热蒸汽温度的变化要大。此外，再热蒸汽温度不仅受锅炉燃烧工况的影响。而且还受汽轮机工况变化的影响。因为，过热器的进口蒸汽温度始终为汽包压力下的饱和温度，而再热器的进口蒸汽温度随汽轮机负荷的增大而升高，随汽轮机负荷的降低而下降。所以，再热蒸汽温度受工况变化的影响比过热蒸汽温度复杂，运行中再热蒸汽温度的波动也比过热蒸汽温度要大。

再热蒸汽温度调节与过热蒸汽温度调节不同，虽然利用喷水调温具有延迟小、灵敏度高的优点，但再热蒸汽温度用喷水调节，则势必增大汽轮机中、低压缸的流量，相应增加了中、低压缸的功率，如果机组总功率（负荷）保持不变，势必减少高压缸的功率与流量，这就等于用部分低压蒸汽循环代替高压蒸汽循环，导致整个单元机组循环热效率降低，热经济性变差，在超高压机组中，喷入1%额定蒸发量的喷水至再热器，将使循环效率降低0.1%～0.2%。因此再热蒸汽温度的调节一般不宜采用喷水调节作为主要调温手段，而只作为事故喷水或辅助调温手段。

再热蒸汽温度调节采用烟气侧调节方法。在烟气侧调节再热蒸汽温度的方法有烟气再循环、烟气旁路和改变燃烧器倾角等方法。

烟气再循环调温是由再循环风机从锅炉省煤器后烟道抽出部分烟气送入炉膛冷灰斗附近而进入炉内，可使锅炉各受热面的烟量增加，传热量也将增加，离炉膛出口越远的受热面传热量增加幅度越大，越近的受热面传热量增加幅度越小。这是由于炉膛出口处附近的烟温变化较小，而离炉膛出口越远的受热处其烟温的相对增量越大。对于再热器布置于竖井烟道的锅炉，采用再循环烟气调节再热蒸汽温度还是适宜的，不大的再循环烟气量可获得理想的再热蒸汽温度值。同时对过热器的影响出较小，只需少量变动喷水量就能维持过热蒸汽温度。但目前由于以下原因，大多数锅炉的烟气再循环未能正常使用，而用喷水调节再热蒸汽温度，使机组的经济性下降：

（1）机组带基本负荷，再热蒸汽温度达到规定值。

（2）再热器受热面偏大或炉内结渣，煤种变更，汽轮机高压缸排汽湿度高等原因，使再热蒸汽温度已达额定值。

（3）竖井烟道设计烟速过高，省煤器管子磨损已相当严重，若投用烟气再循环，会使磨损加剧。

（4）再循环风机磨损严重，在停用烟气再循环（带基本负荷）后，因挡板无法关闭严密，造成高温烟气倒流，烧坏炉底设备。

（5）投用烟气再循环后，会使炉膛温度降低，影响燃烧的稳定性，甚至可能引起炉内灭火。

烟气旁路，即采用分隔烟道与烟气挡板，是利用分隔墙把后竖井烟道分隔为两个平行烟道，在主烟道中布置再热器，旁路烟道中布置过热器（低温过热器）或省煤器，在烟道出口处装设可调的烟气挡板，当锅炉出力改变或其他工况变动，引起再热蒸汽温度变化时，调节烟气挡板开度，改变两平行烟道的烟气量分配，从而调节再热蒸汽温度变化。实践证明烟气挡板调温方式可靠性较高、延迟时间小，运行经济性较好，在燃煤锅炉中采用得比较多。

烟气挡板调温的主要特性：

（1）用挡板调节再热蒸汽温度有一定的滞后性，一般在挡板动作 1.5min 后，再热蒸汽温度才开始变化，10min 左右趋于稳定。

（2）调节特性的好坏是指调节的开度范围是否在挡板最佳范围内，烟气流量与挡板开度的关系是否呈线性关系。要达到这两点，在挡板设计时，其喉口尺寸则须根据尾部受热面阻力特性进行选择，使挡板阻力与该烟道受热阻力相匹配。

（3）双烟道同步调节。锅炉负荷降低时，须将再热器侧挡板开大。过热器（或省煤器）侧挡板关小。同步调节就是转角大小及速度同步，即两组挡板转角之和等于定值（$\sum\phi=\phi$ 再$+\phi$ 过）。双烟道调节特性取决于这两个烟道内阻力的比值，即与挡板的组合角 $\sum\phi$ 有关，一般认为组合角 $\sum\phi=90°$较理想，即再热器侧挡板全开时，过热器侧挡板正好全关。这样的组合角可以使锅炉在（100%～70%）MCR调温过程中具有较大的挡板转角（约为 22°～25°），便于操作控制，并且挡板在最佳工作角度范围（15°～75°）工作，烟气流动阻力也较小。在锅炉启动时，两烟气挡板角度均为 45°。

改变燃烧器倾角调节再热蒸汽温度，即改变炉膛火焰中心高度和炉膛出口烟温，使炉膛辐射传热量和对流受热面的对流传热量分配比例改变，使再热蒸汽温度变化。这种调节方法，距炉膛出口越近的受热面，吸热量的变化越大，所以对于调温布置的再热器采用这种调温方法，其调温幅度大、延迟小、调节灵敏。但燃烧器倾角的改变，将会直接影响炉内的燃烧工况，当燃烧器向上摆动时，火焰中心上移，炉膛出口烟温升高，使再热蒸汽温度上升，同时使煤粉在炉内的停留时间缩短，导致飞灰中的含碳量的增加，锅炉效率降低。此外还可能由于炉膛出口烟温过高而引起炉膛出口处受热面产生结渣现象，这些因素限制了向上摆动的角度。防止冷灰斗结渣是限制向下摆动角度的条件，一般锅炉燃烧器上下摆动的角度为±（20°～30°）。

当然，烟气侧调节还可以改变风量（改变炉膛出口过量空气系统）调节汽温，这种方法虽然简单，但经济性很差。有的锅炉采用改变上下排燃烧器的运行方法调节汽温，这实际上是改变炉内火焰中心位置，与改变燃烧器倾角相类似。

▶ 能力训练 ◀

1. 影响过热蒸汽温度变化的因素有哪些？
2. 如何调节过热蒸汽温度？
3. 如何调节再热蒸汽温度？

任务三　汽包锅炉蒸汽压力的调节

▶ 任务目标 ◀

1. 知识目标
（1）熟悉影响汽压变化的因素。
（2）掌握汽包锅炉汽压的调节方法。
2. 能力目标
（1）能判断内扰和外扰。
（2）能控制和调节汽包锅炉汽压。

▶ 知识准备 ◀

一、影响汽压变化的因素

蒸汽压力的变化实质上反映了锅炉蒸发量和外界负荷之间的平衡关系。当锅炉蒸发量与外界负荷保持平衡时，汽压维持稳定。当锅炉蒸发量大于外界负荷时，汽压升高；反之，汽压降低。影响汽压变化的原因主要有两个方面：一方面是外部因素的影响，即非锅炉本身的设备或运行原因所造成的扰动，称为"外扰"；另一方面是内部因素的影响，即由于锅炉本身设备或运行工况变化引起的扰动，称为"内扰"。

1. 外扰

外扰主要是指外界负荷正常增减及事故情况下的大幅度减负荷。它具体反映在汽轮机所需蒸汽量的变化上。当外界负荷突增而锅炉的燃料量还未来得及增加时，汽压将下降；而在外界负荷突减时，汽压则上升。

在母管制系统中，当外界负荷变化时，并列运行各台锅炉的汽压也都要受到一定影响，其影响的大小与外界负荷变化的剧烈程度和各台锅炉的特性有关，此外还与各台锅炉在系统中的位置有关。

但总起来说，母管制系统抗外扰能力强一些，汽压变化相对小一些。

2. 内扰

内扰主要是指炉内燃烧工况变动。对于煤粉炉，如煤质的变化、送入炉膛的煤粉量和煤粉细度发生变化，以及风量的变化。这些将导致蒸发量发生变化，从而引起汽压发生变化。

在外界负荷不变情况下，汽压的稳定主要取决于炉内燃烧工况的稳定。若燃烧工况稳定时，汽压变化不大；若燃烧工况不稳定或失常时，炉膛的热负荷将发生变化，蒸发受热面的吸热量发生变化，因而汽压必将发生较大的变化。

3. 内扰、外扰的判断

机组运行中，蒸汽压力发生变化时，除了通过发电机功率来判断负荷是否变化外，还可以根据蒸汽压力和蒸汽量的变化关系来判断汽压变化的原因是由于内扰还是外扰的影响所致。

（1）若发现运行中汽压与蒸汽流量的变化方向相反，即蒸汽流量增大，而汽压降低，或蒸汽流量减少，汽压升高，则汽压的变化是由于外扰引起的。

（2）若发现运行中汽压与蒸汽流量的变化方向相同，则一般是由于内扰的影响所致。应该指出，对单元机组来说，这一判断方法仅适用于工况变动的初期，即调节汽门未动之前，因为调节汽门动作以后，汽压与蒸汽流量的变化方向是相反的。

二、汽压的控制和调节

控制汽压稳定于规定范围内，实际上就是力图保持锅炉蒸发量与汽轮机负荷之间平衡。汽压的控制和调节是以改变锅炉蒸发量作为基本的调节手段，而锅炉蒸发量的大小决定于送入炉内燃料量的多少、燃烧情况的好坏，因此调节汽压实质上就是调节锅炉的燃烧。所以对于单元机组锅炉运行中，在一般情况下，无论引起汽压变化的原因是外扰还是内扰，只要根据汽压的变化，适当增、减燃料量和送风量就可以达到调节。当锅炉汽压降低时，加强燃烧，即增加燃料量，同时增加送风量；反之，则减弱燃烧，即减少燃料量和送风量。

在调节燃料量和送风量的操作中，为了提高燃烧的经济性，当增加负荷时，应先增加送风量，再增加燃料量；减少负荷时则相反。但是，由于炉膛中总是保持有一定的过量空气，所以在某些实际中，当负荷增加较多或增加的速度较快时，为了使汽压不至于有大幅度的下降，则可以先增加燃料量，紧接着再增加送风量；低负荷运行时，由于炉膛内相对过量空气量较多，因而在增加负荷时，也可以先增加燃料量，再增加送风量。

在异常情况下，当汽压急剧升高，只靠燃烧调节来不及时，可采用增加汽轮机负荷、开启过热器疏水门或对空排汽门等方法，以尽快降压。

对带有旁路系统的单元机组，则主要通过旁路系统调压。

▶ 能力训练 ◀

1. 什么是外扰和内扰？
2. 如何判断内扰和外扰？
3. 如何控制和调节汽包锅炉汽压？

任务四　直流锅炉蒸汽温度的调节

> **任务目标** ◀

1. 知识目标

(1) 熟悉影响超临界压力直流锅炉汽温特性的主要因素。

(2) 掌握直流锅炉蒸汽温度的调节方法。

2. 能力目标

能调节直流锅炉主蒸汽温度和再热蒸汽温度。

> **知识准备** ◀

一、过热蒸汽温度的调节

在机组运行中,对过热蒸汽温度的要求十分严格,一般不允许偏离额定汽温±5℃,即使在特殊情况下,其负偏差一般也不允许超过−10℃。

过热蒸汽温度过高,会引起过热器、蒸汽管道及汽轮机金属强度降低,缩短设备的使用寿命,严重超温时,还会造成受热面爆管。过热蒸汽温度过低则会降低机组的循环热效率,并增大汽轮机的排汽湿度,影响汽轮机的安全运行,严重时还会造成汽轮机水冲击。因此,运行中必须严格控制过热蒸汽温度。

对于采用直流锅炉的超临界压力机组,金属材料的许用温度与额定蒸汽温度间的余地很小,同时又由于材料导热性能、壁厚等方面的原因,使得热应力问题十分突出,控制主汽温就尤为重要。

(一) 影响超临界直流锅炉汽温特性的主要因素

1. 燃水比 m(即锅炉的燃料量 B 与给水流量 G 的比值)

直流锅炉的各级受热面串联连接,给水的加热、蒸发和过热三个阶段没有严格固定的界线。当燃料量与给水量的比例变化时,三个受热段的面积将发生变化,吸热比例也随之变化,这将直接影响出口蒸汽参数,尤其是出口蒸汽温度。

若 G 不变而增大 B,由于受热面热负荷 q 成比例增加,加热段长度和蒸发段长度必然缩短,而过热段长度相应延长,过热段面积增加,过热蒸汽温度就会升高;若 B 不变而增大 G,由于 q 并未改变,所以加热段和蒸发段长度必然延伸,过热段长度随之缩短,过热段面积减少,过热蒸汽温度就会降低。可见,直流锅炉的燃水比变化,将引起出口汽温波动。直流锅炉主要就是靠调节燃水比来维持额定汽温的;否则,一旦燃烧率与给水量不成比例,喷水量的变化将非常大。

2. 给水温度 t_{gs}

给水温度 t_{gs} 及压力 p 将影响锅炉的给水焓值 h_{gs}。正常情况下,给水温度一般不会有大的变动;但当高压加热器因故障退出运行时,给水温度就会降低。在同样给水量和燃水比的情况下,当给水温降低时,给水的欠焓增大,导致直流锅炉的加热段将延长,过热段缩短,过热蒸汽温度会随之降低;再热器出口汽温则由于汽轮机高压缸排汽温度的下降而降低。当给水温度升高时,情况则刚好相反。可见,当给水温度降低时,必须改变原来设定的燃水比,即适当增大燃料量,才能保持住额定汽温。

3. 锅炉效率 η_{gl}

当锅炉效率降低时，过热蒸汽温度下降。运行中，炉膛结渣、受热面结焦、过量空气系数偏大都会使排烟损失增大，导致锅炉效率下降。

在燃水比不变的情况下，炉膛结焦会使过热蒸汽温度降低。这是因为炉膛结焦使锅炉传热量减少，排烟温度升高，锅炉效率降低。对工质而言，则 1kg 工质的总吸热量减少。而工质的加热热和蒸发热之和一定，所以，过热吸热（包括过热器和再热器）减少。但再热器吸热因炉膛出口烟温的升高而增加，因此过热蒸汽温度降低。对于再热蒸汽温度，进口再热蒸汽温度的降低和再热器吸热量的增大影响相反，所以变化不大。对流式过热器和再热器的结焦或积灰都不会改变炉膛出口烟温，而只会使相应部件的传热热阻增大，因而传热量减小，使过热蒸汽温度和再热蒸汽温度降低。前者情况发生时，可直接增大燃水比；后者情况发生时，不可随便调整燃水比，必须注意监视水冷壁出口温度，在保证水冷壁温度不超限的前提下调整燃水比。

当过量空气系数增大时，炉膛出口烟温基本不变。但炉内平均温度下降，炉膛水冷壁的吸热量减少，致使过热器进口蒸汽温度降低，虽然对流式过热器的吸热量有一定的增加，但前者的影响更强些。在燃水比不变的情况下，过热器出口温度将降低；过量空气系数减小时的结果与增加时的相反。所以，当过量空气系数发生变化时，若要保持过热蒸汽温度不变，也需要重新调整燃水比。

4. 再热蒸汽温度调节方式

再热蒸汽温度调节方式影响再热器相对吸热量 r_{zr} 的大小，使过热器的总吸热量发生变化。直流锅炉采用的再热蒸汽温度调节方式主要有两种：烟气挡板调温和摆动式燃烧器调温。例如，当用燃烧器摆角来调节再热蒸汽温度时，若摆角增大，火焰中心升高，炉膛出口烟温显著上升，再热器无论显示何种汽温特性，其出口汽温均将升高。此时，水冷壁受热面的下部利用不充分，致使 1kg 工质在锅炉内的总吸热量减少，由于再热蒸汽的吸热是增加的，所以过热蒸汽吸热减少，过热蒸汽温度降低；反之，过热蒸汽温度略有上升。若要保持过热蒸汽温度不变，需重新调整燃水比。

5. 煤质变化

煤质变化会引起锅炉输入热量 Q_r 及燃水比 m 变化，并改变燃烧工况以及汽水系统受热面的辐射、对流传热比例。煤质变化既影响中间点温度，又影响过热器的吸热特性，从而影响汽温特性。

由上述分析可见，直流锅炉的燃水比、给水温度、受热面沾污程度、过量空气系数、火焰中心位置对过热蒸汽温度、再热蒸汽温度都有影响。对于直流锅炉，燃水比的变化是造成过热蒸汽温度波动的基本原因，而其他四种因素的影响相对较小，且变动幅度有限，它们都可以通过调整燃水比来消除。所以直流锅炉只要调节好燃水比，在相当大的负荷范围内，过热蒸汽温度和再热蒸汽温度均可保持在额定值。

（二）过热蒸汽温度的调节

1. 过热蒸汽温度控制的基本思想

过热器汽温控制在纯直流负荷以前，采用喷水减温控制。在纯直流负荷以后，由于燃料量扰动或变负荷过程中煤、水比没有协调好等原因引起燃水比失调，将导致过热蒸汽温度发生很大的变化，一般情况下，燃水比变化 1%，将使过热蒸汽温度变化约 8～10℃。在这种情况下靠喷水调节很难将主蒸汽温度调整过来。因此，应把保持适当的燃水比作为过热蒸汽温度调节的根本手段。但在实际运行中，要严格的保持燃水比是不容易的。因而一般只能把保持燃水比作为粗调节，而另外用喷水减温作为细调节。即当过热蒸汽温度改变时，首先应该改变燃料量或者改变给水量，使汽温大致恢复给定值，然后用喷水减温的方法较快速精确地保持汽温。

2. 过热蒸汽温度粗调（燃水比调节）

利用燃水比来调节主汽温很重要的一点是：根据工况的变化，选择合适的燃水比比值（对于无再热器的直流锅炉）。

主蒸汽温度是指末级过热器后的蒸汽温度。由于工质从进入锅炉开始，要经过水冷壁、初级过热器、屏式过热器和末级过热器等多处受热面，主蒸汽温度对燃料量和给水量的变化有很大的滞后，所以直接将末级过热器后的蒸汽温度作为被控参数，显然有很大的不足。针对这一特点，国内外很多学者专家提出了"中间点温度"的概念。所谓中间点温度是指在水冷壁和末级过热器之间选择的某一测点的温度。燃水比的调节普遍采用中间点温度作为被控参数。在给定负荷下，与主蒸汽焓值一样，中间点的焓值（或温度）也是燃水比的函数。只要燃水比稍有变化，就会影响中间点温度，造成主蒸汽温度超限。而中间点的温度对燃水比的指示，显然要比主蒸汽温度的指示快得多，所以可以起提前调节的作用。

中间点位置越靠前则出口汽温调节的灵敏度越高，若位置过于靠前（如水冷壁出口），则当负荷或其他工况变动时，中间点温度一旦低至饱和温度即不再变化，因而失去信号功能。所以，中间点位置一般选为在正常负荷范围内具有一定过热度的微过热蒸汽（如分离器出口），如图 3-3 所示 M 处。

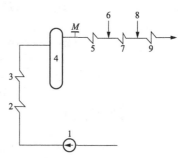

图 3-3　直流锅炉中间点位置
1—给水泵；2—省煤器；3—水冷壁；4—汽水分离器；
5—前屏过热器；6—Ⅰ级减温水喷水点；7—后屏
过热器；8—Ⅱ级减温水喷水点；9—高温
过热器；M—中间点温度位置

调节时应保持中间点汽温稳定，则出口汽温也稳定。中间点温度或焓值可用燃料量控制也可用给水流量控制。一般亚临界压力直流锅炉采用中储式制粉系统，用燃料量控制中间点温度或焓值为主要手段。超临界压力直流锅炉一般配备的是直吹式给煤系统，给煤量的大小主要是靠给煤机的转速来控制。控制系统产生相应的给煤指令，控制给煤机的转速，达到控制燃料量的目的。给水系统一般配有两台 50% MCR 的汽动给水泵和一台 30% MCR 的电动给水泵，给水量的大小主要是靠给水泵的转速来控制。控制系统产生相应的给水指令，控制给水泵的转速，达到控制给水量的目的。给煤量、给水量控制回路如图 3-4 所示。由于直吹式制粉系统惯性较大，用燃料量控制中间点温度或焓值比用给水流量控制迟延大，而从减少锅炉热应力及锅炉寿命考虑，动态温度控制应优先于压力控制。因此，超临界压力机组以给水流量控制中间点温度或焓值为主要策略。

低负荷时炉膛单位辐射热增加且燃水比稍稍变大，将使中间点的焓值升高。因此，不同负荷下中间点焓值的设定值并不是一个固定值，设计人员应将这个特性绘制成曲线指导运行，或输入计算机进行自动控制。如图 3-5 所示为某 600MW 直流锅炉分离器出口温度控制值与负荷变化的关系曲线。曲线中当负荷由 600MW 降低至 330MW 时，分离器出口压力

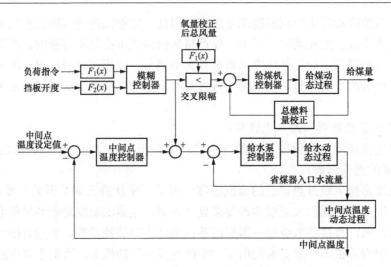

图 3-4　给煤量、给水量控制回路

由 26.4MPa 降低到 14.1MPa，燃水比由 0.1295 变动到 0.1514，中间点焓值由 2699kJ/kg 升为 2845kJ/kg，中间点温度则由 418℃ 降为 365℃，另外由图也可看出，由于选择了分离器出口作中间点，亚临界压力运行范围的中间点温度始终高出饱和温度 30℃ 左右，使温度信号能可靠反映燃水比。

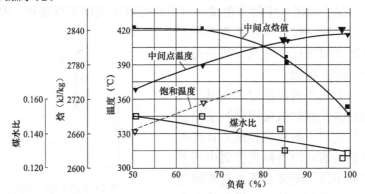

图 3-5　中间点参数控制与负荷的关系

　　一般地，在机组正常运行时，当协调投入后，负荷指令对应的设计煤量作为煤量控制的前馈，负荷指令对应的给水量作为给水控制的前馈，这种设计间接地从基本上保证了合适的燃水比，同时为防止异常工况燃水比失调，引起过热蒸汽温度大幅变化，用中间点温度来修正给水指令。

　　3. 过热蒸汽温度细调（喷水调节）

　　虽然精确的燃水比可以保证主汽温达到一定的稳态值，中间点温度的引入可以克服调节滞后现象。但是，实际运行中，要精确保证燃水比很困难，而且对于一些大扰动对主汽温的快速影响，仍需要一种反应速度快、调温幅度大的调节手段，因此，喷水减温依然是超临界压力直流锅炉稳定主汽温的重要调节方式。

　　大型直流锅炉的喷水减温装置通常分两级，第一级布置于后屏过热器入口，第二级布置于末级过热器入口。每级减温器喷水量一般为该负荷下的 3% 主蒸汽流量，并且在 20% BMCR 负荷以下不允许投一级喷水，在 10% BMCR 负荷以下不投二级喷水。减温水量的大小主要是靠减温水阀的开度来控制。控制系统产生相应的减温水指令，控制减温水阀的开度，达到控制减温水量的目的。减温水量控制回路如图 3-6、图 3-7 所示：

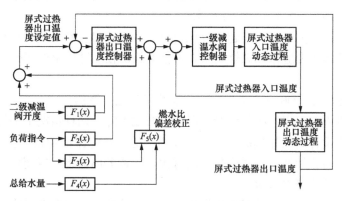

图 3-6 一级减温水量控制回路

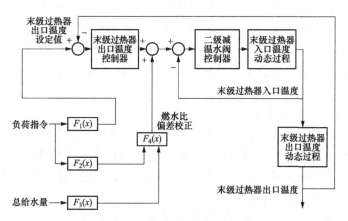

图 3-7 二级减温水量控制回路

控制减温水总量，尽可能少用，以保证有足够的水量冷却水冷壁；高负荷投用时，应尽可能多投一级减温水，少投二级减温水，以保护屏式过热器。

锅炉给水温度降低时汽温降低，若要维持机组负荷不变，必须增加燃料。若锅炉超出力运行，必须注意锅炉各段受热面的温度水平，恰当调节减温水量，防止管壁过热。

综上所述，"抓住中间点温度，燃水比主调，减温水微调"是超临界压力直流锅炉主汽温控制的基本思想。在实际的工程实施中，要选择合适的中间点温度，在不同的工况下，对燃水比的比值要进行精确的调整，同时对喷水减温要进行适当的、合理的运用。

（三）实际运行中主蒸汽温度调节需要注意的问题

1. 机组从启动到转入干态前主蒸汽温度的控制

目前，很多新建机组应用了等离子点火技术，锅炉启动时直接采用等离子拉弧点燃煤粉的点火方式。与常规使用燃油点火方式有所不同，机组从启动到转入干态前，必须投入启动旁路系统，给水流量则维持水冷壁所需要的最低直流流量，通常该直流流量设计为 30%BMCR 所对应的给水流量，而燃料量则需要根据锅炉启动升压曲线缓慢增加至 50~70t/h，在这个过程中锅炉燃烧、给水量与旁路的控制必须协调起来，否则主蒸汽、再热蒸汽温度都易超温。

此外，从实践看，在机组启动和低负荷（30％以下）运行阶段，给水压力比较低，减温水的调节品质不好，而且因为此时给水控制回路常不在自动，开大减温水，不相应提高给水流量，还可能导致锅炉给水量低而造成 MFT。

因此，对于采用等离子点火的超临界压力机组，机组启动和低负荷运行阶段，主蒸汽和再热蒸汽温度的控制主要应依靠燃烧调整，并使旁路的控制适应锅炉燃烧的要求，不易靠减温水调节。

2. 高压加热器投、退时应注意燃水比的变化对汽温的影响

高压加热器投入与退出，将导致给水温度上升或下降，两种情况下的燃水比应不同。给水控制回路应相应设计高压加热器投、退两种燃水比，并应保证切换无扰且切换速率合适，以维持正常汽温，防止切换时汽温变化幅度过大，导致分离器带水或超温。

3. 热量修正回路的正确使用

当煤的发热量变化时，实际燃水比发生变化，锅炉的各点汽温会发生变化，尽管分离器出口温度调节系统会修正给水量，来匹配煤的实际热流量，但在变负荷过程中汽温的变化较大，可以通过改变煤的发热量的方法，控制进入锅炉煤的热流量，保持合适的实际燃水比。

改变的发热量，将人为产生燃料量的扰动，影响到机组负荷、汽压和主蒸汽、再热蒸汽温度。为此，通过热量修正回路加适当阻尼的办法消除修改发热量导致燃料量较大扰动的问题。

4. 变负荷过程中燃水比动态补偿回路的正确使用

对于直流锅炉，负荷对给水的响应远比燃料快，加快给水的变化有利于直流锅炉变负荷性能的提高。另外，由于磨煤机制粉有一定的延迟，所以汽温对给水的响应也远比燃料快。如果将给水指令滞后煤量变化，使进入锅炉的给水量与燃烧热量同步变化，保持动态燃水比，能有效减少锅炉汽温的控制偏差。

可见直流锅炉机组的负荷控制与汽温控制是有矛盾的，变负荷时，如给水变化快，则变负荷性能好，但汽温偏差较大；如给水滞后煤量变化，汽温可以保持基本不变，但变负荷性能不能满足电网调度的要求。

所以给水滞后时间必须合适，过分强调动态燃水比的准确性将不利于提高变负荷性能，为此，可以适当缩短变负荷过程中给水调节的滞后时间，并在变负荷过程中适当地削弱了中间点温度修正给水流量的作用，既兼顾了汽温的控制，也提高了变负荷速度。

二、再热蒸汽温度的调节

与过热蒸汽温度相似，再热蒸汽温度偏离额定值也会影响机组运行的经济性和安全性。例如：再热蒸汽温度过低，将使汽轮机汽耗量增加；再热蒸汽温度过高，也会造成金属材料的超温损坏。因此，运行中也必须保持再热蒸汽温度在规定范围内。

与过热器相比，再热器管内工质压力较低，表面传热系数较小。工质比体积大，为减小流动阻力，质量流速又不宜过大。因此，再热器管壁的冷却条件较差。此外，低压蒸汽的比热容小，如受到同样的受热不均匀，再热蒸汽温度的热偏差将大于过热蒸汽温度的热偏差。况且再热器的运行工况不仅受锅炉各种因素的影响，还与汽轮机的运行工况有关。这就增加了再热蒸汽温度调节的困难，不易找到有效的调节手段。由于再热蒸汽流量与燃料量之间无直接的单值关系，不能用燃料量与蒸汽量的比例来调节再热蒸汽温度。采用喷水作为调节手段虽然有效，但不经济，因为减温水喷入再热蒸汽后，增加了汽轮机中、低压缸的蒸汽流

量，也即增加了中低压缸的出力，在机组功率不变的情况下，则势必限制汽轮机高压缸的出力，即减少高压缸的蒸汽流量，这样，就相当于用低压蒸汽循环代替了高压蒸汽循环，必然会降低整个机组的热经济性，因此喷水减温不宜作为再热蒸汽温度的主要调节手段，而只作为事故喷水或辅助调温手段。

现在直流锅炉的再热蒸汽温度主要由布置在尾部烟道中的烟气挡板控制。即利用分隔墙把后竖井烟道分隔为两个平行烟道，在主烟道中布置再热器，旁路烟道中布置过热器（低温过热器）或省煤器，在烟道出口处装设可调的烟气挡板，当锅炉出力改变或其他工况变动，引起再热蒸汽温度变化时，调节烟气挡板开度，改变两平行烟道的烟气量分配，从而调节再热蒸汽温度。

烟气挡板调温的主要特性：

（1）用挡板调节再热蒸汽温度有一定的滞后性，一般在挡板动作 1.5min 后，再热蒸汽温度才开始变化，10min 左右趋于稳定。

（2）调节特性的好坏是指调节的开度范围是否在挡板最佳范围内，烟气流量与挡板开度的关系是否呈线性关系。要达到这两点，在挡板设计时，其喉口尺寸则须根据尾部受热面阻力特性进行选择，使挡板阻力与该烟道受热阻力相匹配。

（3）双烟道同步调节。锅炉负荷降低时，须将再热器侧挡板开大。过热器（或省煤器）侧挡板关小。同步调节就是转角大小及速度同步，即两组挡板转角之和等于定值（$\sum\phi=\phi_{再}+\phi_{过}$）。双烟道调节特性取决于这两个烟道内阻力的比值，即与挡板的组合角 $\sum\phi$ 有关，一般认为组合角 $\sum\phi=90°$ 较理想，即再热器侧挡板全开时，过热器侧挡板正好全关。这样的组合角可以使锅炉在 100%～70% BMCR 调温过程中具有较大的挡板转角（约为 22°～25°），便于操作控制，并且挡板在最佳工作角度范围（15°～75°）工作，烟气流动阻力也较小。在锅炉启动时，两烟气挡板角度均为 45°。

另外，改变燃烧器倾角也可以调节再热蒸汽温度。即改变炉膛火焰中心高度和炉膛出口烟温，使炉膛辐射传热量和对流受热面的对流传热量分配比例改变，使再热蒸汽温度变化。这种调节方法，距炉膛出口越近的受热面，吸热量的变化越大，所以对于调温布置的再热器采用这种调温方法，其调温幅度大、延迟小、调节灵敏。但燃烧器倾角的改变，将会直接影响炉内的燃烧工况，当燃烧器向上摆动时，火焰中心上移，炉膛出口烟温升高，使再热蒸汽温度上升，同时使煤粉在炉内的停留时间缩短，导致飞灰中的含碳量的增加，锅炉效率降低。此外还可能由于炉膛出口烟温过高而引起炉膛出口处受热面产生结渣现象，这些因素限制了向上摆动的角度。防止冷灰斗结渣是限制向下摆动角度的条件。一般锅炉燃烧器上下摆动的角度为 ±（20°～30°）。

对于再热蒸汽温度长期偏高或偏低的问题，可通过改变中间点温度设定值的方法加以解决，降低中间点温度，则再热蒸汽温度降低，提高中间点温度，再热蒸汽温度升高。该方法的实质依然是变动燃水比的控制值。如图 3-8 所示为某 600MW 超临界压力直流锅炉降低分离器出口温度设定值的示例。为解决再热器减温水量过大的问题，分两次共降低了 10℃，取得了明显的效果。

三、汽温监视与调节中应注意的问题

（1）运行中要控制好汽温，首先要监视好汽温，并经常根据有关工况的改变分析汽温的变化趋势，尽量使调节工作恰当地做在汽温变化之前。如果等汽温变化以后再采取调节措

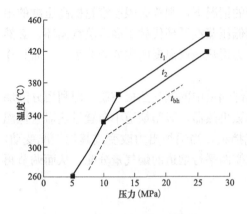

图 3-8　中间点温度与压力的关系

t_1—原中间点温度设定值；t_2—现中间点
温度设定值；t_{bh}—饱和温度

施，则必然形成较大的汽温波动。应特别注意对过热器中间点汽温的监视，中间点汽温保证了，过热器出口汽温就能稳定。

（2）虽然现代锅炉一般都装有自动调节装置，但运行人员除应对有关表计加强监视外，还需熟悉有关设备的性能，如过热器和再热器的汽温特性，喷水调节门的阀门开度与喷水量之间的关系，过热器和再热器管壁金属的耐温性能等。以便在必要的情况下由自动切换为远程操作时，仍能维持汽温的稳定并确保设备的安全。

（3）在进行汽温调节时，操作应平衡均匀。例如对于减温水调节门的操作，不可大开大关，以免引起急剧的温度变化，危害设备的安全。

（4）由于蒸汽量不均或者受热不均，过热器和再热器总存在热偏差，在并联工作的蛇形管中总可能有少数蛇形管的壁温比平均壁温高，因此运行中不能只满足于平均汽温不超限，而应该在调节上力求做到不使火焰偏斜，避免水冷壁或凝渣管发生局部结渣。注意烟道两侧的烟温变化，加强对过热器和再热器壁温的监视等，以确保设备的安全并使汽温符合规定值。

能力训练

1. 影响超临界压力直流锅炉汽温特性的主要因素有哪些？
2. 如何调节直流锅炉主蒸汽温度和再热蒸汽温度？

任务五　直流锅炉蒸汽压力的调节

任务目标

1. 知识目标
（1）熟悉控制直流锅炉汽压的意义。
（2）掌握直流锅炉汽压调节的方法。
（3）掌握直流锅炉汽压、汽温协调调节的方法。
2. 能力目标
（1）能说明控制直流锅炉汽压的意义。
（2）能协调调节直流锅炉汽压、汽温。

知识准备

一、控制汽压变化的意义

在锅炉运行中，蒸汽压力也是一个重要的监控参数。蒸汽压力过低会降低蒸汽在汽轮机中的作功能力，使汽耗增大，机组的循环热效率下降，甚至限制汽轮机的出力。一般来说，蒸汽压力每降低额定值的 5%，汽轮机的汽耗量将增加 1%，而汽耗量的增加又会增大汽轮机的轴向推力，危及汽轮机的安全运行。

蒸汽压力过高会影响机炉和管道的安全运行。如超压引起安全阀动作时，不仅会造成大量的排汽损失，而且还会使安全阀产生磨损或杂物沉积在阀座上引起漏汽，同时还会引起汽包水位的波动。

因此，定压运行时应严格监视锅炉的蒸汽压力并维持其稳定。锅炉在额定负荷下定压运行时，一般应维持蒸汽压力在额定值±0.2MPa 范围内。

二、过热蒸汽压力的调节

直流锅炉压力调节的任务，实际就是经常保持锅炉蒸发量和汽轮机所需蒸汽量相等，只要时刻保持住这个平衡，过热蒸汽压力就是稳定的。对于直流锅炉，炉内燃烧率的变化并不最终引起蒸发量的改变，而只是使出口汽温升高。由于直流锅炉的给水流经各受热面后被一次性的全部加热成过热蒸汽，即锅炉送出的蒸汽量等于进入的给水量（严格讲应包括喷水量在内），因此，只有当给水量发生变化时才会引起锅炉蒸发量的变化。即直流锅炉的蒸发量首先应由给水量来保证，只有变更给水量才会引起锅炉出力的变化。所以直流锅炉的汽压调节是用对给水量的调节来实现的。但如果只改变给水量而不改变燃料量，则将造成过热蒸汽温度的变化。实践显示，给水量变化 1%，过热蒸汽温度变化 10% 左右。因此，直流锅炉在调节汽压时，必须使给水量和燃料量按一定的比例同时改变，才能保证在调节负荷或汽压的同时，确保汽温的稳定。所以，直流锅炉汽压的调节与汽温的调节是不能分开的，它们只是一个调节过程的两个方面。

三、汽压、汽温的协调调节

1. 汽压、汽温同时降低

外扰时如外界加负荷，在燃料量、喷水量和给水泵转速不变的情况下，汽压、汽温都会降低。这时，虽然给水泵转速未变，但泵的前、后压差减小，使给水量自行增加。运行经验表明，外扰反应最快的是汽压，其次才是汽温的变化，而且汽温变化幅度较小。此时的温度调节应与汽压调节同时进行，在增大给水量的同时，按比例增大燃料量，保持中间点温度（燃水比）不变。

内扰时如燃料量减小，也会引起汽压、汽温降低。但内扰时汽压变化幅度小，且恢复迅速；汽温变化幅度较大，且在调节之前不能自行恢复。内扰时汽压与蒸汽流量同方向变化，可依此判断是否内扰。

在内扰时不应变动给水量，而只需调节燃料量，以稳定参数。应指出，此种情况下，中间点温度（燃水比）相应变化。

2. 汽压上升、汽温下降

一般情况下，汽压上升而汽温下降是给水量增加的结果。如果给水阀开度未变，则有可能是给水压力升高使给水量增加。更应注意的是，当给水压力上升时，不但给水量增加，而且喷水量也自动增大。因此，应同时减小给水量和喷水量，才能恢复汽压和汽温。

3. 中间点温度偏差大

当中间点的温度保持超出对应负荷下预定值较多时，有可能是给水量信号或磨煤机煤量信号故障导致自控系统误调节而使燃水比严重失调，此时应全面检查，判断给煤量、给水量的其他相关参数信号，并及时切换至手动。因此，即使采用了协调控制，也不能取代对中间点温度和燃水比进行的必要监视。

综合上述讨论可知，直流锅炉蒸汽参数的稳定主要取决于两个平衡：

（1）汽轮机功率和锅炉蒸发量的平衡。

（2）燃料量与给水量的平衡。

第一个平衡能稳住汽压；第二个平衡能稳住汽温。

直流锅炉在带固定负荷时，由于汽压波动小，主要的调节任务是汽温调节。在变负荷运行时，汽温、汽压必须同时调节，即燃料量必须随给水量作相应变动，才能在调压过程中同时稳定汽温。

根据直流锅炉参数调节的特点，国内总结出一条行之有效的操作经验，即"给水调压，燃料配合；给水调温，抓住中间点，喷水微调"。例如：当汽轮机负荷增加时，过热蒸汽压力必下降，此时加大给水量以增加蒸汽流量，然后加大燃料量，保持燃料量与给水量的比值，以稳住过热蒸汽温度，同时监视中间点，用喷水作为细调的手段。

▶ 能力训练 ◀

1. 控制直流锅炉汽压的意义是什么？

2. 直流锅炉汽压调节的方法是什么？

3. 如何协调调节直流锅炉汽压、汽温？

任务六　蒸　汽　的　净　化

▶ 任务目标 ◀

1. 知识目标

（1）了解蒸汽含盐的危害。

（2）熟悉蒸汽污染的原因。

（3）掌握蒸汽净化的措施。

2. 能力目标

（1）能分析蒸汽污染的原因。

（2）能说明蒸汽净化的措施。

▶ 知识准备 ◀

一、蒸汽含盐的危害

锅炉工作的任务是生产一定数量和质量的蒸汽。蒸汽的质量包括蒸汽的压力和温度以及蒸汽的品质。

蒸汽的品质（即蒸汽的洁净程度）是指 1kg 蒸汽中含杂质的数量。蒸汽中的杂质主要是各种盐类、碱类及氧化物，而其中绝大部分是盐类，因此通常用蒸汽含盐量来表示蒸汽的洁净程度。

蒸汽含盐的主要危害有：

（1）饱和蒸汽在过热器过热时，由于蒸汽中的水分蒸干和蒸汽过热，蒸汽中部分盐分会沉积在管壁上，使管子流通截面减小，流动阻力增大，流过管子的蒸汽量减少，管子不能充分冷却；同时，盐垢将使管子热阻增大，影响传热，从而造成管壁温度升高，管子过热损坏。

（2）蒸汽中的盐分若沉积在蒸汽管道的阀门处，可能造成阀门的漏汽和卡涩。

（3）蒸汽进入汽轮机做功时，由于压力降低，密度减小，溶解在蒸汽中的盐分会沉积在汽轮机的通流部分，造成流动阻力增加，轴向推力和叶片应力增大，甚至使汽轮机振动加大；同时，沉积在喷嘴和动叶上的盐分会使其型线改变，汽轮机效率降低等。

可见，蒸汽含盐特别是含盐过多时，会严重影响锅炉和汽轮机的安全经济运行。

二、电厂锅炉蒸汽质量标准

为了保证热力设备安全经济运行，必须保证蒸汽洁净，表 3-1 列出了电厂锅炉的蒸汽质量标准。

表 3-1　　　　　　　　　　　蒸 汽 质 量 标 准

压力（MPa）	钠（μg/kg）		二氧化硅（μg/kg）
	凝汽式电厂	热电厂	
<6	≤15		≤25
>6	≤10	≤10	≤20

从表 3-1 中可见，监督的主要项目是钠和硅的含量。这是因为：

（1）蒸汽中的盐类主要为钠盐，所以通过测量蒸汽的含钠量可以监督蒸汽的含盐量。

（2）硅酸的溶解度最大，高压及以上蒸汽中就能溶解硅酸；另外，蒸汽溶解的硅酸会沉积在汽轮机的通流部分，形成难溶于水的二氧化硅沉积物，难于用湿蒸汽清洗法去除，从而对汽轮机的安全经济运行有很大影响。

从表 3-1 中还可见，蒸汽压力越高，对蒸汽品质要求越高。这是因为蒸汽参数愈高，蒸汽的比体积越小，汽轮机的蒸汽流通面积相应减小，盐质沉积的危害性越大。当蒸汽品质在表中规定的范围内时，对热力设备的影响不大。

三、蒸汽污染的原因

进入锅炉的给水，虽经炉外化学水处理，但总含有一定的盐分。当给水进入锅炉后，经蒸发、浓缩，使锅水含盐浓度增大。当饱和蒸汽携带含盐浓度大的锅水从汽包引出时，蒸汽就会被污染；另外，高压及以上蒸汽还能直接溶解锅水中的某些盐分，使蒸汽被污染。由此可见，给水含盐是蒸汽污染的根源；蒸汽带水和蒸汽溶盐是蒸汽污染的原因。

由于蒸汽带水使蒸汽污染的现象又称为蒸汽的机械携带。由于饱和蒸汽溶盐而使蒸汽污染的现象称为蒸汽的溶解性携带。

蒸汽被污染的原因，对中低压蒸汽，只有机械携带；对高压及以上蒸汽，既有机械携带，又有溶解性携带。

1. 蒸汽机械携带

蒸汽机械携带的盐量取决于蒸汽的湿度和锅水含盐量，它们的关系为

$$S_q^j = \frac{\omega}{100} S_{ls} \quad \text{mg/kg} \tag{3-2}$$

式中　S_q^j——机械携带的盐量，mg/kg；

　　　ω——蒸汽湿度，即蒸汽中所带水分的质量占湿蒸汽质量的百分数，%；

S_{ls}——锅水含盐量，mg/kg。

在锅水含盐浓度一定的条件下，蒸汽轮机械携带的盐量取决于蒸汽的湿度的大小，即取决于蒸汽的带水量。

（1）蒸汽带水过程。锅炉在运行中，汽水混合物从水冷壁经汽水引出管进入汽包时，具有较高的速度和较大的动能。当汽水混合物从汽包上部进入，撞击到汽包内部装置或汽包水面时，将造成大量的锅水飞溅；当汽水混合物从汽包水室进入，气泡穿出水面时破裂，将造成许多细小水滴飞溅。另外，当汽包水面发生剧烈波动时，也会造成水滴飞溅；有时在汽包水面上形成一层稳定的泡沫，当泡沫破裂时，也会飞出许多细小水滴。飞溅出的这些水滴进入汽包蒸汽空间后，直径较大的水滴，由于自身重力的作用，在上升到一定高度后，又重新返回到水面，其余细小的水滴被蒸汽卷吸带走，造成蒸汽带水。汽流速度越大，带水能力越强；水滴直径越小，带出水滴所需的汽流速度越低；压力越高，汽、水密度差越小，汽水分离越困难，带水越容易。

实践证明：一般情况下，气泡破裂所形成的水滴直径最小；汽水混合物撞击水面所产生的水滴次之；撞击挡板所形成的水滴直径较大。

（2）影响机械携带的因素。影响蒸汽带水的主要因素有锅炉负荷、蒸汽压力、蒸汽空间高度和锅水含盐量等，下面分别说明。

1）锅炉负荷的影响。锅炉负荷增加时，由于产汽量增加，一方面进入汽包的汽水混合物动能增大，从而导致大量的锅水飞溅，使生成的细小水滴增多；另一方面汽包蒸汽空间的汽流速度增大，带水能力增强，因此蒸汽湿度增大，蒸汽品质随之恶化。

蒸汽流速可用锅炉的蒸发强度表示，而蒸发强度则是用"蒸发面负荷"和"蒸汽空间负荷"表示的。

蒸发面负荷是指单位时间通过单位蒸发面面积的蒸汽容积，用符号 R_m 表示，即

$$R_m = Dv''/A \quad m^3/(m^2 \cdot h) \tag{3-3}$$

式中　D——锅炉蒸发量，kg/h；

　　　v''——饱和蒸汽的比体积，m^3/kg；

　　　A——汽包蒸发面的面积，m^2。

蒸汽空间负荷是指单位时间通过单位蒸汽空间的蒸汽容积，用符号 R_k 表示，即

$$R_k = Dv''/V \quad m^3/(m^3 \cdot h) \tag{3-4}$$

式中　V——汽包蒸汽空间容积，m^3。

蒸发面负荷 R_m 表示了蒸汽在汽包蒸汽空间的平均上升速度，也即表示了蒸汽带走水滴的能力。R_m 越大，蒸汽带走水滴越多。蒸汽空间负荷 R_k 表示了蒸汽在汽包蒸汽空间停留时间的倒数。R_k 越大，蒸汽在汽包蒸汽空间停留时间越短，水滴来不及落回水面就被蒸汽带走，因而蒸汽带走的水滴越多。

当蒸汽参数和汽包尺寸一定的情况下，随着锅炉负荷的增加，蒸发面负荷 R_m 和蒸汽空间负荷 R_k 增大，从而使蒸汽的上升速度增大和停留时间缩短，结果使带水增多，蒸汽湿度增大。

在锅水含盐量一定时，蒸汽湿度 ω 与锅炉负荷 D 的关系可用下式表示为

$$\omega = AD^n \tag{3-5}$$

式中　A——与压力和汽水分离装置有关系数；

　　　n——与锅炉负荷有关的指数。

上式关系可用图 3-9 表示。

从图 3-9 中可以看出，锅炉负荷增加时，①汽流速度增加，对于较大水滴，跃起高度增加；②锅水中气泡量增加，水位涨起严重，实际水位升高；③气泡量增多，形成水滴数量增多。在第一负荷区（$D<D_1$），随着锅炉负荷的增加，蒸汽湿度增加。蒸汽湿度增加的原因为：气泡数量增加，形成水滴数量增加；汽流速度增加，飞升直径增加。在第二负荷区（$D_1<D<D_2$），随锅炉负荷增大，蒸汽湿度随蒸汽空间高度的减小而增加。该区为粗水滴非传送区。由于有较大水滴进入蒸汽，所以湿度增加。在第三负荷区（$D>D_2$），随着锅炉负荷增加，蒸汽湿度急剧增加。该区是大水滴飞溅区。蒸汽负荷 D_2 称为临界负荷，

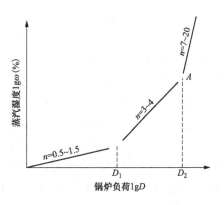

图 3-9　蒸汽湿度 ω 与锅炉
负荷 D 的关系

用 D_{lj} 表示。显然，锅炉在运行过程中，为了保证蒸汽品质符合要求，锅炉最大负荷应小于临界负荷，即 $D<D_{lj}$。现代电厂汽包锅炉，蒸汽湿度一般不允许超过 0.1%，而第二负荷区域对应的蒸汽湿度约为 0.03%～0.2%，因此一般应工作在第二负荷区的前半段。锅炉临界负荷和允许的工作负荷（$\omega\leqslant0.1\%$ 的工作负荷）通过热化学试验确定。首先调整锅炉在中间水位和允许炉水含盐量下运行，然后逐渐增大锅炉负荷，蒸汽的含盐量也将增大。当在某一负荷下蒸汽含盐量突然剧增时，这个负荷就是临界负荷。再逐渐降低负荷，直到蒸汽含盐量符合标准值，这时的负荷就是最大连续负荷。

2）蒸汽压力的影响。蒸汽压力越高，汽水的密度差越小，使汽水分离越加困难，导致蒸汽带水能力增加；同时，蒸汽压力升高，饱和温度相应升高，水分子的热运动增强，相互间的引力减小，使水的表面张力减小，气泡越容易破碎成细小的水滴。可见蒸汽压力越高，蒸汽越容易带水。

锅炉在运行中，当压力急剧降低时，也会影响蒸汽带水。因为压力急剧降低时，相应的饱和温度也降低，水冷壁和汽包中的水以及其金属都会放出热量产生附加蒸汽，使汽包水容积膨胀，水位升高；同时穿过水面的蒸汽量也增多，造成蒸汽大量带水，蒸汽湿度急剧增大，蒸汽品质恶化。

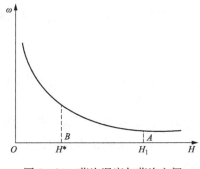

图 3-10　蒸汽湿度与蒸汽空间
高度的关系

3）蒸汽空间高度的影响。蒸汽空间高度是指汽包水位面到饱和蒸汽引出管的距离。蒸汽湿度与蒸汽空间高度的关系如图 3-10 所示。

从图 3-10 中可见，蒸汽空间高度在一定范围内对蒸汽湿度影响较大，即随着蒸汽空间高度的增加，蒸汽湿度迅速减小。这是因为，当蒸汽空间高度较低时，相当多的水滴（包括直径较大的水滴）依靠飞溅出的动能即可到达蒸汽空间顶点，即使蒸汽的上升速度不大，也很容易将水滴带入饱和蒸汽引出管，使蒸汽湿度很大；随着蒸汽空间高度的增加，较大的水滴还未到达蒸汽引出管时，就由于自身动能耗尽，而在重力的作用下又返回水容积中，蒸汽

湿度减小。但是，当蒸汽空间高度增加到大于水滴的最大上升高度时，即使继续增加蒸汽空间高度，对蒸汽湿度的影响也很小，这时蒸汽依靠上升速度携带的只是一些细小的水滴，因这些细小水滴的重力小于蒸汽的推力，而与蒸汽空间高度无关。在图 3 - 10 中，当蒸汽空间高度大于 H_1（1.0～1.2m）是没有意义的，它只是增加了汽包金属耗量；蒸汽空间高度小于 H^*（0.5～0.6m）是不合适的，H^* 为实际水位到喷溅前沿的距离，称为蒸汽空间的临界高度；蒸汽分离空间高度在 H_1～H^* 之间是合适的。

运行中汽包水位的高低将直接影响蒸汽空间高度，因此应严格控制汽包水位。水位过高，蒸汽空间高度降低；此外，当锅炉负荷突然升高或压力突然降低，会引起水容积膨胀水位升高，都会使蒸汽湿度增大。若超过最高水位，将造成蒸汽大量带水。为了保证有较高的蒸汽空间高度，一般汽包正常水位应在汽包中心线以下 100～200mm 处，允许波动范围是 ±50～75mm。

4）锅水含盐量的影响。机械携带的盐量与锅水含盐量的关系如图 3 - 11 所示。

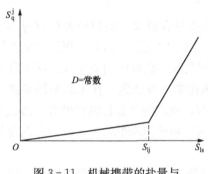

图 3 - 11   机械携带的盐量与
锅水含盐量的关系

锅水含盐量在最初的一定范围内增加时，蒸汽湿度不变。但是，机械携带的盐量却随锅水含盐量的增加成正比的增大。

当锅水含盐量增大到某一数值时，蒸汽湿度会突然增大，从而使蒸汽含盐量急剧增大，蒸汽品质恶化。这时的锅水含盐量称为临界锅水含盐量 S_{lj}。出现临界锅水含盐量的原因是：由于锅水含盐量增加，特别是锅水碱度增加，会使锅水的黏性增大，汽泡在水容积中的上升速度减慢，水容积中的气泡数量增多，水容积膨胀；锅水碱度增大，黏性增大，使锅水的表面张力减小，起泡能力增强；黏性增大，水面上汽泡不易破裂，容易在水面上形成稳定的泡沫层，当锅水含盐量达到临界含盐量时，泡沫层急剧膨胀而产生汽水共腾，使蒸汽空间高度迅速减小，蒸汽湿度急剧上升，蒸汽品质恶化。

对于不同的负荷，锅水临界含盐量不同。负荷越高，水容积中的气泡数量越多，水容积膨胀加剧，因此锅水临界含盐量越低。锅水临界含盐量除与锅炉负荷有关外，还与蒸汽压力、蒸汽空间高度、锅水中的盐质成分以及汽水分离装置等因素有关。由于影响因素较多，因此对具体锅炉的临界含盐量应通过热化学试验确定，并应使实际锅水含盐量远低于锅水临界含盐量。

2. 溶解性携带

蒸汽溶解性携带是指高压及以上压力的蒸汽能直接溶解某些盐分而造成蒸汽污染的现象。这是高压及以上压力蒸汽不同于中低压蒸汽的一个很重要的性质。

高压及以上压力的蒸汽之所以能直接溶解盐类，主要是因为随着压力的提高，蒸汽的密度不断增大；同时饱和水的密度则相应降低，蒸汽的密度逐渐接近于水的密度，因而蒸汽的性质也越接近水的性质，水能溶解盐类，蒸汽也能直接溶解盐类。

蒸汽溶解性携带的盐量与分配系数和锅水含盐量有关，可用下式表示：

$$S_q^r = \frac{a}{100} S_{ls} \quad \text{mg/kg} \tag{3-6}$$

$$\alpha = \left(\frac{\rho''}{\rho'}\right)^n \tag{3-7}$$

式中 S_q^r——溶解性携带的盐量，mg/kg；

α——分配系数，指蒸汽中溶解的某种盐的盐量占溶于锅水中同种盐量的百分数，其大小与压力和盐的种类有关；

ρ'、ρ''——饱和水和饱和蒸汽的密度，kg/m³；

n——溶解指数，与盐的种类有关，各种盐类的溶解指数如表3-2所示。

表3-2   几种盐类的溶解指数 n

盐类名称	SiO_2	NaOH	NaCl	$CaCl_2$	Na_2SO_4
n	1.9	4.1	4.4	5.5	8.4

（1）蒸汽溶解携带的特点。蒸汽对盐分的溶解具有以下几个特点：

1）蒸汽的溶盐能力随压力的升高而增强。随着蒸汽压力的升高，饱和蒸汽和饱和水的密度差减小，分配系数 α 增大，当达到临界压力时，则 $\alpha=100\%$。表3-3列出了不同压力下硅酸分配系数 α^{SiO_2} 的变化。

表3-3   不同压力下硅酸分配系数 α^{SiO_2}

工作压力（MPa）	8	10	14	18	20	22.5
α^{SiO_2}（%）	0.5~0.6	0.8	2.8	8.0	16.3	100

2）蒸汽溶盐具有选择性。在相同的条件下蒸汽对不同的盐类的溶解能力不同，而且差别很大，即分配系数 α 差别很大。这是因为不同的盐类，其溶解指数不同造成的，见表3-3。根据分配系数 α 的大小，将锅水中的盐分分为三类：

第一类盐分是硅酸（SiO_2、H_2SiO_3 等），其分配系数最大，见表3-3。当压力为8MPa时，$\alpha=0.5\%\sim0.6\%$；14MPa时 $\alpha=2.8\%$。在一般情况下机械携带的水分含量 $\omega=0.01\%\sim0.1\%$。可见在高压及以上压力的锅炉中，蒸汽溶解携带要比蒸汽轮机械携带的盐量大数十到数百倍。因此，蒸汽溶解硅酸是高压蒸汽污染的主要因素。

第二类盐分为氯化钠（NaCl）、氯化钙（$CaCl_2$）和氢氧化钠（NaOH）等。虽然它们的分配系数要比硅酸小得多，但在超高压以上时，其分配系数也能达到相当大的数值。例如NaCl，在压力为15MPa时，$\alpha=0.06\%$，到18.5MPa时，$\alpha=0.3\%$。

第三类盐分为硫酸钠（Na_2SO_4）、硅酸钠（Na_2SiO_3）和磷酸钠（Na_3PO_4）等。它们是一些难溶于蒸汽的盐，其溶解系数很低，在20MPa时，$\alpha=0.02\%$。

3）过热蒸汽也能溶解盐分。能够溶于饱和蒸汽的盐，也能溶于过热蒸汽中。

（2）硅酸在蒸汽中的溶解特性。硅酸在蒸汽中的溶解有两个重要特性：一是硅酸在蒸汽中的溶解度最大；二是硅酸以分子形式溶解在蒸汽中。

在锅水中同时存在有硅酸和硅酸盐，它们在蒸汽中溶解能力相差很大。硅酸属于第一类盐，易溶于蒸汽中；而硅酸盐属于第三类盐分，难溶于蒸汽中。锅水中的硅酸和硅酸盐在不同的条件下，能够相互转化，硅酸和强碱作用形成硅酸盐，而硅酸盐又可以水解成为硅酸，即

$$Na_2SiO_3 + 2H_2O = 2NaOH + H_2SiO_3$$

上述反应究竟是朝硅酸方向进行，还是朝硅酸盐方向进行，取决于锅水的碱度（即 pH

值）大小。提高锅水碱度（即增大 pH 值），反应向左移动，有利于将硅酸转变成难溶的硅酸盐，从而使蒸汽中的硅酸含量减少，提高了蒸汽品质；反之，降低碱度（即减小 pH 值），反应向右移动，则蒸汽中的硅酸含量增多，蒸汽品质下降。由此可见，为了减少锅水中的硅酸含量，改善蒸汽品质，应使锅水中的 pH 值大些。但 pH 值也不能过大，因为 pH 值过大，不仅使锅水泡沫增多，蒸汽机械携带剧增，而且还会引起金属的碱性腐蚀。此外，当 pH≥12 时，对硅酸的分配系数影响逐渐减小。所以锅水的 pH 值应适当控制，一般 pH＝10～11。

四、蒸汽净化

从前述蒸汽污染的原因可见，提高蒸汽品质的根本途径在于提高给水品质，而提高给水品质的方法是采用良好的化学水处理设备和系统。在锅炉中进行蒸汽净化的方法主要有：采用汽水分离，以减少蒸汽带水量；采用蒸汽清洗，以减少蒸汽溶解携带和机械携带；采用锅炉排污以控制锅水含盐量等。

（一）汽水分离

1. 汽水分离的基本原理

（1）重力分离——利用汽和水密度不同，在蒸汽向上流动时，一部分重力大的水滴会被分离出来。

（2）离心分离——利用汽水混合物做旋转运动时产生的离心力进行分离，水滴的密度大，离心力也大，这样水滴会脱离汽流而被分离出来。

（3）惯性分离——利用汽水混合物改变流向时产生的惯性力进行分离，密度大的水滴，惯性力大，水滴会脱离汽流被分离出来。

（4）水膜分离——汽水混合物中的水滴，能黏附在金属壁面，形成水膜流下而被分离。

汽包内的汽水分离的过程，一般分为两个阶段：第一阶段是粗分离阶段（又称为一次分离），其任务是消除进入汽包的汽水混合物的动能，并将蒸汽和水初步分离；第二阶段是细分离阶段（又称为二次分离），其任务是把蒸汽中携带的细小水滴分离，进一步降低蒸汽湿度。

2. 汽水分离装置

现代电厂锅炉常用的汽水分离装置，一次分离元件常采用进口挡板、旋风分离器或涡流分离器等；二次分离元件采用波形板分离器、顶部多孔板等。

（二）蒸汽清洗

汽水分离只能降低蒸汽的湿度而不能减少蒸汽中溶解的盐分。因此，为减少蒸汽中溶解的盐分，可采用蒸汽清洗的方法。

所谓蒸汽清洗，就是让蒸汽穿过一层含盐浓度很低的清洗水，在物质扩散的作用下，蒸汽溶解的盐分部分扩散到清洗水中，使蒸汽溶盐量降低；同时，还减少了蒸汽机械携带的盐量，从而提高了蒸汽品质。

现代电厂中一般用锅炉给水作为清洗水。这是因为锅炉给水含盐量要比经不断蒸发浓缩后的锅水含盐量少得多。

对亚临界压力的锅炉，由于硅酸的溶解量较大，蒸汽清洗效果较差，采用先进的水处理方法来提高给水品质，使给水含盐量降到很低的程度，同时使用高效的汽水分离装置，这样不采用蒸汽清洗也能满足蒸汽品质的要求。因此亚临界压力的锅炉没有蒸汽清洗装置。

（三）锅炉排污

在蒸发系统中，给水里总会含有一定的盐分；另外，在进行了锅内加药处理后，锅水中的一些易结垢盐类转变成水渣；还有锅水腐蚀金属也会产生一些腐蚀产物。在锅炉运行过程中，锅水经不断的蒸发、浓缩，锅水含盐量逐渐增大，水渣和腐蚀产物也逐渐增多。这样不仅会使蒸汽品质变差，当锅水含盐量超过允许值时，还会造成"汽水共腾"，使蒸汽品质恶化，严重影响锅炉和汽轮机的安全运行。因此在运行过程中采取排除部分锅水，补充清洁的给水，以控制锅水品质。这种从锅炉中排出部分被污染的锅水的方法，称为锅炉排污。锅炉排污有连续排污和定期排污两种。

连续排污是指在运行过程中连续不断地排出部分锅水、悬浮物和油脂，以维持一定的锅水含盐量和碱度。连续排污的位置是在锅水含盐浓度最大的汽包蒸发面附近，即汽包正常水位线以下 200～300mm 处。定期排污是指在锅炉运行中，定期排出锅水里的水渣等沉淀物。排污位置在沉淀物聚集最多的水冷壁下联箱底部。

锅炉排污量一般用排污率 P 表示。排污率是指排污量占锅炉蒸发量的百分数，其计算式为

$$P = \frac{G_{pw}}{D} \times 100\% = \frac{S_{gs} - S_q}{S_{ls} - S_{gs}} \times 100\% \tag{3-8}$$

式中 S_{gs}——给水含盐量，mg/kg；

S_q——饱和蒸汽含盐量，mg/kg；

S_{ls}——锅水含盐量，mg/kg。

一般饱和蒸汽的含盐量 S_q 很小，可忽略不计，则可得

$$P = \frac{S_{gs}}{S_{ls} - S_{gs}} \times 100\% \tag{3-9}$$

由式（3-9）可知：锅炉排污率的大小主要与给水含盐量和锅水含盐量有关。降低给水含盐量或提高排污水含盐量，可减少排污率；反之，则排污率增大。因此，排污位置应在锅水含盐量最大的地方，效果最好。

给水品质、蒸汽品质与排污率之间存在以下关系：

（1）在给水含盐量一定时，增大排污率，可以减少锅水含盐量，从而获得洁净的蒸汽品质，但锅炉的工质和热量损失增大，电厂热效率降低；相反，减少排污，则蒸汽品质恶化。因此，要保证一定的排污率。我国规定的锅炉最大允许排污率，见表3-4。

表3-4   电厂锅炉最大允许排污率 P（%）

补给水类别	凝汽式电厂	热电厂
除盐水或蒸馏水	1	2
软化水	2	5

为了防止锅内聚集水渣等杂质，排污率 P 应不小于 0.3%。运行中应根据水质分析结果确定所需的排污率。

（2）在锅水含盐量一定时，减少给水含盐量，可以减少锅炉排污，因而减少了锅炉的工质和热量损失；若保持排污率不变，减少给水含盐量，则锅水含盐量降低，蒸汽品质得以提高。由此可见，提高蒸汽品质的根本途径在于提高给水品质，但这会增大锅外水处理的费用。

（四）锅内水处理

虽然经过化学水处理，使给水的总硬度值很小。但对于现代大容量锅炉，在受热面蒸发强度很高的情况下，锅水中的钙、镁离子的浓度仍可以达到很大的数值，从而引起水冷壁管内结垢。为了防止水垢的形成，广泛采用对锅水进行锅内水处理。方法是在锅水中加入磷酸三钠 Na_3PO_4，使锅水中的钙、镁离子与磷酸根化合，生成难溶的磷酸钙和磷酸镁的沉淀物，其化学反应式为

$$3CaSO_4 + 2Na_3PO_4 \rightarrow Ca_3(PO_4)_2 + 3Na_2SO_4$$
$$3MgSO_4 + 2Na_3PO_4 \rightarrow Mg_3(PO_4)_2 + 3Na_2SO_4$$

上述锅内水处理，是先将磷酸三钠制成溶液，然后用活塞泵直接送至汽包加药管。加药管装在汽包水容积的下部。

▶ 能力训练 ◀

1. 蒸汽含盐的危害是什么？
2. 蒸汽污染的原因是什么？
3. 蒸汽净化的措施有哪些？
4. 汽水分离的基本原理有哪些？

项目四 制粉系统的运行

▶ 项目目标 ◀

（1）通过对制粉系统启动和停运的学习，能叙述双进双出钢球磨煤机直吹式制粉系统和中速磨煤机直吹式系统的启动停运步骤。

（2）通过对制粉系统运行调节的学习，能调节双进双出筒式钢球磨煤机磨煤出力、煤粉细度和中速磨煤机磨煤出力、煤粉细度。

随着锅炉容量的不断增加，如果在设计中采用较大的煤粉仓，会增加设计投资同时也不便于锅炉整体布置，因此大型锅炉一般考虑选用直吹式制粉系统作为锅炉煤粉的制备设备。该系统常配用双进双出的新型低速磨煤机和正压中速磨煤机。

任务一 制粉系统的启动和停运

▶ 任务目标 ◀

1. 知识目标

（1）熟悉双进双出钢球磨煤机直吹式制粉系统的启动停运步骤和注意事项。

（2）熟悉中速磨煤机直吹式系统的启动停运步骤和注意事项。

2. 能力目标

（1）能绘制制粉系统图，并能描述制粉系统的工作流程。

（2）能绘制磨煤机一次风系统，并能描述磨煤机一次风系统的工作流程。

（3）能叙述双进双出钢球磨煤机直吹式制粉系统的启动和停运步骤。

（4）能叙述中速磨煤机直吹式系统的启动和停运步骤。

▶ 知识准备 ◀

一、双进双出钢球磨煤机直吹式制粉系统的启动和停运

某发电厂 1000MW 机组锅炉配置 6 台双进双出钢球磨煤机，共 12 台。在设计钢球装载量下，磨制设计煤种，煤粉细度 $R_{90}=18\%$ 时，六台磨煤机出力不小于锅炉 B-MCR 工况下锅炉燃煤消耗量的 115%，五台磨煤机出力不小于锅炉 BRL 工况下锅炉燃煤消耗量。锅炉燃烧校核煤种时，六台磨煤机出力可满足锅炉 B-MCR 工况，煤粉均匀性指数为 1.1。采用正压直吹式制粉系统，制粉系统由原煤斗、给煤机、磨煤机、煤粉分离器、煤粉管等设备及附件构成，原煤经过磨煤机磨成煤粉后直接被吹入炉膛进行燃烧。锅炉制粉系统如图 4-1 所示。

（一）启动前的检查与准备

（1）新设备投运或设备检修后，设备周围杂物和易燃物品应清理干净，脚手架等应拆除，照明应良好；启动前应按检查卡对整个系统全面检查，各阀门挡板位置正确。

（2）试验各风门、挡板灵活，传动装置动作良好，开度指示正确。

（3）检查各回转设备符合投运条件：磨煤机、密封风机、一次风机、磨煤机高低压油

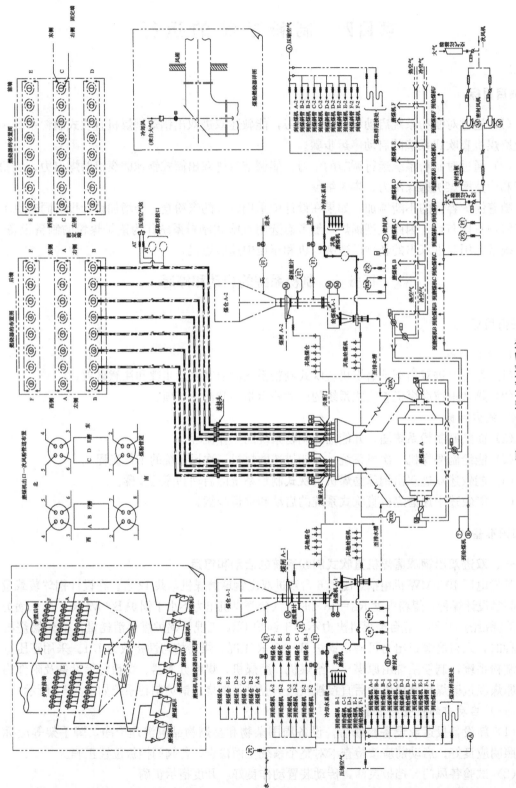

图 4－1　锅炉制粉系统

泵、给煤机、磨煤机大齿轮喷射润滑装置、大齿轮密封风机、磨煤机减速箱油泵。

(4) 靠背轮已连接好,安全罩牢固良好,地脚螺丝牢固,电动机接地线良好。

(5) 各设备油系统的截止阀位置正确,轴承及润滑油箱已注油至正常油位,油质合格,油温正常,油系统处于可投入状态。

(6) 检修后(新安装)的设备应进行试运转,检查转动方向应正确,电流正常;检修后(新安装)的设备应做联锁试验,并正确可靠。

(7) 检查磨煤机、给煤机的密封风及各设备冷却水系统均处于可投入状态。

(8) 给煤机送电后,运行方式置"REMOTE"位。

(9) 检查制粉系统内无自燃现象,各检查孔和人孔关闭,检查磨煤机料位检测系统、盘车装置正常,磨煤机充惰装置、消防装置处于良好的备用状态。

(10) 通知热工人员,检查仪表及自动装置,并投入运行。

(二) 启动

1. 允许投粉条件

允许投粉的条件有:①二次风压正常;②MFT 继电器已复位;③大于三台磨运行时,A、B 一次风机都运行,小于三台磨运行时,至少一台一次风机运行;④火检冷却风压正常;有任一台送风机运行。磨煤机一次风系统如图 4-2 所示。

2. 磨煤机启动允许条件

(1) 无磨煤机跳闸条件。

(2) 允许投粉,存在点火源,磨煤机热风门开度小于 5%,所有分离器出口挡板全开。

(3) 任一台密封风机运行且密封风压合适,两台给煤机停止。

(4) 任一低压油泵运行且润滑油压正常,任一高压油泵运行且两端顶轴油压合适。

(5) 磨煤机盘车电机离合器在分位,磨煤机一次风关断挡板关闭,一次风压正常。

(6) 磨煤机已停运,磨煤机主电机在"远方"位,所有煤粉管清扫风挡板关闭,大齿轮密封风机运行。

(7) 减速机油泵运行。

3. 磨煤机盘车电机启动条件

高压油泵组运行,主电动机停止,盘车油泵运行,盘车装置在啮合状态。

4. 给煤机启动条件

(1) 给煤机在"远方"位,无磨煤机跳闸条件,允许投粉。

(2) 所有分离器出口挡板全开,给煤机下煤闸板门全开,给煤机密封风门已开。

(3) 磨煤机主电机运行且分离器出口温度高于 66℃。

(4) 磨煤机一次风关断挡板开,磨煤机点火能源满足。

5. 磨煤机启动

(1) 关闭该磨煤机一次风关断挡板,关闭两侧容量风挡板,关闭两侧旁路风挡板,关闭所有分离器出口挡板,关闭给煤机下煤闸板门,关闭所有煤粉管道吹扫风门。

(2) 点火油层启动。①启动磨煤机低压油泵;②启动煤粉管道吹扫程控(可选择单支吹,或两支吹或四支吹);③启动磨煤机充惰装置(运行判断可以旁路);④开分离器出口挡板,启动磨煤机高压油泵组,建立顶轴油压,启动大齿轮喷油装置,启动大齿轮罩密封风机和减速机油泵;⑤启动磨煤机;⑥打开一次风关断挡板,开容量风、旁路风暖磨,置热风门、冷风门自动;⑦开启给煤机上煤闸板门,下煤闸板门;⑧启动给煤机,置中心风点火位。

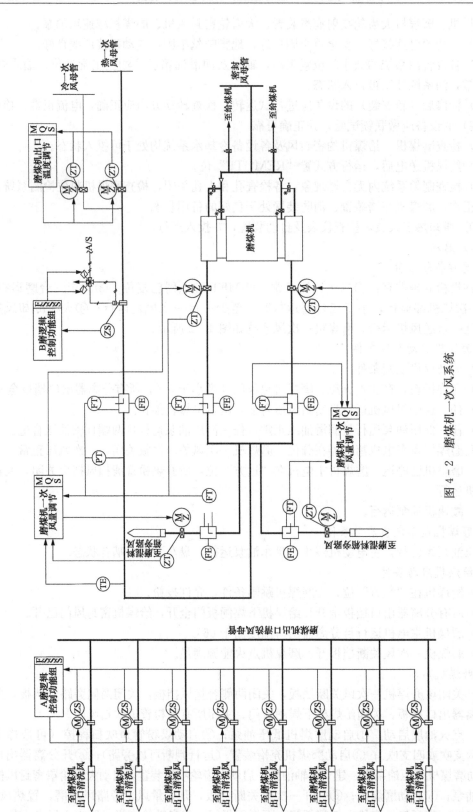

图 4－2 磨煤机一次风系统

（3）磨煤机程控启动成功后，投入磨煤机旁路风、容量风自动、给煤机转速自动。

（4）对磨煤机系统进行全面检查。

（5）当磨煤机程控启动无法投用时，也可手动按以上程控步骤启动磨煤机。

（三）停止连锁

1. 给煤机联锁停止条件

（1）磨煤机主电机停止。

（2）磨煤机一次风关断挡板关，相应侧分离器出口挡板全关。

（3）存在磨煤机跳闸条件。

（4）给煤机下煤闸板门关，给煤机堵煤。

2. 磨煤机停止允许条件

（1）磨煤机主电机在远方位。

（2）两台给煤机停止 10min 跳闸磨煤机。

3. 磨煤机停运

（1）检查煤层程控停运条件满足。

（2）输入磨煤机顺控停止指令，程序执行以下步骤：①置两端给煤机最小转速；②点火油层启动；③停两端给煤机，关两端给煤机下煤闸板门，启动高压油泵组；④停止磨煤机，关一次风关断挡板，关容量风挡板和旁路风挡板；⑤启动盘车电机油泵，启动盘车电机，停止大齿轮罩密封风机；⑥启动磨煤机充惰装置（若此磨煤机停运时已彻底烧空，此步可跳过）；⑦关分离器出口挡板；⑧启动磨煤机煤粉管道吹扫程控；⑨当磨煤机程控停运无法投用时，也可手动按以上程控步骤停运磨煤机。

4. 停止磨煤机注意事项

（1）磨煤机正常停运时，必须将磨煤机内存粉彻底抽空，其盘车装置可不投运。

（2）磨煤机非正常停运时，其内存粉无法排出时，必须保持盘车装置连续运行 6h 以上，直至磨煤机大罐温度降至自然温度，避免磨煤机内着火。

（3）磨煤机吹扫 10min 后停止，可以避免下次启动时跑粉和机组负荷扰动大。

（4）当磨煤机停运检修时，必须将磨煤机彻底抽空。

（5）盘车电动机或消防蒸汽系统不备用时，磨煤机内煤粉吹扫干净后停止。

（6）磨煤机长时间停止后可停止主减速机和磨煤机润滑油系统。

（7）机组停运给煤机需要检修时，停止前必须将皮带跑空。

（8）停磨期间监视磨煤机各部分测点的温度变化情况，发现异常和火险，及时处理。

二、中速磨煤机直吹式系统的启动和停运

由于目前电厂使用的中速磨煤机种类较多，下面仅对 RP（HP）式中速磨煤机和 MPS 式中速磨煤机的启动和停止运行介绍。

（一）RP（HP）式中速磨煤机及制粉系统的启停

1. RP（HP）式中速磨煤机启动中注意事项

（1）关于暖磨问题。由于 RP（HP）结构复杂，为了避免在启动过程中产生过大热应力或受到过大的热冲击，启动前必须暖磨。暖磨过程中需要监视和跟踪磨煤机出口温度，控制温升速度为 3～5℃/min。暖磨过程直至磨煤机出口温度达到 60～70℃，暖磨过程结束。暖磨过程结束时的温度不能太低，低于露点温度会使一次风管内积粉，同时，暖磨温度太低不利于煤粉的干燥，使石子量过大。暖磨温度也不能太高，否则容易产生爆燃事故。

(2) 关于投煤问题。RP（HP）磨煤机的磨辊和磨盘之间具有一定的间歇，通常为3.5mm，不直接接触，因此应该先投磨煤机，后投给煤机。RP（HP）磨煤机对初给煤量有一定的要求，可通过热态试验确定，一般为额定出力的30%～40%。倘若初给煤量太少，磨辊和磨盘煤量过少，会使磨辊和磨盘不能咬合，或摩擦力小，磨辊打滑。倘若初给煤量太多，使出口煤粉过粗，石子量急剧增加。

(3) 首台磨煤机启动投粉的条件。首台磨煤机在启动投粉之前已经启动相应的点火装置。因为首台磨煤机启动投粉的条件本质上是首投燃烧器应具备的条件，所以必须考虑到炉膛内有足够高的温度水平，一般要求油燃烧器已带20%MCR负荷，保证投粉后能立即着火。此外必须考虑到煤粉充分干燥，为此要求热空气温度必须大于150℃。首台磨煤机启动投粉时要防止爆燃。

2. RP（HP）式中速磨煤机启动顺序

以带热一次风机RP（HP）式中速磨煤机正压系统为例，说明RP（HP）式中速磨煤机启动原则顺序：

(1) 启动密封风机，维持正常密封风压在规定值。

(2) 启动磨煤机润滑油泵，保持正常润滑油压在规定值。

(3) 启动一次风机。

(4) RP（HP）磨煤机出口隔绝挡板自动开启。

(5) 按磨煤机出口的温升速度逐渐打开一次风机进口热风挡板进行暖磨，直至磨煤机出口温度达到规定值。

(6) 启动磨煤机。

(7) 启动给煤机，达到规定的初给煤量。

3. RP（HP）式中速磨煤机的正常停止运行

RP（HP）式中速磨煤机的正常停止运行的顺序如下：

(1) 减少磨煤机给煤量，必要时投入油燃烧器，稳定燃烧。

(2) 切除给煤机，吹扫磨煤机和系统内的残余煤粉，维持磨煤机出口温度不超过规定值，注意防止爆燃。

(3) 磨煤机空载后，停止磨煤机。

(4) 继续吹扫，停一次风机，必要时停相应的稳燃装置。

(5) 随着一次风机的停止运行，磨煤机出口隔绝挡板自动关闭。

(6) 倘若磨煤机处于冷备用状态，磨煤机出口挡板和冷风挡板应处于常开位置，一次风机进口调节挡板处于微开位置，以保持一定的冷却风量，用以冷却一次风喷口。

（二）MPS式中速磨煤机及制粉系统的启停

MPS式中速磨煤机空载时，磨辊和磨盘无间隙。一般在磨煤机启动之前，为了防止磨损和噪声，先加入少量的煤，咬入磨辊和磨盘之间，然后进入正式启动顺序。

给煤机投入的条件，实质上是应该包含燃烧器投入的许可条件。主要条件包括：

(1) 锅炉主燃料切断，MFT条件尚未发生。

(2) 满足相应的燃烧器点火必须具备的条件。

(3) 一次风压正常，一次风量达到规定值。

(4) 磨煤机密封风挡板全部开启，密封风压正常。

(5) 磨煤机出口温度达到规定值。

(6) 石子箱进口门全开，石子位高满足要求。

对于 MPS 中速磨煤机，正压直吹式冷一次风机制粉系统启动原则顺序如下：

（1）开启原煤仓煤闸门和磨煤机出口挡板。

（2）启动密封风机，维持正常密封风压在规定值。

（3）启动磨煤机润滑油泵，保持正常润滑油压在规定值。

（4）启动一次风机前，关闭磨煤机进口的热风挡板和冷风挡板，然后启动一次风机，维持风压达到额定值。

（5）打开磨煤机进口热风挡板、磨煤机出口隔绝挡板。

（6）投入磨煤机通风量自动控制和磨煤机出口温度自动控制。

（7）进行磨煤机的暖磨，逐渐打开磨煤机进口热风挡板，控制磨煤机出口温升速度，一般为 3~5℃/min，直至磨煤机出口达到规定值。

（8）排除磨煤机内可能存在的积水，当磨制水分较大的煤种时，磨煤机停用后可能存有积水，只有延长暖磨时间，才能排除可能存在的积水。

（9）确认投入给煤机条件成立。

（10）启动给煤机运转 10~60s，控制初给煤量。初给煤量不能太大，只要磨辊和磨盘之间有适当的煤量咬入即可，否则磨煤机启动负载过大。

（11）确认磨煤机润滑油系统投入，并且油压、油温、齿轮箱油位正常。

（12）确认给煤机已投入，并且没有煤堵塞信号。

（13）启动磨煤机，当给煤机运转 10~60s 后立即启动磨煤机。

（14）增加给煤机的给煤量。为了使磨煤机能正常运转，初期给煤量应达到规定值，一般为给煤机容量的 40%~50%，然后按负荷增加的需要增加给煤量。

（15）投入其他磨煤机。当负荷增加，需要增加投入的磨煤机台数必须考虑到燃烧器的引燃条件，优先启动与已经投运的燃烧器相邻各层对应的磨煤机。

对于 MPS 磨煤机，正压直吹式系统启动顺序逻辑控制图如图 4-3 所示。

对于 MPS 中速磨煤机，正压直吹式冷一次风机制粉系统停止运行原则顺序如下：

（1）减少给煤机的给煤量，降低磨煤机出力，控制磨煤机出口温度，严防超温运行。

（2）开大冷风挡板，关小热风挡板，对磨煤机进行冷却。

（3）停给煤机。当磨煤机出口温度低于规定值时，停止给煤机运转。

（4）对磨煤机和系统进行吹扫，吹扫工作按规定时间长度进行。

（5）停止磨煤运行。

（6）继续吹扫和冷却工作，待磨煤机出口温度低于规定值后，关闭热风挡板，用冷风挡板继续吹扫和冷却工作。

（7）关闭磨煤机进口挡板、热风挡板和冷风挡板。

（8）磨煤机出口温度控制由自动切换为手动控制。

（9）停止密封风机，当关闭磨煤机进口挡板、热风挡板和冷风挡板之后，经过一段时间的延迟，停止密封风机。

（10）所有的磨煤机停止运行后才能停止冷一次风机。

（11）清理石子箱。

（12）停止给煤机和磨煤机所对应的润滑油系统。

对于 MPS 中速磨煤机，正压直吹式冷一次风机制粉系统停止运行原则逻辑顺序框图如图 4-4 所示。

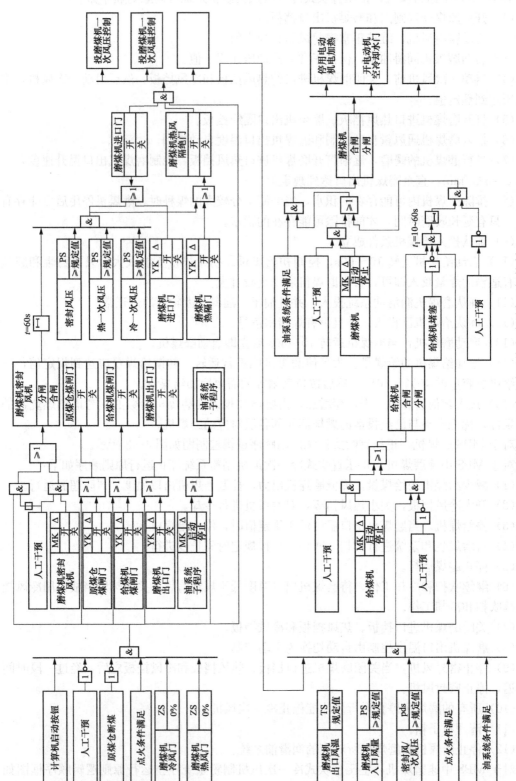

图 4-3 MPS 磨煤机正压直吹式系统启动顺序逻辑控制

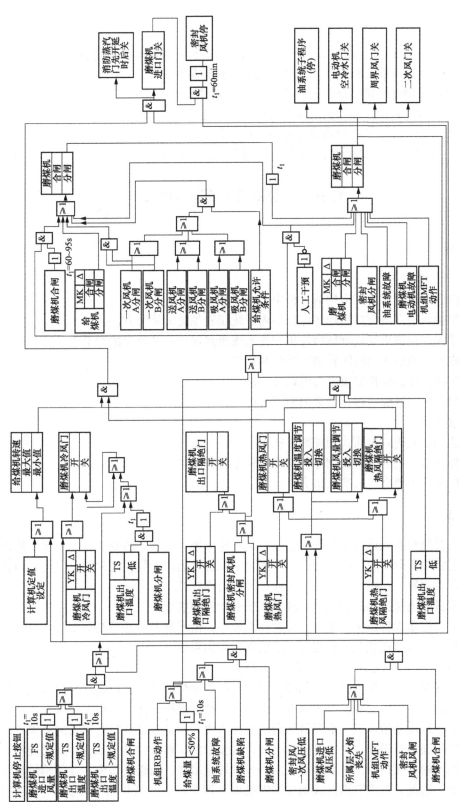

图 4－4 MPS 中速磨煤机制粉系统停止运行逻辑控制

> **能力训练**

1. 双进双出钢球磨煤机直吹式制粉系统启动前的检查和准备工作是什么？
2. 双进双出钢球磨煤机直吹式制粉系统启动步骤是什么？
3. 双进双出钢球磨煤机直吹式制粉系统停运步骤是什么？
4. RP（HP）式中速磨煤机启动中注意事项是什么？
5. RP（HP）式中速磨煤机启动原则顺序是什么？
6. RP（HP）式中速磨煤机的正常停止运行的顺序是什么？

任务二　制粉系统的运行调节

> **任务目标**

1. 知识目标
（1）熟悉双进双出筒式钢球磨煤机出力调节特点。
（2）掌握双进双出筒式钢球磨煤机制粉系统煤粉细度的调节方法。
（3）掌握双进双出筒式钢球磨煤机制粉系统密封风压差和风量的调节方法。
（4）掌握中速磨煤机的煤粉细度特性和调节方法。
（5）掌握中速磨煤机磨煤出力的调节方法。
（6）掌握中速磨煤机运行参数的监视方法。

2. 能力目标
（1）能调节双进双出筒式钢球磨煤机出力。
（2）能调节双进双出筒式钢球磨煤机制粉系统煤粉细度。
（3）能调节中速磨煤机磨煤出力。

> **知识准备**

磨煤机及制粉系统运行调节的主要任务是：连续地、定量地磨制煤粉，并向燃烧器提供煤粉，满足锅炉负荷要求；维持磨煤机及制粉系统各种运行参数在正常值范围内；防止煤粉自燃，预防各种事故；提高运行的经济性，降低磨煤单耗。

一、双进双出筒式钢球磨煤机直吹式正压制粉系统的运行

在国内有许多煤种属于难磨煤，可磨性系数小，而磨损系数却较高。对于 600MW 以上机组也选用双进双出筒式钢球磨煤机直吹式正压制粉系统。

（一）双进双出筒式钢球磨煤机出力调节特点

对直吹式系统，磨煤机出力必须随着锅炉负荷的变化而变化。双进双出筒式钢球磨煤机出力的调节具有一定的特点。由于双进双出筒式钢球磨煤机筒体内存有大量煤粉，在实际运行中，不是依靠改变给煤机的给煤量来调节磨煤出力，而是依靠调节磨煤通风量来控制磨煤出力。当磨煤通风量增加，送粉量随之增加，气流中的煤粉浓度几乎不变，煤粉变粗，筒体内粉位下降。根据煤位自动控制信号，使给煤机转速增高，给煤量增大，促使给煤量与出粉量达到平衡。因此，双进双出筒式钢球磨煤机出力调节特点是磨煤出力取决于磨煤通风量，如图 4-5 所示，依据筒体内的煤位来控制给煤机的给煤量。

双进双出筒式钢球磨煤机风量调
节系统如图4-6所示。磨煤通风量
的调节是依靠磨煤机进口的热风挡板
和压力冷风挡板（或温风挡板）来实
现的。在投入自动时，热风挡板和压
力冷风挡板（或温风挡板）是同向按
比例联动的。

当投入自动进行磨煤机出口温度
调节时，热风挡板和压力冷风挡板
（或温风挡板）是反向联动调节，以
保持磨煤通风量不变。

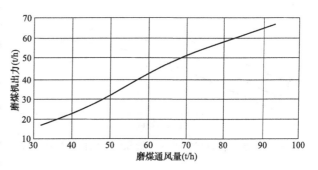

图4-5 磨煤机出力与磨煤通风量的关系

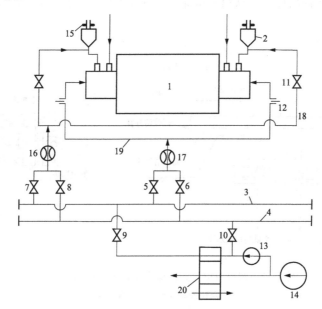

图4-6 双进双出筒式钢球磨煤机风量调节系统

1—磨煤机；2—分离器；3—热一次风母管；4—压力冷风母管；5—磨煤机进口热风调节挡板；6—磨煤机进口
冷风调节挡板；7—旁路风热风调节挡板；8—旁路风冷风调节挡板；9—热风总调节挡板；10—压力
冷风总调节挡板；11—旁路风量控制挡板；12—磨煤通风关断挡板；13——次风机；14—送风机；
15—煤粉气流关断挡板；16—旁路风量测量装置；17—磨煤通风量测量装置；18—旁路风管；
19—磨煤通风管；20—空气预热器

磨煤通风量上限最大不要超过最佳通风量，下限最小值需要考虑到一次风管最低流速限
制和分离器效率的降低。

双进双出筒式钢球磨煤机出力调节的这种特点，使制粉系统对外界负荷响应快，时迟
小。相当于燃油锅炉，高负荷时煤粉较粗，而低负荷时，煤粉较细，低负荷时对燃烧稳定
有利。

（二）煤位调节和监督

对于双进双出筒式钢球磨煤机的另一个运行特点：煤位是调节和监督非常重要的参数。
双进双出磨煤机的出力不仅与磨煤通风量有关，而且与筒体内的煤位有关，如图4-7所示。

图4-7中b_1、b_2、b_3表示筒体内不同的煤位，且$b_1 > b_2 > b_3$。由图可知，筒体内煤位

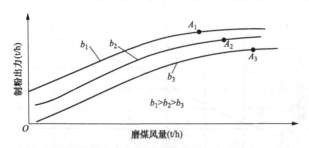

图 4-7 磨煤出力与磨煤通风量和筒体内的煤位的关系

越高，存煤量越大，制粉出力越高。图中 A_1、A_2、A_3 点是对应不同煤位下的最佳磨煤通风量点。

为了锅炉运行的经济性，应维持较高的煤位运行。煤位过低，筒体内存煤量过少，必须要有较大的磨煤通风量才能满足制粉出力的需要。磨制的煤粉过粗，燃烧效率下降，通风电耗增加。但煤位过高会影响磨煤机运行的安全性，倘若超过饱和存煤量，容易发生磨煤机堵塞事故。

双进双出筒式钢球磨煤机装有煤位自动控制系统，设置自动控制系统的目的是在给定通风量的条件下维持较高煤位，获得相应条件下最大制粉出力。煤位自动控制系统如图 4-8 所示。

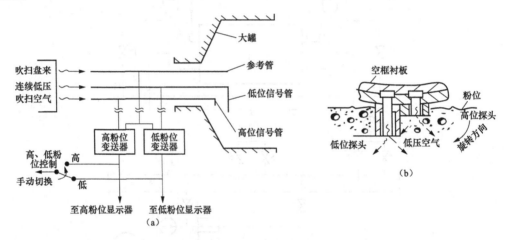

图 4-8 双进双出筒式钢球磨煤机煤位自动控制系统
(a) 煤位控制方式；(b) 探头布置

图 4-8 中控制系统原理是压差作为控制信号，磨煤机的风压作为参考信号。除了参考信号，还有高煤位信号管和低煤位信号管，两个煤位信号不同时投用，相互切换。

在磨煤机内存有一定煤量时，煤粉将进入煤位信号管内，输出压力信号。该信号与参考风压信号的压差反映了粉位至信号管出口的重位压头。煤位越高，重位压头越大，压差信号越大。磨煤机开始投运时，参考管和信号管都指示筒体内压力，煤位压差信号为零。投煤后数分钟，细煤粉增多，淹没低煤位信号管，开始显示低煤位信号，给煤量增多，再显示高煤位信号。

一般磨制挥发分较低的煤种宜采用高煤位信号。在一定的给煤量的条件下，高煤位信号投入运行后，筒体内存煤量增加，相应的磨煤通风量小，煤在筒内滞留时间长，煤粉较细，通风耗电量小。

一般磨制挥发分和水分较高的煤种宜采用低煤位信号。在一定的给煤量的条件下，低煤位信号投入运行后，筒体内存煤量减少，相应的磨煤通风量大，煤在筒内滞留时间短，煤粉较粗，不易堵煤。

实际煤位与高、低煤位压差之间的关系如图4-9所示。

由图4-9可知,在相同的压差条件下,投用高煤位信号管与投用低煤位信号管相比,实际煤位相差60mm。

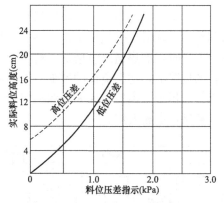

图4-9 实际煤位与高、低煤位压差之间的关系

在实际运行中,煤位的控制是由煤位控制系统来完成。当实际煤位超过设定煤位值时,输出正的煤位压差信号,促使给煤机转速减低,给煤量减少。当实际煤位低于设定煤位值时,输出负的煤位压差信号,促使给煤机转速增加,给煤量增多。所以实际煤位能返回设定值。

无论手动或是自动情况下,都能人为给出煤位的设定值。煤位压差设定值一般为0.2~0.37kPa。给出煤位设定值时必须考虑到两个方面问题,一是避免筒体存煤量过大,超过饱和存煤量,出现满煤堵塞事故;二是在任何负荷筒体内应有足够存煤量,以便进行负荷的调节。

除了负荷变动期间,其他时候煤位都能保持稳定,不受磨煤机出力影响。一般可控制在0.15~0.2kPa范围内运行。如果偏离正常值,有可能信号管堵塞,这时切换为手动,用压缩空气对信号管进行吹扫,直至恢复正常运行状态。

(三)一次风量、一次风温和一次风压的控制

一次风量和风温的控制是保证燃烧稳定性和经济性的必要前提。同时,一次风量和风温的控制是依靠对系统中旁路风的控制来实现的,如图4-10所示。

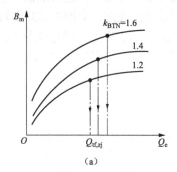

(a)

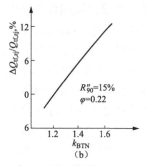

(b)

图4-10 磨煤通风量与煤粉细度、煤可磨性系数和磨煤机出力关系

(a)磨煤通风量与煤可磨性系数和磨煤机出力关系;(b)最佳磨煤通风量与煤可磨性系数之间的关系

一次风量的控制如图4-11所示。磨煤出力较低时,磨煤通风量低,不能满足一次风最低流速限制的要求,控制系统将开大旁路风总风挡板。在低负荷时,一次风中需要有足够高的煤粉浓度,以便稳定燃烧,随着磨煤机出力的提高,仍需从旁路补充少量一次风。

可以通过旁路风热风挡板和冷风挡板开度的调整来控制一次风温度。一次风母管风压不能太低,否则不能保证热风总调节挡板、压力冷风总调节挡板的调节特性,不利于一次风温度的调节,也会引起各个一次风管分粉分配不均匀。倘若一次风母管风压太高,一次风机电流过高,空气预热器漏风量增大。

(四)双进双出筒式钢球磨煤机制粉系统煤粉细度的调节

运行中煤粉细度的调节有三种手段,包括粗粉分离器的调节、磨煤机通风量调节、筒体内煤位的调节。粗粉分离器的调节特性如图 4-12 所示。

由图 4-12 可知，当磨煤通风量和筒体内煤位不变时，分离器的转速增加，煤粉变细，但制粉出力减低，需相应地增加磨煤通风量，保持制粉出力不变。当粗粉分离器转速和筒体煤位不变时，磨煤通风量增加，携带粗粉能力增加，出粉变粗。一般粗粉分离器转速不经常调整的情况下，随着负荷的增加，磨煤通风量增大，煤粉粗。因此高负荷煤粉粗，低负荷煤粉细。当粗粉分离器转速和磨煤通风量不变时，筒体煤位增高，煤在筒体内停留时间延长，反复磨制，煤粉变细。

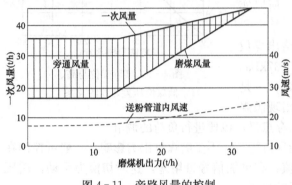

图 4-11　旁路风量的控制

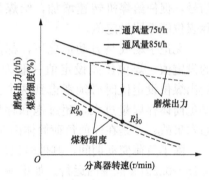

图 4-12　粗粉分离器的调节特性

（五）密封风压差和风量的调节

所谓密封风压差是指密封风压力高出磨煤机内风压的差值，一般控制在 1.0～1.5kPa。密封风压差不能太低，轻则煤粉向外泄漏，污染环境，重则煤粉进入枢轴，造成轴承磨损。密封风压差低于低限值，磨煤机跳闸保护动作，但该压差太大，会增加密封风机的电耗。密封风的总风量也要进行控制，一般不超过磨煤通风量的 10%。密封风的总风量太高，磨煤机漏入的风量过大，通过空气预热器空气量减少，排烟温度升高，热损失增大，增加了高压密封风机的电耗，对制粉系统运行的经济性有一定的影响。

二、中速磨煤机直吹式正压制粉系统的运行

（一）煤质变化对中速磨煤机运行的影响

中速磨煤机对煤质的变化较为敏感，包括煤可磨性、水分、灰分和磨损指数。哈氏可磨性系数 HGI 每减低 1，磨煤机出力将下降 2.4%～2.6%。磨制可磨性系数越低的煤种，对可磨性系数越为敏感，下降幅度越大。

倘若煤中的水分、灰分增高，不但会使磨煤单耗上升，原煤灰分超过 20%，磨煤机内循环量增加导致磨煤出力下降。原煤水分过高，磨煤机电流上升，严重时会限制磨煤机出力。倘若造成磨辊黏结，对磨煤机安全运行构成威胁。如果煤的磨损指数增高，磨辊容易磨损，影响使用寿命。

（二）中速磨煤机的煤粉细度特性和调节方法

在实际运行过程中，对于中速磨煤机，影响煤粉细度的因素包括煤质的变化、磨煤通风量、磨煤出力、碾磨压力、粗粉分离器切向挡板位置。煤质变硬或水分增加，或可磨性系数降低时，磨制不易，煤粉变粗，煤粉细度增加。磨煤通风量增加，携带较粗煤粉能力增加，煤粉变粗，煤粉细度增加。随着磨煤出力增加，煤粉变粗，煤粉细度增加。碾磨压力对煤粉细度的影响如图 4-13 所示。

由图 4-13 可知，在煤种、分离器切向挡板开度不变的条件下可以得到煤粉细度与碾磨压力、磨煤出力之间的关系。当磨煤出力不变时，随着碾磨压力的增加，煤粉越细，煤粉细度下降。当碾磨压力不变时，随着磨煤出力的增加，煤粉越粗，煤粉细度上升，且磨煤出力较高时，碾磨压力对煤粉细度影响大；磨煤出力较低时，碾磨压力对煤粉细度影响小。

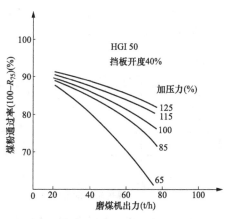

图 4-13　碾磨压力对煤粉细度 R_{75} 的影响

由图 4-14 可知，在一定的磨煤出力条件下，粗粉分离器切向挡板关小，煤粉逐渐变细，但关小到一定值之后继续关小，煤粉反而变粗。分离器切向挡板开度在 $45\%\sim80\%$ 之间是有效调节范围，在有效调节范围之外，继续关小挡板开度，对改善煤粉细度作用不大。随着煤粉细度减少，磨盘煤层增厚，制粉单耗和磨煤单耗均要上升。

（三）碾磨压力和磨煤面间隙的调整

施加于磨辊上的机械压力和磨辊的自重之和称为碾磨压力，将施加于磨辊上的机械压力称为加载力。碾磨压力以加载力为主。初始加载力是由弹簧或液压形成的。运行中的加载力随着给煤量的增加而加大，随着初始加载力的加大而增加，随着煤的可磨性系数减少而增加。加载力和单耗随着磨煤出力变化的特性如图 4-15 所示。

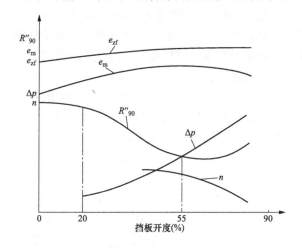

图 4-14　中速磨煤机粗粉分离器切向挡板调节特性

R''_{90}—煤粉细度；$e_{\rm m}$—磨煤单耗；$e_{\rm zf}$—制粉单耗；

Δp—分离器阻力；n—煤粉均匀指数

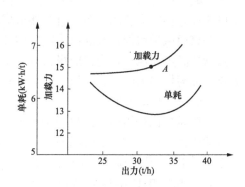

图 4-15　加载力和单耗随着磨煤出力变化的特性

由图 4-15 可见，随着磨煤出力的提高，到 A 点时，再提高磨煤出力将促使加载力迅速上升，磨煤单耗也会上升。将 A 点对应的出力称为经济出力。

在运行过程中需要调整初始加载力。在相同煤层厚度的条件下，初始加载力越大，磨煤出力随之越高。过大的初始加载力将增加磨煤单耗和磨辊的磨损量，加剧磨煤机的振动；过小的初始加载力将降低磨煤出力，煤粉变粗，磨煤单耗增加。当原煤可磨性系数较高或发热量较高时，初始加载力可稍低；当原煤可磨性系数较低或发热量较低时，初始加载力可稍高。

由图 4-16 可知，锅炉长时间在低负荷运行时可适当降低初始加载力，对煤粉细度不会产生很大的影响，还可减少磨煤机电耗，减轻磨损和振动。倘若磨辊磨损量较大，碾磨压力减小，磨煤出力下降，煤精细度上升，需要及时调整初始加载力。

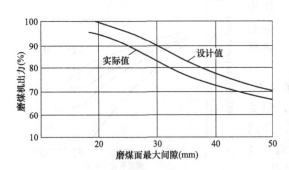

图 4-16 RP（HP）中速磨煤机磨煤面
间隙对磨煤机的性能影响

对于国产 ZGM 中速磨煤机，采用液压自动加载。初始加载力根据磨煤出力自动调整。对于 RP（HP）中速磨煤机，还有磨煤面间隙的调整问题，磨煤面间隙对磨煤机的性能影响较大，如图 4-16 所示。用设计值曲线进行分析，当磨煤面间隙增大时，增加碾磨煤层的实际厚度，磨煤出力降低。倘若由于磨损，空载时磨煤面间隙从 14mm 增加到 50mm，磨煤出力由 100% 降低到 70%。

磨煤面间隙增大，不但磨煤出力降低，而且磨煤单耗和制粉单耗增加，煤粉变粗，石子排放量增加。

为了使磨煤机正常运行，需要及时调整磨煤面间隙，空载时将磨辊和磨盘之间的最小间隙调整到 3～4mm，一般可控制在 10mm 范围内，运行时实际煤层厚度远大于 10mm。

（四）磨煤出力的调节

影响磨煤出力的因素很多，包括煤质、碾磨压力、磨煤通风量和给煤量等。对于直吹式制粉系统，磨煤出力必须与锅炉负荷一致。磨煤出力通常依靠改变磨煤通风量和给煤量来实现。

在足够通风量的前提下，给煤机的给煤量增加，煤层厚度增加。由于弹簧和自动液压的作用，碾磨压力增加，磨煤出力增加。但过分地增加给煤量，煤层厚度将过大，而碾磨压力不再增加，煤粉会急剧变粗，有可能造成煤粉外溢或堵煤。

磨煤通风量增加，磨煤出力随之增加。但在不改变给煤量和分离器挡板位置的情况下，单独增加磨煤通风量，会使磨煤机内煤层减薄，煤粉变粗，因此必须与给煤量协调调节。在需要增加磨煤出力时，先增风，后增煤；在需要减少磨煤出力时，先减煤，后减风。

（五）风煤比的调节

所谓风煤比是指磨煤通风量与给煤量的比值。由于中速磨煤机直吹系统无旁路风，磨煤通风量即为一次风量。因此风煤比不但要考虑磨煤通风和干燥通风的要求，还需要考虑到燃烧和输送煤粉对一次风量的要求，通常数值在 1.2～2.2 范围内，制造商按不同的负荷推荐不同的风煤比，如图 4-17 和表 4-1 所示。

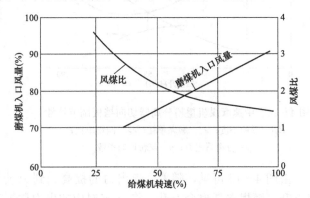

图 4-17 RP863 中速磨风煤比和负荷的关系

表 4-1   中速磨煤机风煤比和负荷的关系

负荷（%）	35	40	50	60	70	80	90	100
风煤比	3.17	2.85	2.40	2.10	1.89	1.72	1.60	1.60

由图 4-17 和表 4-1 可知，磨煤负荷越低，风煤比值越大。在高负荷区，风煤比变化缓慢，低负荷区变化较快。

从经济性角度分析，由于磨煤机内煤粉循环量决定了磨煤出力，而磨煤通风量影响较小，风煤比对磨煤单耗影响不是很大，随着风煤比的提高，磨煤单耗稍有下降。但随着风煤比增加，制粉单耗却上升较快。考虑到上述情况，采取尽量降低风煤比，对运行的经济性更有利。

从运行安全性角度分析，风煤比较大，磨煤机内层厚度小，不易发生磨煤机堵塞事故，尤其对水分较大的煤种。

从石子量角度分析，在低负荷区磨盘边缘煤层薄，较小的风量即能将煤粉带走，石子量不致太大。在高负荷区需要较大的风量才能减低石子量，应维持较高的风煤比。

（六）中速磨煤机运行参数的监视

监督参数包括磨煤机出口温度、磨煤机压差、密封风压差、磨煤机和炉膛压差、石子量、磨煤机的电流和功率、排粉机电流等。

1. 磨煤机出口温度

磨煤机出口温度是指磨煤机出口煤粉气流的温度，它的低限取决于煤粉的干燥出力，原煤水分大，露点高，要求较高的磨煤机出口温度，保证煤粉不结块，它的高限取决于煤粉的爆燃，燃用挥发分高的煤种，磨煤机出口温度不能太高。由于磨煤出力经常变化，造成磨煤机出口温度变化。

有两种调节控制磨煤机出口温度的方法：调节磨煤通风进口温度或调节风煤比。一般情况下采用调节磨煤通风进口温度的方法来调节磨煤机出口温度，仅在原煤水分变化较大时，才采用调节风煤比的方法。

在安全条件许可的条件下，磨煤机出口温度尽可能在高限运行，当磨煤通风进口温度较高时，磨煤出力增加，减少磨内煤层厚度和再循环煤量，减少磨煤单耗和制粉单耗。

2. 磨煤机压差

磨煤机压差即为磨煤机阻力，它是指一次风室和碾磨区出口之间的压差。正常运行状态下，随着磨煤量或磨内煤层厚度的增加，或风环风速增加，磨煤机压差增大，此外还受分离器挡板位置的影响，分离器挡板关小，磨煤机内再循环煤量加大，磨煤机压差加大。

倘若给煤量和磨煤通风量没有变化，在一段时间内，磨煤机压差逐渐加大，说明有可能发生堵煤的危险，应立即加大磨煤通风量，减少给煤量。

3. 密封风压差

密封风压差是指密封风压与磨煤机内的风压差值。密封风压差不能太低，否则煤粉向外泄漏，污染环境，倘若煤粉进入枢轴，会造成轴承磨损。但该压差太大，会增加密封风机的电耗。

密封风的总风量也要进行控制，磨煤机漏入的风量过大，通过空气预热器空气量减少，排烟温度升高，热损失增大，增加了高压密封风机的电耗，同时还会影响煤粉细度。当密封风量过大，形成分离器内锥下口回流，将已分离的粗粉带走，促使煤粉细度上升，煤粉均匀指数上升，大颗粒煤粉增多，对锅炉运行的经济性有一定的影响。

4. 磨煤机和炉膛压差

磨煤机和炉膛压差是指磨煤机出口和炉膛之间一次风管的压差。当磨煤通风进口压力太低或磨煤机压差太大，一次风管内介质流速低，阻力小，磨煤机和炉膛压差减小，当磨煤机和炉膛压差减小到一定的程度，一次风管有堵塞的危险。因此磨煤机和炉膛压差是一个重要监视参数。当磨煤通风进口压力以及磨煤机和炉膛压差同时低于规定值时，主燃料跳闸MFT动作。

5. 石子量

中速磨煤机所排放的石子应该是石块、矸石、铁件等，掺有少量的煤。排放石子对减低煤粉细度，减轻磨损、减少磨煤电耗是有利的。影响石子排放量因素很多，包括煤质、磨煤出力、磨煤通风量、碾磨压力、磨煤面间隙。

随着煤的可磨性系数增加或灰分含量减低，石子排放量减少。随着磨煤出力的提高，石子排放量增加，但其中含可燃成分减少，相应地，其发热量降低。通常，磨煤出力与石子排放量和其发热量的乘积有一一对应的关系，可画出曲线来指导运行。随着磨煤通风量的增加，风环风速增高，石子排放量减少。随着磨煤面间隙增大，石子排放量增加。

当石子排放量和其发热量的乘积远大于曲线规定值时，需设法减少石子排放量，或降低出力，增加磨煤通风量。

6. 磨煤机的电流和排粉机电流

对于磨煤机，当给煤量增大，磨煤机内煤层厚度增加，磨煤机电流增高。对于排粉机，随着煤粉气流量的增大，排粉机电流增高。因此当磨煤机的电流和排粉机电流均增高时，表明制粉出力提高；反之，当磨煤机的电流和排粉机电流均降低时，表明制粉出力下降。

倘若当磨煤机的电流减少而排粉机电流增大时，表明磨煤机内存煤量减少，或发生断煤。这时，给煤机转速高，而无煤或进煤不多，但接收给煤机转速信号，一次风量加大。

倘若当磨煤机的电流增大而排粉机电流减少时，表明磨煤机内存煤量增加，或发生满煤。由于磨煤通风量很小，排粉机电流与通风量平方成正比，所以排粉机电流减少。

同时，排粉机电流也能表明磨煤机的运行状态。排粉机电流过大，表明给煤机的给煤量不足或断煤。由于风煤比过大，非但对运行经济性不利，而且影响锅炉燃烧，使对应燃烧器脱火或燃烧不稳定。排粉机电流明显降低，表明可能已开始堵煤，应立即减少给煤量。倘若排粉机电流大幅度波动，表明给煤量太多，或煤粉过粗，开始堵煤。

（七）中速磨煤机的自动调节系统

如图4-18所示为中速磨煤机直吹式正压制粉系统的制粉出力调节系统示意。

图中方案一是以锅炉的负荷信号来调节给煤量，以给煤机转速作为煤量信号。磨煤进口的热风量依靠预定的风煤比进行调节，并以磨煤通风流量经过温度修正后的信号作为校正信号。磨煤机进口冷风量是以磨煤机出口温度为信号来进行调节。此种调节方案，当给煤机转速与实际给煤量不符合时，会引起燃烧不稳定和制粉系统工况波动。

图中方案二是以锅炉的负荷信号来调节磨煤进口热风量。以磨煤机的压差信号作为给煤量信号，同时以磨煤通风的动压作为风量信号。调节器以风煤比来调节给煤量，以磨煤机出口温度作为调节冷风量的信号。

（八）中速磨煤机的单耗

中速磨煤机的单耗是指磨煤单耗和制粉单耗两部分，大概各占一半。中速磨煤机的单耗随着负荷变化的特性称为单耗特性，如图4-19所示。

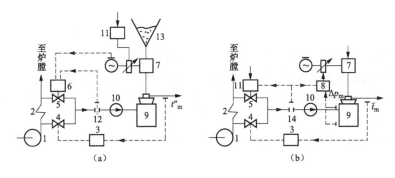

图 4-18 中速磨煤机直吹式正压制粉系统调节系统

（a）调节系统方案一；（b）调节系统方案二

1—送风机；2—空气预热器；3—调节器；4—冷风挡板；5—热风挡板；6—调节器；7—给煤机；8—调节器；9—磨煤机；

10——次风机；11—锅炉负荷调节器；12——次风流量测量装置；13—原煤仓；14——次风动压测量装置

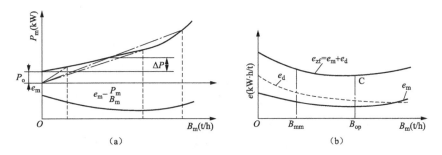

图 4-19 中速磨煤机的单耗特性

（a）磨煤单耗；（b）制粉单耗

在最低磨煤负荷 B_{min} 时，为了保持风环具有一定的风速，需要有足够的磨煤通风量。所以随着磨煤量的增加，风量增加不大，风煤比下降。制粉单耗随着磨煤负荷 B_{min} 的增高而下降，如图 4-19 中的 e_{nf} 曲线所示。

由于空载时磨煤机需要消耗一定的功率 P_0，所以当磨煤机负荷低于经济负荷 B_{op} 时，随着 B_m 的增加，磨煤单耗降低。当磨煤机负荷高于 B_{op} 时，随着 B_m 的增加，煤层厚度增加，加载力急剧上升，则磨煤单耗升高，如图中曲线 e_m 所示。

（九）多台磨煤机运行方式

对于直吹式制粉系统，制粉出力必须要与锅炉负荷相一致。锅炉较长时间在低负荷运行时，由于中速磨煤机最低磨煤通风量根据磨煤机风环最低流速和一次风管最低流速要求，规定为额定通风量的 70%，中速磨煤机最低出力为额定出力的 30%～50%。风煤比增加，一次风煤粉浓度降低，对锅炉燃烧和磨煤机单耗都不利。中速磨煤机应规定最低出力。当低于最低出力时，应停一台磨煤机，将该磨煤机的负荷转移到其他磨煤机上。

一般负荷情况下，为了制粉经济性和燃烧均匀性，各台磨煤机出力均匀分配。只有在调节过热蒸汽温度，或其他燃烧特殊状态下，各台磨煤机出力不均匀分配。

机组在较低负荷下运行时，尽量维持各台磨煤机在额定出力下运行。能少开一台磨煤机，决不多开一台磨煤机。

▶ **能力训练** ◀

1. 双进双出筒式钢球磨煤机出力调节特点是什么?
2. 双进双出筒式钢球磨煤机制粉系统煤粉细度的调节方法是什么?
3. 双进双出筒式钢球磨煤机制粉系统密封风压差和风量的调节方法是什么?
4. 中速磨煤机的煤粉细度的调节方法是什么?
5. 中速磨煤机运行监督参数包括哪些?

项目五   煤粉锅炉燃烧的调整

> **项目目标** <

（1）通过对锅炉燃烧的影响因素及参数调节的学习，能分析各因素对炉内燃烧的影响并能调节燃料量、风量、炉膛负压。

（2）通过对直流燃烧器锅炉的燃烧调整的学习，能说明均等配风、分级配风、几种新型直流煤粉燃烧器的结构，并能分别调整燃用无烟煤、褐煤、劣质煤的燃烧。

（3）通过对旋流燃烧器锅炉的燃烧调整的学习，能说明低挥发分煤燃烧器、双调风低 NO_x 煤粉燃烧器、CF/SF 低 NO_x 旋流燃烧器、德国 BABCOCK 的 DS 型旋流燃烧器的结构，并能说明双调风燃烧器的配风原则及燃烧调节方法。

（4）通过对 W 形火焰锅炉的燃烧调整的学习，能说明 W 形火焰锅炉的结构特征及 W 形火焰锅炉的燃烧调节方法。

（5）通过对低 NO_x 燃烧控制的学习，能说明各种低 NO_x 燃烧技术的工作原理。

（6）通过对煤粉燃烧器的点火的学习，能说明轻油、重油燃烧器的点、熄火控制的基本程序，并能说明等离子点火技术和微油点火技术的工作原理。

（7）通过对锅炉燃烧的自动调节的学习，能说明锅炉燃料量、送风量、引风量的自动调节原理。

任务一   锅炉燃烧的影响因素及参数调节

> **任务目标** <

1. 知识目标

（1）熟悉影响炉内燃烧的因素。

（2）掌握燃料量的调节方法。

（3）掌握风量的调节方法。

（4）掌握炉膛负压的调节方法。

2. 能力目标

（1）能分析各因素对炉内燃烧的影响。

（2）能调节燃料量、风量、炉膛负压。

> **知识准备** <

一、影响炉内燃烧的因素及调节原则

1. 煤质

锅炉实际运行中，煤质变动对锅炉的燃烧稳定性和经济性均将产生直接的影响。煤的成分中，对燃烧影响最大的是挥发分。挥发分高的煤，着火温度低、距离近，燃烧速度和燃尽程度高。但烧挥发分高的煤，往往是炉膛结焦和燃烧器出口结焦的一个重要原因。与此相反，当燃用低挥发分煤种时，燃烧的稳定性和经济性均下降。

煤的发热量低于设计值较多时，燃料使用量增加。对直吹式制粉系统的锅炉，迫使磨煤加大，一次风量增加，煤粉变粗，飞灰含碳量增大。

水分对燃烧过程的影响主要表现在水分多的煤，水汽化要吸收热量，使炉温降低、引燃着火困难；推迟燃烧过程，使飞灰可燃物增大；水分多的煤，排烟量也大。

无烟煤、贫煤的挥发分较低，燃烧时的最大问题是着火。燃烧配风的原则是采取较小的一次风率和风速，以增大煤粉浓度、减小着火热并使着火点提前；二次风速可以高些，这样可增加其穿透能力，使实际燃烧切圆的直径变大些，同时也有利于避免二次风过早混入一次风粉气流。燃烧差煤时要求将煤粉磨得更细些，以强化着火和燃尽；也要求较大的过量空气系数，以减少燃烧损失。

挥发分高的烟煤，可适当减小二次风率，采用多喷嘴分散热负荷，以防止结焦。为提高燃烧效率，一、二次风的混合应早些进行。煤质好时，应降低空气过量系数运行。

2. 燃烧器的特性

不同形式的燃烧器对燃烧影响各不相同，有相应的调节特点。后面详细介绍。

3. 煤粉细度

煤粉越细，单位质量的煤粉表面积越大，加热升温、挥发分的析出着火及燃烧反应速度越快，因而着火越迅速；煤粉细度越小，燃尽所需时间越短，飞灰可燃物含量越小，燃烧越彻底。但对储仓式制粉系统，煤粉太细时三次风中煤粉含量增大，还可能使飞灰可燃物含量增大。

4. 煤粉浓度

煤粉炉中，一次风中的煤粉浓度（煤粉与空气的质量之比）对着火稳定性有很大影响。高的煤粉浓度可以使单位容积内辐射粒子数量增加，导致风粉气流的黑度增大，迅速吸收炉膛辐射热量，使着火提前。此外，随着煤粉浓度的增大，煤中挥发分逸出后其浓度增加，也促进了可燃混合物的着火。因此，不论何种煤，在煤粉浓度的一定范围内，着火稳定性都是随着煤粉浓度的增加而加强的。

5. 锅炉负荷

锅炉负荷降低时，燃烧率降低，炉膛平均温度及燃烧器区域的温度都要降低，着火困难。当锅炉负荷降低到一定数值时，为稳定燃烧必须投油助燃。影响锅炉低负荷稳燃性能的主要因素是煤的着火性能、炉膛的稳燃性能和燃烧器的稳燃性能。同一煤种，在不同的炉子中燃烧，其最低稳燃负荷可能有较大的差别；对同一锅炉，当运行煤质变差时，其最低负荷值便要升高；燃用挥发分较高的好煤时，其值则可降低。

在低负荷运行时，由于燃烧减弱，投入的燃烧器数量少，因此炉温较低，火焰充满度较差，使燃烧不稳定，经济性也较差。为稳定着火，可适当增大过量空气系数，降低一次风率和风速。煤粉应磨得更细些。低负荷时应尽可能集中火嘴运行，并保证最下排燃烧器的投运。为提高炉膛温度，可适当降低炉膛负压，以减少漏风，这样不但能稳定燃烧，也能减少不完全燃烧热损失，但此时必须注意安全，防止炉膛喷火焰伤人。此外，低负荷时保持更高些的过量空气系数对于抑制锅炉效率的过分降低也是有利的。

高负荷运行时，由于炉膛温度高，着火与混合条件也好，所以燃烧一般是稳定的，但易产生炉膛和燃烧器结焦，过热器、再热器局部超温等问题。燃烧调整时应注意将火球位置调整居中，避免火焰偏斜；燃烧器全部投入并均匀分配燃烧率，防止局部过大的热负荷；应适当增大一次风速，推开着火点离喷口的距离。此外，高负荷时煤粉在炉内的停留时间较短而排烟损失较大，为此可在条件允许的情况下，适当降低过量空气系数运行，以提高锅炉效率。

6. 一、二次风的配合影响

一、二次风的混合特性也是影响炉内燃烧的重要原因。二次风在煤粉着火以前过早地混入一次风对着火是不利的，尤其对于挥发分低的难燃煤种更是如此。因为这种过早的混合等于增加了一次风率，使着火热量增加，着火推迟；如果二次风过迟混入，又会使着火后的煤粉得不到燃烧所需氧气的及时补充。因此二次风的送入应与火焰根部有一定的距离，使煤粉气流先着火，当燃烧过程发展到迫切需要氧气时，再与二次风混合。如果不能恰当地把握混合的时机，那么与其过早，不如迟些。

对于旋流式燃烧器，由于基本是单只火嘴决定燃烧工况，而各燃烧器射流之间的相互配合作用远不及四角燃烧方式，因此，一、二次风的混合问题就显得更为重要。

7. 一次风煤粉气流初温

提高煤粉气流初温可减少煤粉气流的着火热，并提高炉内的温度水平，使着火提前。提高煤粉气流初温的直接办法是提高热风温度。

总之，良好燃烧工况是风煤配合恰当，煤粉细度适宜。此时火焰明亮稳定，高负荷时火色可以偏白些，低负荷时火色可以偏黄些，火焰中心应在炉膛中部，火焰均匀地充满炉膛，但不触及四周水冷壁。着火点位于离燃烧器不远处。火焰中没有明显的星点（有星点可能是煤粉分离现象、煤粉太粗或炉膛温度过低），从烟囱排出的颜色呈浅灰色。如果火焰白亮刺眼，表明风量偏大或负荷过高，也有可能是炉膛结渣。一、二次风动量配合不当会造成煤粉的离析。如果火色暗红闪动则有几种可能：其一是风量偏小；其二是送风量过大或冷灰斗漏风量大，致使炉温太低；此外还可能是煤质方面的原因，例如煤粉太粗或不均匀、煤水分高或挥发分低时，火焰发黄无力，煤的灰分高致使火焰闪动等。

低负荷燃油时，油火焰应白橙光亮而不模糊。若火焰暗红或不稳，说明风量不足，或油压偏低，油的雾化不良。若有黑烟缕，通常表明根部风不足或喷嘴堵塞。火焰紊乱说明油枪位置不当或角度不当，均应及时调整。锅炉运行中经常遇到的工况变动是负荷变动。当负荷变化时，必须及时调节送入炉膛的燃料量和空气量，使燃烧工况相应变动。

二、燃料量的调节

大型机组锅炉都采用直吹式制粉系统。对直吹式制粉系统，制粉系统的出力将直接影响锅炉蒸发量的大小。当锅炉负荷变化不大时，一般只改变运行给煤机的转速，改变制粉系统的出力，即改变给煤量。当锅炉负荷变化较大，已超出给煤机的转速调节范围时，须通过改变运行制粉系统的套数来较大幅度地改变燃煤量。在调节给煤机转速时，也应注意调节均匀且调节范围不要太大。在调节燃煤量的同时，还要注意调节风量。一次风系统如图 5 - 1 所示。

三、风量的调节

在调节锅炉燃料量的同时，锅炉的风量也应作相应的调整。当外界负荷变化而需调节锅炉出力时，随着燃料量的改变，对锅炉的风量也需做相应的调节，送风量的调节依据主要是炉膛氧量，要保持在最佳过量空气系数下运行。二次风及烟气流程系统见图 5 - 2。

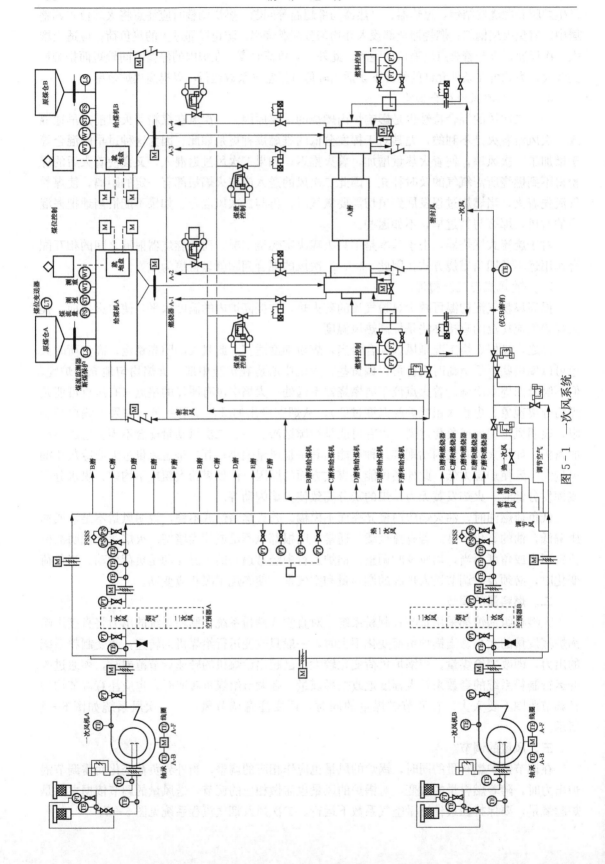

图 5-1　一次风系统

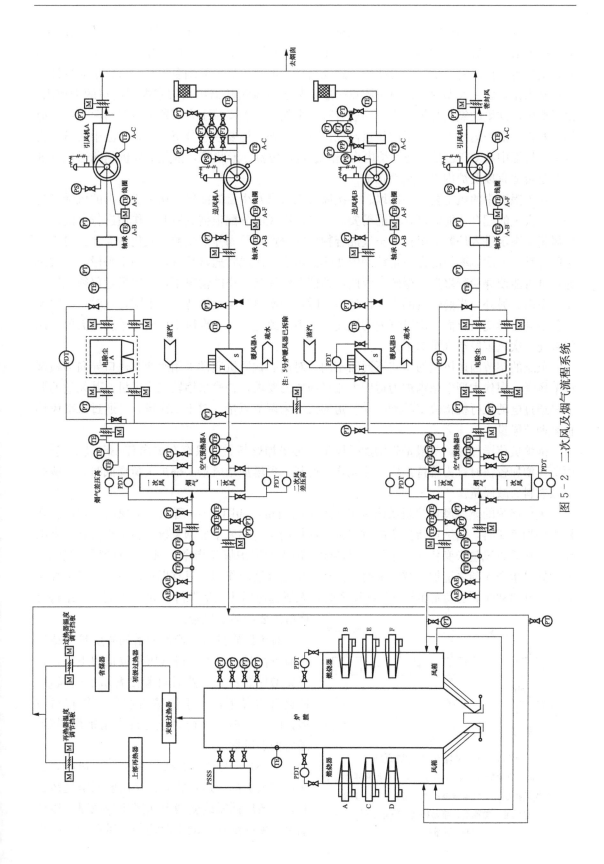

图 5-2 二次风及烟气流程系统

氧量表在锅炉烟道的安装地点对氧量监督很重要。因为在相同数量的炉内送风情况下，氧量的值沿烟气流动方向是变化的。通常认为煤粉的燃烧过程在炉膛出口就已经结束，因此，真正需要控制的氧量应该是相应于炉膛出口。但由于那里的烟温太高，氧化锆氧量计无法正常工作，因此大型锅炉的氧量测点一般安装于低温过热器出口或省煤器出口的烟道内。由于漏风，这里的氧量与炉膛出口的氧量有一个偏差。以安装于省煤器出口的情况为例，应作出修正。锅炉运行中，除了用氧量监视供风情况外，还要注意分析飞灰、灰渣中的可燃物含量，排烟中的 CO 含量，观察炉内火焰的颜色、位置、形状等，依此来分析判断送风量的调节是否适宜以及炉内工况是否正常。

送入锅炉中的风主要是一次风、二次风、三次风及少量的漏风。送风机送出的风量经过一、二次风的配合才能满足燃烧的需要。一、二次风的分配根据其所起的作用进行分配，一次风量应满足进入炉膛的煤粉、空气混合物挥发分燃烧及固体焦炭粒子氧化的需要。对于一定的煤种，一次风率只能在一定范围内变化。由于一次风管通常具有较长的水平段，一次风速过低可能使煤粉积聚造成爆燃。因此，即使在给煤量很小的情况下，一次风量仍须保持一定的下限。另外，当磨煤机的出力接近最大时，一次风量也应维持一个上限，这时，一次风量仍能满足燃烧需要而一次风管内的风速、阻力不致过大。二次风不仅满足燃烧的需要，还能补充一次风末段空气量的不足。

风量的调节因送风机的型式不同而不同。对离心式风机通常采用改变其进口导向挡板来调节风量；现代大型电站锅炉为适应大流量通风的要求，普遍采用轴流式风机，其风量的调节是通过电动执行机构改变其动叶安装角的大小来调节风量。对于二次风，可通过二次风挡板来调节风量。

锅炉负荷增加时，一般是先增加送风量，再增加燃料量。只有在炉内有一定过量空气，而负荷增加较快时，为维持汽压，才先增加燃料，再增加送风量。锅炉负荷降低时，一般是先减燃料后减风量。

大型锅炉的燃烧风量控制系统多用交叉限制回路，如图 5-3 所示，实现这一意图。在机组增加负荷时，锅炉负荷指令同时加到燃料控制系统和风量控制系统。由于小值选择器的作用，在原总风量未变化前，小值选择器输出仍为原锅炉煤量指令，只有当总风量增加后，锅炉煤量指令才随之增加；减负荷时，由于大值选择器的作用，只有燃料量减小，风量控制系统才开始动作。当负荷低于 30%MCR 时，大值选择器使风量保持在 30%不变，以维持燃烧所需要的最低风量。

对于调峰机组，若负荷增加幅度较大或增负荷较快时，为了保持汽压不致很快下降，也可先增加燃料量，然后再紧接着增加送风量。低负荷情况下，由于炉膛内过量空气相对较多，因而在增加负荷时也允许先增加燃料量，随后增加风量。

600MW 机组锅炉都装有两台送风机，当两台送风机都在运行状态，又需要调节送风量时，一般应同时改变两台送风机的风量，以使烟道两侧的烟气流动工况均匀。风量调节时出

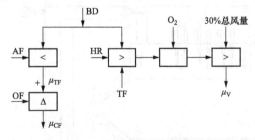

图 5-3　风煤交叉限制原理

BD—锅炉负荷指令；μ_{TF}、μ_{CF}、μ_V—总燃料量指令、
总煤量指令、总风量指令；AF、OF、TF、HR—
总风量、总油量、总燃料量、热量信号；

O_2—氧量校正

现风机的"喘振"（喘振值报警），应立即关小动叶，降低负荷运行。如果喘振是由于出口风门误关引起的，应立即开启风门。

四、炉膛负压的调节

电站锅炉大多采用送吸风平衡的通风方式。炉膛负压是根据送、吸风的平衡来进行调节的。它是锅炉燃烧是否正常的重要运行参数。运行时炉膛负压过大，则会增加炉膛漏风，特别是在低负荷时，若炉膛漏风过大，则容易造成灭火；反之，若炉膛负压变正，则炉内火焰、炉灰会冒出炉外。因此，运行中应维持稳定的炉膛负压。

炉膛负压是反映炉内燃烧工况是否正常的重要运行参数之一。正常运行时炉膛负压一般维持在 30～50Pa。如果炉膛负压过大，将会增大炉膛和烟道的漏风。若冷风从炉膛底部进入，会影响着火稳定性并抬高火焰中心，尤其是低负荷运行时极易造成锅炉灭火。若冷风从炉膛上部或氧量测点之前的烟道漏入，会使炉膛的主燃烧区相对缺风，使燃烧损失增加，同时汽温降低；反之，炉膛负压偏正，炉内的高温烟火就要外冒，这不但会影响环境、烧毁设备，还会威胁人身安全。

炉膛负压除影响漏风之外，还可直接指示炉内燃烧的状况。运行实践表明，当锅炉燃烧工况变化或不正常时，最先反映出的现象是炉膛负压的变化。如果锅炉发生灭火，首先反映出的是炉膛负压剧烈波动并向负方向到最大，然后才是汽压、汽温、水位、蒸汽流量等的变化。因此运行中加强对炉膛负压的监视是十分重要的。

烟气流经烟道及受热面时，将会产生各种阻力，这些阻力是由引风机的压头来克服的。同时，由于受热面和烟道是处于引风机的进口侧，因此沿着烟气流程，烟道内的负压是逐渐增大的。锅炉负荷改变时则相应的燃料量、风量即发生改变，通过各受热面的烟气流速改变，以至于烟道各处的负压也相应改变。运行人员应了解不同负荷下各受热面进、出口烟道负压的正常范围，在运行中一旦发现烟道某处负压或受热面进、出口的烟气压差产生较大变化，则可判断运行产生了故障。最常见的是受热面发生了严重积灰、结渣、局部堵塞或泄漏等情况。此时应综合分析各参数的变化情况，找出原因及时进行处理。

当锅炉增、减负荷时，随着进入炉内的燃料量和风量的改变，燃烧后产生的烟气量也随之改变。因此要相应调节引风量，保持炉内负压在允许的范围内变化。

引风量的调节方法与送风量的调节方法基本相同。对于离心式风机采用改变引风机进口导向挡板的开度进行调节；对于轴流式风机则采用改变风机动叶安装角的方法进行调节。大型锅炉装有两台引风机。同样，调节引风量时需根据负荷大小和风机的工作特性来选择引风机合理做运行方式。

当锅炉负荷变化需要进行风量调节时，为避免炉膛冒正压，在增加负荷时应先增加引风量，然后再增加送风量和燃料量；减少负荷时则应先减少燃料量和送风量，然后再减少引风量。对多数大型锅炉的燃烧系统，炉膛负压的调节也是通过炉膛与风箱间的差压而影响到二次风量，影响燃烧器出口的风煤比以及着火的稳定性，因此，有一定调节速度的限制。当锅炉增、减负荷时，随着进入炉内的燃料量和风量的改变，燃烧后产生的烟气量也随之改变。此时，若不相应调节引风量，则炉内负压将发生不能允许的变化。

引风量的调节方法与送风量的调节方法基本相同。对于离心式风机采用改变引风机进口导向挡板的开度进行调节；对于轴流式风机则采用改变风机动叶安装角的方法进行调节。大型锅炉装有两台引风机。与送风机一样，调节引风量时需根据负荷大小和风机的工作特性来考虑引风机运行方式的合理性。

当锅炉负荷变化需要进行风量调节时，为避免炉膛出现正压，在增加负荷时应先增加引风量，然后再增加送风量和燃料量；减少负荷时则应先减少燃料量和送风量，然后再减少引风量。对多数大型锅炉的燃烧系统，炉膛负压的调节也是通过炉膛与风箱间的差压而影响到二次风量的（辅助风挡板用炉膛与风箱间的差压控制），影响燃烧器出口的风煤比以及着火的稳定性，因此，有一定调节速度的限制，不可操之过急。

▶ 能力训练 ◀

1. 影响炉内燃烧的因素有哪些？
2. 燃料量的调节方法是什么？
3. 风量的调节方法是什么？
4. 炉膛负压的调节方法是什么？

任务二　直流燃烧器锅炉的燃烧调整

▶ 任务目标 ◀

1. 知识目标
(1) 熟悉均等配风直流煤粉燃烧器的结构。
(2) 熟悉分级配风直流煤粉燃烧器的结构。
(3) 熟悉几种新型直流煤粉燃烧器的结构。
(4) 掌握燃用无烟煤锅炉的燃烧调整方法。
(5) 掌握燃用褐煤锅炉的燃烧调整方法。
(6) 掌握燃用劣质烟煤锅炉的燃烧调整方法。
(7) 掌握冷炉试验中的观测方法。
2. 能力目标
(1) 能说明均等配风、分级配风、几种新型直流煤粉燃烧器的结构。
(2) 能分别调整燃用无烟煤、褐煤、劣质煤的燃烧。

▶ 知识准备 ◀

一、直流煤粉燃烧器的型式

在我国，直流式煤粉燃烧器几乎全部采用四角切圆燃烧方式。按照二次风口的布置大致有均等配风和分级配风两种。均等配风燃烧器的风口布置特点是一、二次风口相间布置，且风口之间的距离较小，一、二次风的混合较快、较强，因此一般适用于烟煤和褐煤。分级配风燃烧器的结构特点是一次风集中布置，二次风分上、中、下布置，由于燃烧集中，便于保持较高炉温，因此适于燃烧无烟煤、贫煤。

直流煤粉燃烧器的出口是由一组圆形、矩形或多边的喷口所组成。一次风煤粉气流、二次风和中间储仓式制粉系统热风送粉时的乏气（三次风）均分别由不同喷口以直流射流的形式喷入炉膛。燃烧器喷口之间保持一定距离，以满足煤粉稳定着火和燃烧的需要，高度方向上整个燃烧器呈狭长形。喷口射出的直流射流多为水平方向，也有的向上或向下倾斜一定角度。在国内，直流燃烧器就常采用可摆动式的，锅炉运行时可上、下摆动 $20°\sim25°$ 的角度，主要用于调节再热蒸汽温度。调整燃烧器喷口的倾角主要是为了调节汽温。但由于倾角改变时，会对火焰中心位置、煤粉的停留时间以及炉内各射流间的相互作用发生影响，所以调整喷口的倾角也往往会在某种程度上影响锅炉的燃烧状况。例如，若燃烧器的上倾角过大，会引起固体不完全燃烧损失和排烟损失增加，尤其当煤粉的粒度不匀时，即使是燃用挥发分较高的煤，也会使飞灰可燃物和燃烧损失增大。若燃烧器的下倾角过大，则会引起火焰冲刷冷灰斗，不仅导致结焦，也使灰渣含碳量增加。

对于炉内的空气动力场而言，对燃烧器倾角影响最大的莫过于各层燃烧器的摆动不同步。摆动不同步时，无异于同层四角气流配风的严重失调。因此，运行中应注意加强对燃烧器缺陷的试验和检查，并及时加以纠正。对同角燃烧器分成两组或三组的锅炉，燃烧器喷口倾角的配合有助于调整燃烧中心的位置和燃烧稳定性。一般来说，适当将上组喷嘴向下摆动，下组喷嘴向上摆动，可收到集中燃烧、提高火焰中心温度的效果；反之，将上组喷嘴向上摆动，下组喷嘴向下摆动，则可分散火焰，降低燃烧器区域的热负荷。

1. 均等配风直流煤粉燃烧器

一、二次风喷口相间布置、间距较近、混合较早的配风方式为均等配风，即在两个一次风喷口之间均等布置一个或两个二次风喷口，或者在每个一次风喷口的背火侧均等布置二次风喷口。在均等配风中，由于一、二次风喷口距离较近，使一、二次风自喷口喷出后能很快得到混合，煤粉气流着火后不至于因空气跟不上而影响燃烧，因此这种配风方式适用于容易着火燃烧的煤种，如烟煤、褐煤。因为一般用于燃烧烟煤和褐煤，所以又称为烟煤-褐煤型直流煤粉燃烧器。

2. 分级配风直流煤粉燃烧器

待一次风煤粉气流着火后，再根据燃烧需要分级分批补充二次风的配风方式称分级配风，即将一次风喷口全部或部分集中布置，以提高着火区温度，而二次风喷口分层布置，且一、二次风喷口保持较大的距离，以便推迟一、二次风的混合，因此，这种配风方式的着火热小、着火条件好，适用于难着火、难燃烧的煤种。燃烧器顶部的喷口一般是三次风喷口。因为分级配风直流燃烧器适用于燃烧无烟煤、贫煤和劣质烟煤，所以又称为无烟煤-贫煤型直流煤粉燃烧器。

3. 几种新型直流煤粉燃烧器

（1）宽调节比直流煤粉燃烧器。美国燃烧工程公司设计的 WR 燃烧器，其全名为直流式宽调节比摆动燃烧器，主要是为提高低挥发分煤的着火稳定性和在低负荷运行时着火、燃烧的稳定性而设计的。这种燃烧器的煤粉喷嘴是一种浓淡分离的高浓度煤粉燃烧器，其结构如图 5-4 所示。

从图 5-4（a）可看出，煤粉喷嘴与一次风道的连接处有一弯头，当煤粉气流通过这个弯头转弯时，由于离心力的作用，大部分煤粉紧贴着弯头外侧进入煤粉喷嘴，而设置在煤粉喷嘴中间的水平肋片，将煤粉气流顺势分成浓淡两股，上部为高浓度煤粉气流，下部为低浓度煤粉气流，并将其保持到离开喷嘴一定距离，使煤粉喷嘴出口处上部煤粉气流中的煤粉浓度大。在煤粉喷嘴出口处装有一个扩锥，扩锥的角度一般为 $20°$。扩锥使喷嘴出口形成一个稳定的回流区，卷吸高温到煤粉火炬的根部，以维持煤粉气流的稳定着火。扩锥装在煤粉管

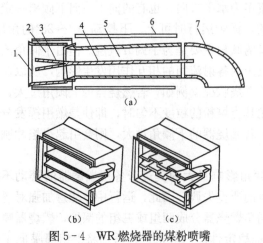

图 5-4　WR 燃烧器的煤粉喷嘴

(a)—一次风煤粉喷嘴结构图；(b) V 形扩锥；(c) 波浪形扩锥

1—阻挡块；2—喷嘴头部；3—扩锥；4—水平肋片；
5——次风管；6—燃烧器外壳；7—入口弯头

道内，因为有一次风煤粉气流流过进行冷却，所以不易烧坏。扩锥有 V 形和波浪形两种，如图 5-4 (b)、(c) 所示，但多采用波浪形扩锥。波浪形结构可以吸收扩锥在高温辐射下的热膨胀，同时可增加一次风煤粉空气混合物和回流高温烟气的接触面，加快煤粉空气混合物的预热和着火。扩锥前端有一细长阻挡块，当煤粉气流的流动速度发生变化时，有利于回流区的稳定。实践表明，WR 燃烧器能有效地燃用低挥发分的无烟煤和贫煤。

(2) PM 直流煤粉燃烧器。PM 燃烧器是污染最小型燃烧器的简称，它由日本三菱公司设计。PM 直流烟煤燃烧器的喷口布置及一次风入口管道上的弯头分离器如图 5-5 所示，它由靠近燃烧器的一次风管的一个弯头及两个喷口组成。煤粉气流流过弯头分离器时进行惯性分离，富煤粉气流进入上喷口，贫煤粉气流进入下喷口，在两喷口之间为再循环烟气喷口，称为隔离烟气再循环 (SGR)，它推迟了二次风向燃烧区域的扩散，延长了挥发分在高温区内的燃烧时间，还可降低炉内温度水平及焦炭燃尽区的氧浓度，因此既稳定了燃烧，也抑制了 NO_x 的生成。每组燃烧器上部有燃尽风 (OFA) 喷口，从而将燃烧所用空气分成了二次风和燃尽风，是典型的分级燃烧。大部分煤粉形成的浓煤粉气流在过量空气系数小于 1 的条件下燃烧，而另一部分煤粉气流在过量空气系数大于 1 的条件下燃烧，煤粉在高浓度燃烧时，由于低氧燃烧使燃料型 NO_x 生成量减小，而煤粉低浓度燃烧时燃烧温度低，低温燃烧又使温度型 NO_x 生成量减少。因此，PM 直流煤粉燃烧器是集烟气再循环、分级燃烧和浓淡燃烧于一体的低 NO_x 燃烧器。

与常规燃烧器相比，PM 燃烧器可使 NO_x 生成量减少 60%，负荷降低时又能保持燃烧稳定，不投油的最低稳定燃烧负荷可达 40%。此外，在 65%～100% 的负荷变化范围内，NO_x 生成量基本不变，飞灰中的可燃物含量还随负荷下降而有所减少。随着烟气含氧量的下降及 SGR 的增加，NO_x 有大幅度降低的倾向，飞灰可燃物的含量稍有上升。

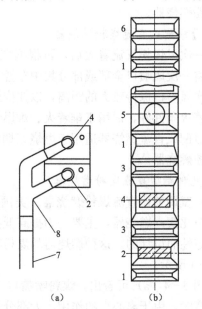

图 5-5　PM 燃烧器

(a) 一次风入口弯头分离器；(b) 燃烧器喷口布置

1—二次风喷口；2—低浓度煤粉喷口；3—再循环烟气喷口；
4—高浓度煤粉喷口；5—油枪；6—火上风 (OFA)；
7——次风煤粉管道；8—弯头分离器

二、假想切圆直径与真实切圆直径

假想切圆是在锅炉设计时，燃烧喷口所对准位置形成的切圆，通常由一个或多个切圆组成。在国产锅炉中，从上向下看，逆时针旋转为正向切圆，顺时针旋转为反向切圆。

实际切圆是指在炉膛横截面上，切向速度最大处所形成的切圆。在锅炉运行中，实际切圆直径比假想切圆直径大。切圆放大倍数是两者直径的比值。假想切圆直径与实际切圆直径之间的关系如图 5-6 所示。由图可见，在炉膛横截面上温度的分布与切向速度分布有相类似的关系。

本质上，假想切圆仅代表燃烧各个喷口的安装角度。炉内燃烧器喷口喷出的射流不是真正的自由射流。各个角燃烧器喷出的射流，必然存在相互影响，相互制约的关系，这样才能形成旋转气流。布置在炉膛四角燃烧器喷出的射流还要受到炉墙的制约，各个角燃烧器喷射的射流，不可能按假想切圆方向喷射，必然会有偏转。所以实际切圆直径比假想切圆直径大。射流偏转程度大，实际切圆直径也越大。射流偏转程度与射流

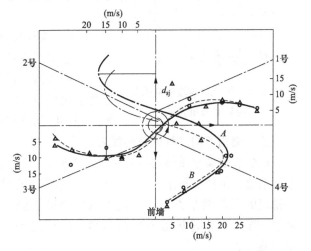

图 5-6　假想切圆直径与实际切圆直径之间的关系
A—切向速度分布曲线；B—炉膛横截面上温度分布曲线

本身的刚性、四角射流相互撞击、射流两侧的补气条件不同有关。

（一）燃烧器高宽比的影响

燃烧器高宽比越大，燃烧器喷射的射流刚性越弱，容易发生偏转。当燃烧器设计成大高宽比（$h/b=15$）时，与燃烧器设计成小高宽比（$h/b=2$）相比较，实际切圆的放大倍数要大 1.5～2.0 倍。燃烧器的高宽比对实际切圆直径的影响，如图 5-7 所示。

（二）射流两侧的补气条件的影响

炉膛四角燃烧器喷出的射流会受到炉墙的制约，如图 5-8 所示。沿射程射流不断卷吸周围介质，对狭长的燃烧器射流，主要从两侧卷吸周围气体，而造成局部负压。

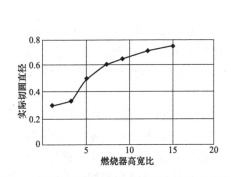

图 5-7　燃烧器的高宽比对实际切圆直径的影响

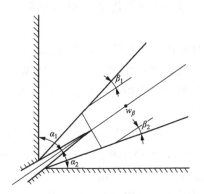

图 5-8　燃烧器射流

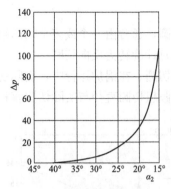

图 5 - 9　燃烧器射流两侧压差
与炉墙夹角关系

由于射流的两侧与炉墙的夹角不同，射流两侧的补气条件也不相同，会产生两侧压差。如果 $a_1 > a_2$，a_1 侧补气空间大，补气条件好，a_2 侧补气空间小，补气条件差，形成射流两侧压力不均衡，其压差如图 5-9 所示。当射流一侧夹角小于 30° 时，压差会急剧增加，从而使燃烧器出口射流发生偏转。

（三）假想切圆直径的影响

假想切圆直径越大，四角燃烧器喷射的射流相互撞击越激烈。射流偏转越严重，实际切圆直径也越大。实际切圆直径能够比假想切圆直径大 4～8 倍之多。如图 5-10 所示为各种炉型实际切圆和假想切圆之间的关系测量结果。

三、燃用不同煤种锅炉的燃烧调整

锅炉燃烧调整试验的目的是多种多样的。在经济方面的目的有：确定最佳炉膛出口过量空气系数、最佳煤粉细度、不同负荷下燃烧器的投运方式等。在安全方面的目的有：确定燃烧稳定的燃烧调整方案、防止炉内结渣的燃烧调整方案、防止过热器或再热器超温的燃烧调整方案等。

正常情况下，新投产锅炉或燃烧器有较大的改造，锅炉燃烧需进行的基本调试工作有：①直流燃烧器安装质量检查；②一、二、三次风挡板开度和风量标定以及风量配比的确定；③炉内冷态空气场试验；④四角配风均匀性试验；⑤一次风管给粉均匀性试验；⑥煤粉经济

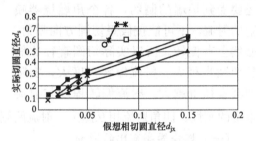

图 5 - 10　各种炉型实际切圆和假想切圆
之间的关系测量结果

细度试验；⑦最佳过量空气系数试验；⑧四角布置直流燃烧器的投、停方式试验。

对于燃烧无烟煤、劣质烟煤、褐煤、易结渣煤种时，或者对于易发生过热器和再热器超温的炉型，燃烧调整尤为重要。

（一）燃用无烟煤锅炉的燃烧调整

燃用无烟煤的燃烧调整主要有两个方面的问题：一是燃烧稳定性；二是减低飞灰含碳量。

对于切圆燃烧锅炉，为了保证燃烧稳定性，降低飞灰含碳量，采取的措施主要有：减小一次风量和一次风速，提高热风温度，采用热风送粉，分级配风燃烧器，提高炉膛容积热负荷，扩大炉膛体积，采用更细的煤粉细度、较大的炉膛出口过量空气系数，铺设卫燃带等。

一次风率为 20%～23%，一次风速为 20～24m/s，热风温度为 380～430℃。煤粉细度 $R_{90} < 10\%$，炉膛容积热负荷 $q_v = 0.109～0.135MW/m^3$，炉膛出口过量空气系数 $\alpha''_1 = 1.25$。在燃烧布置形式上采用一次风相对集中布置，与二次风口保持一定距离，避免二次风过早与一次风混合。卫燃带布置面积应在燃烧调试中确定。分级配风燃烧器如图 5-11 所示。一次风口集中布置，一次风口可带有夹心风或周界风。各个喷口的风量的调整需要通过试验来确定。

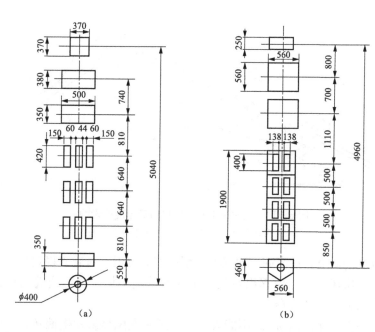

图 5-11　一次风口集中布置
(a) 夹心风方式；(b) 周界风方式

（二）燃用褐煤锅炉的燃烧调整

褐煤虽然挥发分高，但水分也高。对于水分特别高的褐煤也必须考虑燃烧稳定性问题。四角布置的直流燃烧器一般采用均等配风，适当加大一、二次风喷口距离。一次风管内带有一连串呈十字形小风管组成的夹心风，如图 5-12 所示。

当采用热风和炉烟混合干燥剂，直吹式乏气送粉制粉系统时，一次风率为 20%～45%；当采用热风送粉，一次风率为 20%～25%，一次风速应较低，为 18～25m/s。采用热风作为干燥剂时，热风温度较高，为 350～420℃；采用炉烟混合干燥剂时，热风温度较低，为300～350℃。燃烧水分很大的褐煤时，为保证燃烧的稳定性，一次风速降低为 12～16m/s，一次风箱内加装煤粉浓缩措施。

（三）燃用劣质烟煤锅炉的燃烧调整

劣质烟煤虽然挥发分高，但由于灰分高，发热量低，燃烧稳定差，固体不完全燃烧热损失大，制粉系统和锅炉受热面磨损量大，给燃烧调整带来很多问题。

首先，一次风率不能太高，否则一次风率高所需要的着火热增大，一次风射流温度提高缓慢，如图 5-13 所示，图中 B 为喷口宽度。由于一次风射流温度的提高主要依靠对周围高温烟气的卷吸，当一次风率为 29.4% 时，其出口初温高，但在随后的流动过程中加热缓慢，温度提高明显滞后。

为保证劣质烟煤着火稳定性，应适当减少一次风率，对于挥发分较高的劣质烟煤，一次风率可取为 25%～30%；对于挥发分较低的劣质烟煤，一次风率可取为 20%～25%。

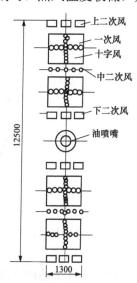

图 5-12　褐煤燃烧器

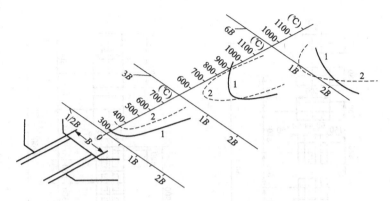

图 5 - 13　一次风率对一次风射流温度的影响

1——次风率为 19.5%；2——次风率为 29.4%

一次风速应取偏低值。过高的一次风速会引起着火推迟，对着火稳定性不利。但过低的一次风速会烧坏一次风喷口，引起出口气流中煤粉浓度不均，甚至造成气粉分离，堵塞管道。一次风速可取为 24～28m/s。

二次风速与一次风速比值 ω_1/ω_2 不能太大，否则一次风容易发生偏转，冲刷炉壁或附壁流动。可取 $\omega_1/\omega_2 \geqslant 1.4～2.0$，因此二次风速取为 35～45m/s。

有些劣质烟煤水分和灰分都大，因此三次风量大。大量低温、高速的三次风气流进入炉膛后会带来一系列问题，这也是劣质烟煤燃烧调整中的重点。三次风布置在燃烧上部，距离炉膛出口近，易造成过大的固体未完全燃烧热损失，使炉膛上部温度水平降低，可能造成燃烧不稳定。如果三次风的含粉过大，火焰延长，炉膛出口烟温和过热蒸汽温度则偏高。为避免上述情况，应适当提高热风温度，减少制粉系统干燥通风量，减少制粉系统的漏风。可考虑将部分三次风送入二次风箱，以减少三次风量。

在燃烧劣质烟煤时，煤粉细度的调整也是一项重要工作。首先煤粉细度需考虑燃烧的稳定性。煤粉过粗，易灭火，燃烧稳定性差。煤粉细度可按图 5 - 14 选取。

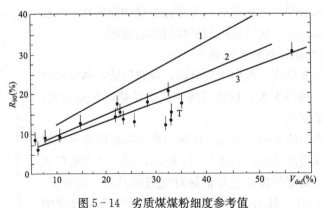

图 5 - 14　劣质煤煤粉细度参考值

图 5 - 14 中曲线 1 的关系式为

$$R_{90} = 5 + 0.7V_{daf} \tag{5-1}$$

图 5 - 14 中曲线 2 的关系式为

$$R_{90} = 4 + 0.5V_{daf} \tag{5-2}$$

图 5-14 中曲线 3 的关系式为

$$R_{90} = 5 + 0.35V_{daf} \tag{5-3}$$

（四）冷炉试验中的观测方法

在冷炉试验中，经常采用下列方法观察炉内气流的流动工况。

1. 飘带法

飘带法有两种，进行粗糙观察时，利用较长的纱布飘带显示气流的流动方向；进行细致观察时，在炉膛的一角或中心部位架铁丝坐标网格，每网格节点携有丝绸丝，用以观察炉膛一角气流流动工况，或切圆大小。

2. 示踪法

可将纸屑、聚苯乙烯白色泡沫塑料球或木屑送入观察区。聚苯乙烯白色泡沫塑料球通常为 $\phi 2 \sim \phi 4$，堆积密度为 $21 kg/m^3$。木屑用于火花摄影，将点燃的木屑送入观察区，利用较长的曝光时间拍摄火花的运动轨迹，可形成比较完整的流线，如图 5-15 所示。

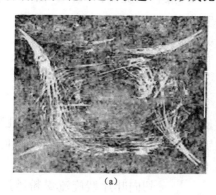

（a）　　　　　　　　　　　（b）

图 5-15 炉内空气动力场木屑火花摄影

（a）改造前的切圆；（b）改造后的切圆

木屑火花摄影示踪法的具体实施方法有两种：第一种用功率为 2kW 电炉瓷管，长度为 480mm，作为电加热火花发生器，经过筛分和干燥后的木屑用气流携带，通过电加热火花发生器被点燃着火。另一种方法将木屑放入特制的钢管注射器中，密封烘烤至着火，然后立即注射到需要观察的部位，木屑颗粒直径为 $0.1 \sim 0.54mm$。

3. 仪器测量法

以上两种方法仅是定性观察。如果需要定量观察，还需要用仪器测量。测量仪器有测速探针、叶轮风速仪、热线风速仪等。

> **能力训练** ◄

1. 均等配风直流煤粉燃烧器的结构是什么？
2. 分级配风直流煤粉燃烧器的结构是什么？
3. 燃用无烟煤锅炉的燃烧调整方法是什么？
4. 燃用褐煤锅炉的燃烧调整方法是什么？
5. 燃用劣质烟煤锅炉的燃烧调整方法是什么？
6. 冷炉试验中的观测方法有哪些？

任务三   旋流燃烧器锅炉的燃烧调整

> **任务目标** ◀

1. 知识目标

（1）熟悉旋流煤粉燃烧器的形式。

（2）熟悉低挥发分煤燃烧器、双调风低 NO_x 煤粉燃烧器、CF/SF 低 NO_x 旋流燃烧器、德国 BABCOCK 的 DS 型旋流燃烧器的结构。

（3）熟悉双调风燃烧器的配风原则及燃烧调节方法。

2. 能力目标

（1）能说明低挥发分煤燃烧器、双调风低 NO_x 煤粉燃烧器、CF/SF 低 NO_x 旋流燃烧器、德国 BABCOCK 的 DS 型旋流燃烧器的结构。

（2）能说明双调风燃烧器的配风原则及燃烧调节方法。

> **知识准备** ◀

一、旋流煤粉燃烧器的型式

旋流燃烧器的旋流射流是利用旋流器产生旋转运动的，旋流器主要有以下几种：蜗壳、轴向叶片及切向叶片等，蜗壳旋流器已淘汰。旋流燃烧器比较有代表性的是切向叶片型旋流煤粉燃烧器。

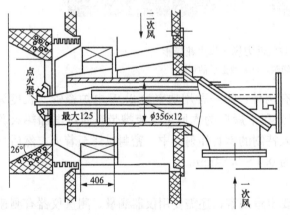

切向叶片型旋流煤粉燃烧器的结构如图 5-16 所示。一次风气流为直流或弱旋转射流，二次风气流为旋流，它的旋转是通过切向叶片旋流器产生。

一次风可以是直流，但是为稳定着火和燃烧，在一次风出口处形成回流区，就在一次风出口中心装设一个多层盘式稳焰器，稳焰器的锥角为 75°，气流通过时就在其后形成中心回流区，多层盘式稳焰器如图 5-17 所示。为固定各层锥心圈，每隔 120°装置一片固定板，相邻

图 5-16   一次风不旋转的切向可动叶片型旋流燃烧器

锥形圈的定位板可以略有倾斜并错开布置，使通过的一次风轻度旋转。锥形圈还有利于将已着火的煤粉送往外圈的二次风中去，以加速一、二次风的混合。

二次风通过切向叶片旋流器产生旋转，切向叶片应做成可调式，通过改变叶片的角度就可调节气流的旋转强度。叶片倾斜角一般在 30°～45°，随着燃煤挥发分的增加，倾斜角也要增大。二次风出口端用耐火材料砌成 52°（2×26°）的扩口，并与水冷壁平齐，以防止结渣。

由于稳焰器可以前后移动，以调节中心回流区的形状和大小，且二次风的旋流强度易调，因此着火条件好，但后期混合差，因此这种燃烧器一般适用于 $V_{daf} \geqslant 25\%$ 的烟煤和褐煤。

二、几种新型旋流煤粉燃烧器

设计和采用新型煤粉燃烧器主要目的是：适应低挥发分难燃煤种的燃烧；降低不燃油而能稳定燃烧的锅炉负荷；减小锅炉排放的有害气体等。这些新型的燃烧器大部分也属于旋流式燃烧器。

1. 低挥发分煤燃烧器

低挥发分煤因为挥发分含量少并且挥发分释放温度高，所以着火和稳定燃烧困难。对于这种燃料，曾经证明过可以通过提高燃烧空气的温度，来获得包括低挥发分煤在内的广泛煤种的良好燃烧特性。

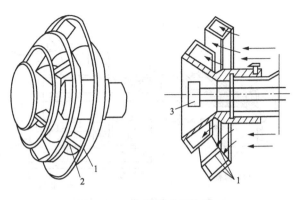

图 5-17　多层盘式稳焰器
1—锥形圈；2—定位板；3—油喷嘴

低挥发分燃煤燃烧器（称为高温烟气回流燃烧器）设法促进挥发分的析出，且通过将炉膛内一部分燃烧烟气循环到燃烧器内部来改善点火性能，从而稳定了低挥发分固体燃料的燃烧。

如图 5-18 所示为高温烟气回流燃烧器的原理，高温烟气回流燃烧器通过将炉膛的高温烟气循环到预热室来建立了一个高温环境。燃料粉末吹进预热室后，在高温环境下析出挥发分并进行无焰氧化进一步升高温度，但此过程需始终控制不产生火焰，然后从预热室喷出，再在由二次风形成的内循环流中稳定着火、燃烧。

高温烟气回流燃烧器的工作特点是：通过旋流器，在燃烧器内部形成一股回流，来促进煤粉挥发分的析出；通过二次风的内回

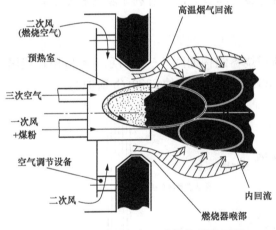

图 5-18　高温烟气回流燃烧器的原理

流来进行燃烧；通过三次空气来控制高温烟气回流，保证预热室内没有火焰产生。

2. 双调风低 NO_x 煤粉燃烧器

双调风低 NO_x 煤粉燃烧器的结构如图 5-19 所示，它是德国拔伯葛（B&W）公司根据分级燃烧以降低 NO_x 的原理来设计的，而降低 NO_x 的主要措施就是采取低温燃烧和低氧燃烧。

双调风低 NO_x 煤粉燃烧器的主要结构特点是：燃烧器有三个同心的环形喷口，中心一个为一次风喷口，一次风量占总风量的 $15\%\sim20\%$；外面就是双调风器的内、外层二次风喷口，即二次风分为内二次风和外二次风两部分，内二次风风量占总风量的 $35\%\sim45\%$，外二次风占总风量的 $55\%\sim65\%$。外二次风所占比例较大，因而可以把燃烧中心由富燃料燃烧形成的还原性气氛与炉墙水冷壁分隔开来，以防止结渣或腐蚀。

该燃烧器的一次风煤粉混合物为不旋转的直流射流，在燃烧器出口处一次风与内二次风混合，形成富燃料（低氧）着火燃烧区。外二次风的旋流强度较低，使燃烧过程推后并降低了火焰温度，从而抑制了热力型 NO_x 的生成。根据对火焰温度的测量结果，采用该双调风燃烧器分级燃烧后，在距喷口 1.2m 处的火焰温度由约 1600℃ 降低到了 1400℃ 左右。此外，

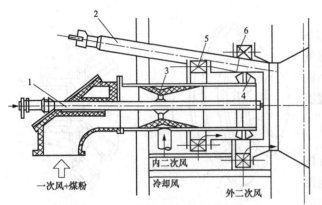

图 5-19　双调风低 NO_x 煤粉燃烧器

1—油喷嘴；2—点火油枪；3—文丘里管；4—二次风叶轮；

5—内二次风调风器；6—外二次风调风器

在一次风喷口周围还有一股冷空气或烟气，它对抑制在挥发分析出和着火阶段 NO_x 的生成也起着较大作用。在燃烧器周围还布置有二级燃烧空气喷口，以维持炉内过量空气系数为 1.2 左右，从而使煤粉尽可能完全燃烧。运行结果表明，单独使用这种燃烧器时可使烟气中 NO_x 排放浓度降低 39%；如果与炉膛分级燃烧同时使用，可使 NO_x 的排放值降低 63%。正因为如此，所以称之为双调风低 NO_x 煤粉燃烧器。

双调风低 NO_x 煤粉燃烧器的主要特点是空气分级送入，分别形成低氧燃烧区和低温燃烧区，从而有效地控制 NO_x 的生成。此外，燃烧器的调节灵活，有利于着火和燃烧，对煤质也有较宽的适应范围。

3. CF/SF 低 NO_x 旋流燃烧器

CF/SF（控制流量/分割火焰）低 NO_x 旋流燃烧器结构如图 5-20 所示，它应用在美国 Foster Wheeler（福斯特·惠勒）能源公司（FWEC）设计制造的 2020t/h 锅炉上。

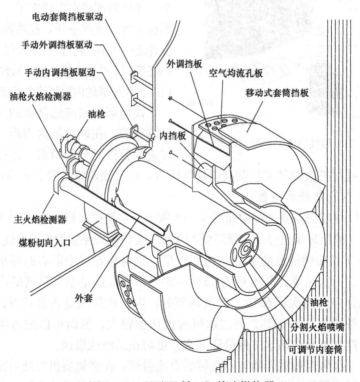

图 5-20　CF/SF 低 NO_x 旋流燃烧器

CF/SF 低 NO_x 旋流燃烧器的工作原理：从磨煤机来的一次风煤粉混合物切向进入燃烧器内套和外套之间的环形区域，混合物沿套管向前运动时，其螺旋运动被与外套成一体的陶瓷衬层上的防涡流杆大大减弱了，煤粉空气混合物通过 CF/SF 喷嘴，以浓缩气流的形式轴向喷入炉膛，轴向移动喷燃器的可调内套尖端，可以调整燃烧火焰形状及着火位置。燃烧器的燃料喷射器是锥形筒体式部件，燃料在内、外套之间的环形空间内分配一次风煤粉气流的流量。由多孔板均布的二次风进入双通道调风器，调风器装有手动调节驱动和按比例分配二次风流量的导叶，导叶使二次风产生旋转运动，增大二次风与一次风煤粉气流的旋流强度，使燃烧更充分。

外套陶瓷衬上的防涡流杆使喷嘴环形通道周围的煤粉流分布均匀。煤粉气流被分割成四束从喷嘴喷射出来，将煤中挥发分分离出来，挥发分在还原性气氛中燃烧时，将挥发物中的氮转化成 N_2，减少了 NO_x 的形成。多孔板使二次风进风均匀。二次风量的大小靠电动调节的套筒挡板来控制，挡板有关闭、点火、开启三个位置，三个位置由限位开关来控制。

煤粉燃烧器的内、外套以及外套喷口处都装有热电偶，用于检测各部件的温度，当温度高于设定值时便发出报警信号。正常运行时，报警温度分别为燃烧器喷嘴 454℃、内套管 399℃、外套管 343℃。

双调风旋流燃烧器的燃烧调整：

我国引进的 FW 2020t/h 锅炉采用了前后墙对冲布置的方案，24 只燃烧器分前后墙对冲各布置 3 层，对冲布置可改善火焰在炉内的充满度并减小单只燃烧器的热功率。每层 4 只燃烧器由一台磨煤机供应风粉，4 只燃烧器投停一致，且负荷也要求相等。设计工况下 5 台磨煤机运行，一台备用。同一排燃烧器之间留有足够的空间，可以防止相邻燃烧器相互干扰造成的燃烧不稳定。

喷燃器的二次风是旋流，一次风是直流。二次风由送风机送至炉膛前、后的大风箱内，切向进入外套筒挡板，通过内、外二次风通道从相应的两个环形喷口喷出，实现分级配风。内、外二次风道均装有调节挡板。二次风总量则由均流孔板外部的可移式套筒挡板控制。一次风通道由内、外套筒的环形通道和环形通道外围的 4 个椭圆形喷口组成。一次风由切向进入燃烧器的一次风环形通道，经外套筒内壁的整流，变为直流气流，浓相从椭圆孔射出，稀相从中心筒与内套筒之间射出，实现浓淡分离和沿周向的风粉均匀。内套筒可以通过手动调节机构使锥形头部前后移动。24 只油枪置于每个燃烧器的内套筒内。用一台三次风风机向内套筒内通入三次风，用于冷却燃烧器喷嘴并作为油枪的根部风。

在燃烧器下部靠近侧水冷壁处设有 4 个底部风口组成的边界风系统，使下炉膛水冷壁和冷灰斗斜坡形成空气冷却衬层，保持氧化气氛防止结渣及腐蚀。各底部风口的挡板单独可调。

内调风挡板的作用是调节燃烧器喉部附近的风粉混合物的扰动度和初次供风量，并与一次风气流共同控制风粉混合物的着火点。外调风挡板把二次风气流分成两路，一路送至内调风挡板，另一路经外二次风通道流向炉膛，该外二次风经外调风挡板时产生旋转。外二次风的作用是在贫风的火焰燃烧区周围形成一个富氧层，较晚才与火焰混合。这样，即使燃烧器在带有过量空气运行时，也可使缺氧区保持足够的长度。外套筒挡板和布风孔板用于控制燃烧器的二次风总量，从而在各燃烧器之间进行分配。各布风孔板前后的压差用来指示并控制风量的大小。外套筒挡板经调整确定其关闭位、点火位和运行位的不同开度，一旦确定，则运行中不再改变；内套筒可动头部的作用是使一次风量与一次风速独立可调，达到控制一次风与二次风的混合时机和火焰形状，以适应不同煤质燃烧的需求。这个特点是 CF/SF 燃烧器所独有的。边界风系统风口挡板可分配二次风量与边界风量的比例，也可调整沿炉膛宽度的各参数的均匀性，但一般均将其置全开位。

通过恰当调节以上各挡板的开度，可得到最佳的火焰形状和燃烧工况，沿炉宽平衡省煤器出口的 O_2 量、CO 量和 NO_x 排放量。对于旋流式燃烧器，认为烟气中的 CO 含量基本上可代表未完全燃烧损失。燃烧调整时，要求 CO 量不超过 200ppm。CF/SF 低 NO_x 旋流燃烧器设计参数见表 5-1。

表 5-1　　　　　　锅炉在最大连续负荷（MCR）时的燃烧器主要设计参数

项目	单位	设计煤种	校核煤种
磨煤机运行台数	台	5	5
燃料总量	10^3 kg/h	288.17	327.47
一次风/粉比		1.338	1.316
总一次风量	10^3 kg/h	385.70	431.00
一次风温度	℃	66	66
总辅助风量	10^3 kg/h	0	0
一次风速度	m/h	26.8	26.8
总二次风量	10^3 kg/h	1963.9	1876.0

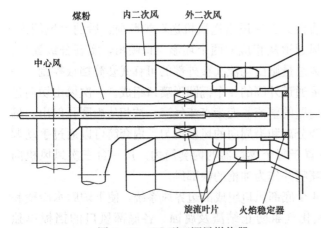

图 5-21　DS 型双调风燃烧器

4. DS 型双调风燃烧器

德国 BABCOCK 的 DS 型双调风燃烧器，用于燃用贫煤、无烟煤（见图 5-21）。

DS 型双调风燃烧器的炉内布置与 FW 公司的相似，也是 24 只燃烧器分前、后墙布置，不同之处是二次风不用大风箱结构。在前后墙旋流燃烧器区的上方，各布置两层（16 只）过燃风喷口。此外，将前、后墙各层燃烧器在高度上相错开一定距离，以均衡火焰至炉膛出口的行程。如图 5-22 所示为 DS 型双调风燃烧器风量调节系统简图。

在一次风管内部距喷口一定距离处装有可调旋流叶片，使一次风/粉流产生一定的旋转并将煤粉向一次风管外围（壁面区）浓缩。在燃烧器的一次风出口内缘处装有环齿型火焰稳定器，使煤粉气流在它的后面产生强烈的小漩涡，从而为稳定着火创造了理想的条件。二次风也分成内、外二次风，分别经各自的环形通道流动，各环形通道内安装有可调旋流叶片，使内、外二次风都旋转。在一次风喷嘴外侧有与喷嘴成一体的扩锥，可分离一、二次风，延缓二者的混合。内二次风的旋转与扩锥在一次风与内二次风之间形成一个火焰在其内发生的环形回流区。所有的二次风管道，即中心风、内二次风、外二次风及过燃风管道，均装有调风挡板，按燃烧需要控制各二次风风率。一次风量则由制粉系统的磨煤机入口一次风挡板和

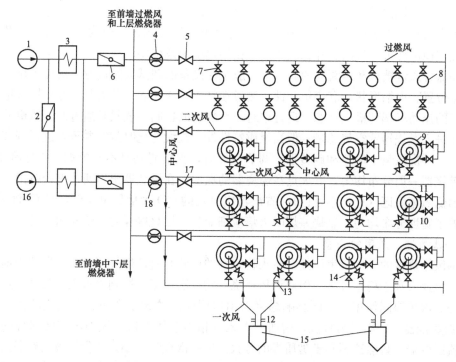

图 5-22 燃烧器风量、燃料量调节系统

1—送风机（甲侧）；2—联络风门；3—空气预热器（甲侧）；4—过燃风流量测量装置；5—过燃风调节总门；6—二次
风总风门；7—过燃风喷口调节门；8—过燃风喷口；9—煤粉旋流燃烧器；10—外二次风门；11—内二次风门；
12—分离器出口节流件；13—燃烧器关断挡板；14—中心风调节门；15—分离器；16—送风机
（乙侧）；17—外二次风控制挡板；18—外二次风流量测量装置

旁路风挡板调节。各只燃烧器的一次风管装有调节挡板，可用于风粉的调平。

在燃烧器的出口附近，无论内二次风还是外二次风都因旋转而向外侧扩展，并不卷入一次风粉气流，因而实际上，一次风粉只需要极小的点火热量。因此，即使是燃用较差的煤种或低负荷时，也能在燃烧器附近形成一定尺寸的燃烧区，成为一个稳定的点火源（见图 5-23）。

三、双调风燃烧器配风原则及燃烧调节

1. 分级配风及燃烧工况

双调风燃烧器组织燃烧的基础是分级配风。即内二次风旋转射入炉膛，先与一次风射流作用形成回流区，抽吸已着火前沿的高温烟气，在燃烧器出口附近构成一个富燃料的内部着火区域。回流区的强度可通过内二次风量和内二次风旋流强度进行调节。随着外二次风和内二次风（包括煤粉气流）间

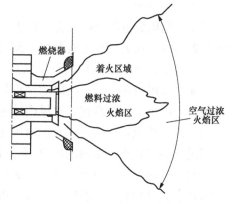

图 5-23 燃烧器风量、燃料量调节系统

的混合，在内部燃烧区的边缘之外构成一个燃料过稀的宽阔的外部燃烧区域。燃尽过程随着内、外二次风的混合而进行与完成。混合过程也可以通过外二次风挡板进行控制。在内部燃烧区（富燃料区）火焰温度较高但 O_2 浓度很低，因此 NO_x 的生成量不多。而在外部燃烧区

（富风区）虽氧量富裕但由于辐射换热，温度相对较低，同样抑制了NO_x的生成量。从稳定着火的角度来看，二次风分批补入着火气流的分级燃烧方式也是较为有利的。当煤质变化时，其燃烧稳定性可通过内、外二次风量成比例地增减来维持。

燃烧器各风量挡板和旋流器的调节，一般是在设备的调试期间进行一次性优化，通过观察着火点位置、火焰形状、燃烧稳定性、测量烟气中CO含量、飞灰中的可燃物含量等，使火焰内部的流动场调到最佳状态。运行中对于燃烧器的控制一般只是通过调节风机动叶安装角来改变进入燃烧器的空气总量。但当煤质特性发生较大变化时就需要重新进行调节。

各二、一次风量、风速和旋转强度调节良好时，火焰明亮且不冒黑烟，不冲刷水冷壁，煤粉沿燃烧器一周分布均匀，着火点在燃烧器的喉部，在燃烧器出口两倍直径范围内，形成一稳定的低氧燃烧区（火焰不发白），省煤器出口处的CO含量尽可能低，且O_2含量和CO含量沿炉子宽度分布均匀。燃烧差煤时火焰应细而长，燃烧好煤时火焰应粗而短。

2. 一次风速、风率的调整

双调风燃烧器的一次风率风速对着火稳定性的影响与直流燃烧器相似，即适当地减小一次风率、风速有利于稳定着火。但双调风燃烧器的一次风率除影响着火吸热量外，还与旋转的内、外二次风协同作用，共同影响燃烧器出口回流区的大小和一、二次风的混合。例如CF/SF型燃烧器，一次风为直流，增加一次风量相当于使出口气流中不旋转部分的比例增加，回流区变弱，显然这不利于劣质煤的着火。但一次风量太小，会很快被引射混入内二次风，使着火热增加或着火中断。DS型燃烧器一次风为可调的弱旋转气流，对回流区的影响较为复杂。较佳的一次风速、风率通常都要通过实地调整试验得到。

一般来说，煤的燃烧性能较差或一次风温低时，一次风率可小，相应的一次风速可低些；煤的燃烧特性较好或一次风温高时，一次风率较大，一次风速则较高。煤质较硬或发热量较低的煤，密度大，粉量大，容易堵管，因此需要较大的一次风速。特别是在低负荷时煤粉管道堵粉的可能性更大，而不是燃烧的要求。因而运行中在能够维持制粉、输粉最低风速的条件下，应尽可能使一次风量小一些。

3. 二次风的调整

对于双调风旋流燃烧器而言，由于二次风量大于一次风，且旋转较强，因而二次风在形成燃烧器的空气动力场及发展燃烧方面起主导作用。运行中二次风量的调节是借助于炉膛出口过量空气系数（氧量）控制总风量进行的。因此在一次风率确定后，二次风率也基本确定。可见二次风量和二、一次风动量比是不可能在大范围内变化的。但通过过燃风量的调节可以增减二次风量，并且在二次风内部可以调整内、外二次风量的大小。

内二次风挡板是改变内、外二次风配比的重要机构，它的开度大小将对燃烧器出口附近回流区的大小和着火区域内的燃料/空气比产生重要影响。因此，它基本上控制着燃料的着火点。在一定的二次风量下，适当开大内二次风挡板，将使旋转的内二次风量增加，所产生的回流区变大且加长，煤粉的着火点变近。但此时应注意煤粉气流的飞边、结焦。当燃用易结焦煤时，可适当关小内二次风挡板，燃烧的峰值温度降低，火焰拉长。

外二次风虽也为旋转气流，但它一般只能对内部燃烧区以后的燃烧过程起加强混合、促进燃尽的作用。其对火焰前期燃烧的影响则是通过间接影响内二次风量的方式实现的。单个燃烧器的试验表明，随着外二次风挡板的开大，煤粉的着火点推后，火焰形状由粗而短变为细而长，当外二次风挡板过度开大时，着火点明显变远，着火困难。

4. 中心风和过燃风的调节

中心风是从燃烧器的中心风管内喷出的一股风量不大（约 10％）的直流风，用于冷却一次风喷口和控制着火点的位置，油枪投入时，则作为根部风。设计专门的挡板对中心风量的大小进行调节。在不投油时，中心风量的大小会影响到火焰中心的温度和着火点至燃烧器喷口的距离，随着中心风挡板的开大，火焰回流区变小并后推，呈马鞍形，燃烧器出口附近火焰温度下降较快，可防止结渣和烧坏燃烧器喷口。进行专门的燃烧调整试验可确定中心风风量对着火点位置的影响。有的试验表明中心风全开和全关相比，燃烧器轴线上的温度降低了约 300℃。

过燃风是两排横置于主燃烧区（所有旋流燃烧器）之上的直流风，其设计风量约为总风量的 15％左右。过燃风加入燃烧器的系统，使分级燃烧在更大的空间内实施，其作用与直流燃烧器相同。但旋流燃烧器过燃风口的高度不受大风箱的限制，因此它与主燃烧区拉开了距离，实现上述意图的条件比直流燃烧器更好。每排过燃风口均有挡板控制，不仅可控制 NO_x 的排放，也可调整炉膛温度和火焰中心位置，并且对煤粉的燃尽也会发生影响。

过燃风风量调节的原则与直流燃烧器的基本相同。当燃用挥发分比较高的烟煤时，可适当调高过燃风风量，使主燃烧区相对缺风，燃烧器区域炉膛温度降低。过燃风量减少时，主燃烧区风量供应充足，燃烧率高、炉温高，有利于劣质煤及低负荷时的稳定燃烧。

图 5 - 24 所示为某 600MW 锅炉双调风燃烧器过燃风的控制曲线。过燃风在锅炉负荷小于 50％时是不投入的，这主要是考虑在低负荷状态下，炉内的温度水平不高，NO_x、SO_3 的产生量较少，是否采用二段燃烧方法影响不大。再由于各停运的燃烧器尚有一定的空气流量（5％～10％），过燃风的投入会影响各运行燃烧器的氧量供应和燃烧扩展，迫使采用过大的炉膛出口过量空气系数。50％负荷以后，随着负荷的升高，下层挡板线

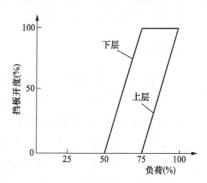

图 5 - 24 过燃风挡板开度与负荷关系

性开大，待升至 75％负荷时全开；上层挡板从 75％负荷开启，至 100％负荷时也全开，实现高负荷下分级燃烧。

5. 优化调整

优化调整的目的并不是为了均衡通过各个燃烧器的风量，由于各煤粉管道内风粉分配不同，相同的风量并不能获得最佳的燃烧状态及平衡的烟气成分分布。因此各燃烧器的风压压差表读数不必完全一样。

以 CF/SF 型燃烧器为例，按照外套筒挡板、外二次风挡板、内二次风挡板、内套筒滑动头部滑杆的顺序，依次进行参数最优化调整，待前一个参数得到最佳值后，即将其固定，调整下一个参数。调整时的目标是省煤器出口的烟气成分均匀和 CO 的持续降低。

调整初值可定在制造厂家的推荐值上，上下各取几个开度值进行试验。外套筒挡板的开度应调节到保持设定的炉膛/风箱差压。

旋流燃烧器的布置方式也对优化调整有一定影响。若为前墙布置，由于整个炉膛内火焰的扰动较小，一、二次风的后期混合较差，炉前的死滞漩涡区大，充满度不好，因此运行中气流射程的控制十分重要；若为两面墙对冲布置，则必须注意燃烧器和风量的对称性，否

则，炉内火焰将偏向一侧炉墙，有可能引起结焦。

锅炉正常运行中，两侧烟温偏差应保持一致，否则应采取吹灰、调整风量等方法降低两侧的烟温偏差，以降低排烟热损失和飞灰可燃物的含量。

四、燃烧调整中一些问题

对于旋流燃烧器，调整试验的目的也是多种多样的。在经济方面的目的有：确定最佳炉膛出口过量空气系数和最佳煤粉细度，确定不同负荷下燃烧器的投运方式等。在安全方面的目的的有：确定燃烧稳定、防止炉内结渣、防止过热器或再热器超温等的燃烧调整方案。

在正常情况下，新投产锅炉或燃烧器有较大的改造，锅炉燃烧需进行的基本调试工作有：旋流燃烧器安装质量检查，一、二次风挡板开度和风量标定以及风量配比的确定，炉内冷态空气场试验，各个燃烧器配风均匀性试验，各个燃烧器一次风管给粉均匀性试验，煤粉经济细度试验，最佳过量空气系数试验，旋流燃烧器的投、停方式试验等。

为了实际观测旋流燃烧器出口射流特性，如回流区、扩散角、涡流区和出口气流工况，可以采用飘带法进行观测。在距离燃烧器出口一定距离处，如 $d/2$、d、$3d/2$、$2d$、$5d/2$、$3d$、$5d$ 等处，设置相互垂直的铁丝拉线。垂直的铁丝拉线的中心严格与燃烧器轴线保持一致，在铁丝拉线上，每隔 200mm 扎上短飘带，飘带长 200～250mm。按预先拟定的计划投入一次风和二次风，观测飘带状况，也可用仪器进行定量测量。

▶ 能力训练 ◀

1. 旋流煤粉燃烧器的型式有哪些？
2. 低挥发分煤燃烧器的结构是什么？
3. 双调风低 NO_x 煤粉燃烧器的结构是什么？
4. CF/SF 低 NO_x 旋流燃烧器的结构是什么？
5. 德国 BABCOCK 的 DS 型旋流燃烧器的结构是什么？
6. 双调风燃烧器的一次风速、风率的调整方法是什么？
7. 双调风燃烧器的二次风的调整方法是什么？
8. 双调风燃烧器的中心风和过燃风的调节方法是什么？

任务四　W 形火焰锅炉的燃烧调整

▶ 任务目标 ◀

1. 知识目标
(1) 熟悉 W 形火焰锅炉的结构特征。
(2) 熟悉 W 形火焰锅炉配风基本注意问题。
(3) 掌握 W 形火焰燃烧器的类型。
(4) 掌握 W 形火焰锅炉的燃烧调节方法。
2. 能力目标
(1) 能说明 W 形火焰锅炉的结构特征。
(2) 能说明 W 形火焰锅炉的燃烧调节方法。

> **知识准备** ◂

W 形火焰锅炉是燃烧挥发分较低的无烟煤炉型锅炉。锅炉的炉膛分为两部分：燃烧室和燃尽室。燃烧室深度比燃尽室深度大 80%～120%。燃烧室在炉膛的下部，由前后墙向外扩展形成前后对称的炉拱，在炉拱上，火焰先向下喷射，在燃烧中部 180°转弯送入燃尽室，形成 W 形的火焰。W 形火焰锅炉的燃烧调整主要是解决结渣问题。

一、W 形火焰锅炉结构特征

W 形火焰锅炉炉膛结构特征如图 5-25 所示。

W 形火焰锅炉炉膛分为燃烧室和燃尽室。对于大容量锅炉，燃烧室高度 $h > 8 \sim 10\text{m}$；对于小容量锅炉，燃烧室高度 $h > 6 \sim 7\text{m}$。为防止煤粉气流直冲冷灰斗造成结渣，燃尽室高度与燃烧室高度比可取为 $h_1/h = 1.4 \sim 3.0$，对于挥发分低的煤，为了保证燃尽，可取上限。

考虑到需要安装直径为 $0.508 \sim 4.52\text{m}$ 的旋风分离煤粉浓缩器，炉拱深度不小于 3m。对于容量为 $250 \sim 600\text{MW}$ 的锅炉，取 $L = 3 \sim 6\text{m}$，燃尽深度与燃烧室深度比取为 $b_1/b = 0.5$。

冷灰斗倾角 $\alpha = 49.5° \sim 58°$，对于挥发分低或易结渣的煤种，取上限，或进一步加大。排渣口宽度为 1400mm。

炉拱倾角可取为 $\beta = 10° \sim 15°$。炉拱倾角越小，烟气的回流量越大，有利于煤粉气流的着火，但容易造成炉拱与前后墙的交角处结渣；对于易结渣的煤种，炉拱倾角取上限。

包括燃烧室和燃尽室在内，炉膛容积热负荷可取为 $q_v = 116 \sim 140\text{kW/m}^3$，燃烧室容积热负荷可取得高一些。燃烧室断面热负荷可取为 $q_F = 2.3 \sim 3.0\text{MW/m}^2$，对劣质烟煤取上限，对无烟煤取下限。

燃尽室出口烟气流速可取为 $9 \sim 10\text{m/s}$。对于无烟煤，热风温度可取为 $380 \sim 430℃$，FW 公司主张取 $343 \sim 371℃$。

煤粉细度要求 $R_{90} \leqslant 5\%$；国外公司要求 85% 煤粉通过 200 目筛子，即 $R_{75} = 15\%$；对于挥发分 $V_{\text{daf}} = 4\% \sim 5\%$ 的无烟煤，则要求 $R_{75} < 10\%$。

对 W 形火焰的炉膛冷态空气动力场做数值模拟计算研究发现：为了防止冷灰斗结渣，冷灰斗倾角很大，则燃烧室内气流充满程度较低，如图 5-26 所示。

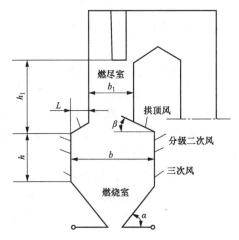

图 5-25 W 形火焰锅炉炉膛结构特征

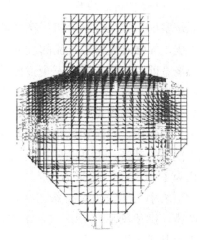

图 5-26 燃烧室内气流充满程度

正确配风是获得良好炉内空气动力场的关键，对炉内燃烧影响很大。制造商所提供的数据也有较大的差距。现将几个制造商提供的数据汇总于表 5-2 中。

表 5-2　　　　　　W 形火焰锅炉燃烧器制造商所提供数据

制造商		FW	B&W	Stein	Steinmiller
燃烧器类型		旋风分离式	缝隙式	缝隙式①	缝隙式②
煤种		无烟煤	劣质烟煤	无烟煤	贫煤
V_{daf}（%）		4～10	18	9.3	13.89
A_{ar}（%）			25	30.5	19.94
一、二、三次风率（%）	r_1	18①	29	10～15	18
	r_2	15	71	75～90	52
	r_3	67	0	0～10	30
一、二、三次风速（%）	w_1	25①	10	7.5（0～12）	11.3
	w_2	10～20	30	35～40	33.8
	w_3	8～10	0		24.8

① 一次风分离之前的数值。
② 热风送粉。

W 形火焰锅炉配风基本注意问题：

（一）拱顶风

如果拱顶风的风量和风速太小，煤粉气流穿透能力过弱，无法深入到燃烧室下部空间造成火焰短路。火焰短路所带来的问题有三方面：①炉拱和前后墙交角处结渣；②火焰位置上移，过热器和再热器超温严重；③飞灰可燃物含量增高。相反地，如果拱顶风的风量和风速太大，煤粉气流穿透能力和刚性太强，煤粉气流直接冲刷冷灰斗造成冷灰斗结渣。拱顶风的风量、风速应与前后墙分级二次风、三次风相配合。

一次风的倾角是指一次风射流方向与炉膛中心线的夹角。一次风的倾角在 0°～15° 范围内变化，对一次风的穿透能力影响不大。但一次风倾角过小，有引起燃烧室前后墙和冷灰斗结渣的嫌疑，所以一般一次风倾角取为 10°～15°。

（二）燃烧室前后墙风

燃烧室前后墙风包括分级二次风和三次风。设分级二次风的目的是形成两级燃烧，减低 NO_x 生成，加强对煤粉主气流的扰动和混合。

燃烧室前后墙风布置有三个方面的问题：分级二次风的位置、分级二次风倾角、分级二次风的风量和动量。分级二次风的位置越高，对拱顶风的穿透能力影响越大，越容易造成短路。分级二次风倾角是指二次风射流与炉膛中心线的夹角，分级二次风倾角越小，则减少对拱顶风拦截作用，同时在燃烧室的前后墙和冷灰斗形成空气保护膜，可防止结渣。正确选择分级二次风的动量，也是保证拱顶风不发生短路的关键，一般认为分级二次风动量与拱顶风动量比为 1:（5～7）比较恰当。某发电厂 362MW 锅炉，分级二次风仅有一排，且位置偏低，拱顶风率为 77.5%，分级二次风率为 22.5%；某发电厂 350MW 锅炉，分级二次风有上下两排，拱顶风率为 78.9%，上二次风率为 8.1%，下二次风率为 13%。所以分级二次风口布置形式多样。

W 形火焰锅炉基本技术特征可归纳为：

（1）采用浓缩型煤粉燃烧器，减少着火热，提高火焰传播速度，有利于燃烧的稳定。

（2）实行分级配风、分段燃烧。根据 FW 公司的说明，W 形火焰的燃烧过程可分为三个阶段：初始着火阶段、燃烧阶段、燃尽和辐射冷却阶段，便于控制较低的过量空气系数，且分段燃烧有利于减少 NO$_x$ 生成量。

（3）设置前后拱，燃烧室内铺设卫燃带，减少燃烧室向燃尽室的辐射传热。提高燃烧室的温度水平，燃烧器出口附近处于温度较高火焰中心位置，有利于无烟煤的着火。

（4）调节手段多。通过二次风调节挡板调节分级送入炉膛的二次风量；通过燃烧器乏气调节挡板控制乏气量；通过燃烧器内叶片上下移动可以实现炉内火焰中心上下移动。

（5）调峰能力强，燃用无烟煤或贫煤时，负荷可降低到（40%～50%）额定负荷。

（6）W 形火焰在炉内 180°大转弯，分离出大量的飞灰，对减轻受热面飞灰磨损有利。

（7）燃烧室内空气动力场必须经过认真的燃烧调整试验才能达到理想状态，以保证燃烧正常。炉内铺设卫燃带的面积和部位也需经过摸索才能保证不结渣。

二、W 形火焰燃烧器类型

W 形火焰燃烧器主要有三种类型：旋风分离式燃烧器、直流缝隙式燃烧器和旋流燃烧器（包括 PAX 燃烧器）。

（一）旋风分离式燃烧器

带有旋风分离式燃烧器装有卧式或立式分离器，如图 5-27 所示。

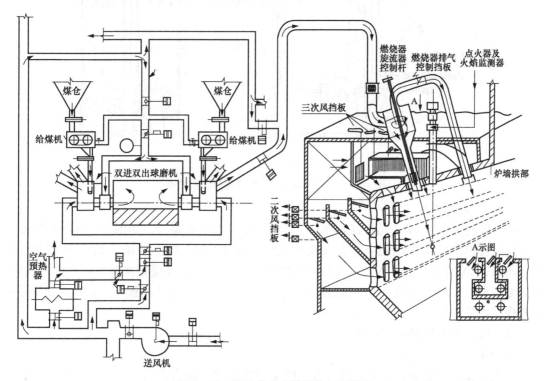

图 5-27　旋风分离式燃烧器布置系统

一次风煤粉气流经过格条箱整流后，进入两个并列的旋风分离器。由于离心力的作用，分离出 50%空气加 90%煤粉的高浓度煤粉气流，浓度可达 1.5～2.0kg（煤）/kg（空气）。并由旋风分离器的底部经过旋流叶片，从主喷口向下喷入燃烧室。这股富粉流速度低，约为 10m/s。

由于速度低、煤粉浓度高、燃烧室温度高，即使燃烧挥发分很低的煤种也能稳定着火。另外，一股 50％空气加 10％煤粉的贫粉流经过乏气喷口送入燃烧室。

二次风沿火焰行程分级送入燃烧室。另外一股空气流被称为三次风，它沿主喷口外围送入燃烧室。

富粉流离开旋风分离器后仍有残余旋转，改变主喷口旋流叶片的位置，可改变富粉流的旋流强度和火焰的长度。当叶片向炉内推进，气流旋流强度减弱，火焰伸长；反之，当叶片向炉外推进，气流旋流强度增强，火焰缩短。

可根据不同的煤种来调整乏气量。当燃用相对易着火的煤种时，不必对一次风进行浓缩，关闭乏气调节挡板，乏气流量为零。当燃用相对难着火的煤种时，必须对一次风进行浓缩，开大乏气调节挡板，乏气量增加，主喷口气流煤粉浓度越大。

（二）直流缝隙式燃烧器

直流缝隙式燃烧器如图 5-28 所示。一、二次风的缝隙喷口交替布置前后炉拱上，煤粉气流向下喷入燃烧室，并形成 W 形火焰。在燃烧室前后墙的底部装有三次风口，用以避免气流直冲冷灰斗。也可装设旋风分离器，成为浓淡型燃烧器。

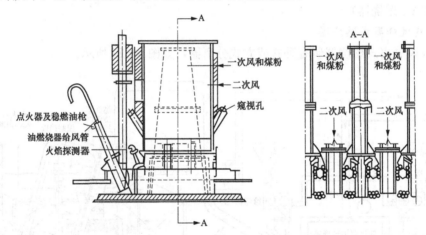

图 5-28 英国 BABCOCK 直流缝隙燃烧器

（三）旋流燃烧器

旋流燃烧器包括 PAX 燃烧器，都是二次调风旋流煤粉燃烧器。如图 5-29 所示为加拿大 B&W 公司 PAX 型燃烧器，它是在双调风旋流燃烧器的基础上增加了 PAX 装置和分级风。所谓 PAX 装置，是在燃烧器入口处用温度较高的二次风等量置换温度较低的一次风，原来温度为 93℃的一次风，置换后温度提高到 177℃，然后再送入炉膛，在直吹式制粉系统中实现了热风送粉。

三、W 形火焰锅炉燃烧调节

1. 燃烧系统与风量调节

W 形火焰燃烧锅炉是近年来国内为适应无烟煤的燃烧而引进的一种炉型。这种锅炉的燃烧器均为垂直燃烧和煤粉浓缩型燃烧器。燃烧器的工作与 W 形火焰燃烧锅炉的炉膛结构关系密切，因此其调节方式与前面叙述过的两类燃烧器（直流式和旋流式）有较大区别。现以 W 形火焰燃烧锅炉（FW 技术）为例，说明 W 形火焰燃烧的燃烧系统及调节特点。如图 5-30 所示，燃烧设备主要由旋风式煤粉燃烧器、油枪、风箱及二次风挡板等组成。进入各

煤粉燃烧器的一次风，受旋风分离的
作用，被分成浓相的主射流和稀相的
乏气射流两部分，分别从不同喷口向
下射入炉膛。主射流煤粉浓度大，流
速适中，最有利于燃烧着火和稳燃；
而乏气部分在主火嘴和燃烧区上升气
流之间的高温区穿过，送入炉膛后可
迅速燃尽。在乏气管道上装有乏气挡
板，用以调节乏气量的大小，在调节
过程中同时也调节了主射流的风量、
风速和煤粉浓度。在旋风筒内还装有
消旋装置，用于调节燃烧器出口煤粉
气流的旋转强度。根据需要改变消旋

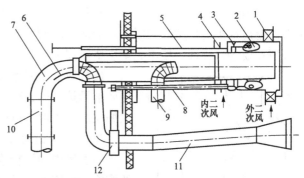

图 5-29　加拿大 B&W 公司 PAX 型燃烧器
1—外二次风调风器；2—内二次风旋流叶片；3—旋流叶片调节
机构；4—内二次风调风器；5——次风管；6—导流板；
7—分离弯头；8—调节杠杆；9—热风进口；10——次
风道；11—三次风道；12—三次风挡板

叶片的位置，便能改变火焰的形状，使其有利于着火。

在炉拱的前后墙上布置有二次风，称为拱下二次风。拱下二次风是在煤粉着火以后，沿

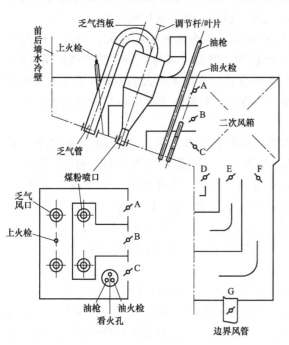

图 5-30　W 形火焰燃烧器与二次风布置

火焰行程分成 3 级逐渐送入并参与燃烧的。
3 级风量的分配均可进行调整。每炉有两
个风箱分别布置在前后墙拱部。风箱内用
隔板将每个燃烧器分为一个单元。每个单
元又分为 6 个风道。各风道进口有相应的
挡板（A、B、C、D、E、F）控制进入炉
膛的风量。拱上部的各股二次风风量由挡
板 A、B、C 控制，这部分约占二次风总量
的 30% 左右。拱 F 二次风风量由挡板 D、
E、F 控制，D、E、F 挡板分别用来控制
拱下垂直墙上的上、中、下三股二次风。
这部分约占二次风总量的 70%。以上诸风
门中，C 挡板和 F 挡板为电动调节，其余
为手动调节。所有的手动执行挡板都是预
先调整设定的，运行中不再进行调整。但
当燃料和燃烧工况发生较大变化时，需要
重新调整设定。在冷灰斗和侧墙底部开有
一些小的"屏幕"式边界风口，"屏幕"式
边界风的风量由 G 挡板控制。

2. 炉内空气动力场的要求

可防止结焦和下炉膛水冷壁对 W 形火焰燃烧锅炉的炉内空气动力场的要求可大致归纳
为以下诸点：

（1）在各种负荷下，维持燃烧中心基本在下炉膛内，而不应当漂移到拱上区。这就要求
前后拱的 U 形火炬适当下冲，使其得到充分舒展，以充分利用下炉膛的容积进行均衡燃烧。

（2）前、后拱的二、一次风总动量彼此相等，避免出现一侧过强一侧过弱。因为受 W 形火焰燃烧锅炉的炉膛结构影响，会造成弱侧火炬短路上飘（见图 5-31），破坏 W 形火焰燃烧所需要的对称性，使不完全燃烧热损失增大。

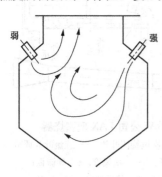

图 5-31　供风不均对炉内火焰的影响

（3）W 形火焰燃烧锅炉的特点是炉膛高度矮而炉膛较宽，更要求沿炉宽风、粉均匀，避免火焰偏斜等。在低负荷时集中火焰在炉膛中部，以维持燃烧区的高温。

3. 一次风的调节

一次风中的煤粉浓缩和出口回流是稳定无烟煤燃烧最有效的措施。燃烧器通过乏气挡板调节主火嘴煤粉浓度和风速，而通过消旋装置调节出口的气流旋转。

开大乏气挡板时，煤粉气流速度减小、煤粉浓度升高，可使煤粉气流的着火位置提前。但在低负荷时，过分开大乏气挡板，有可能导致灭火。低挥发分无烟煤的燃烧，要求风煤混合物以低速、低扰动进入炉膛。对其他煤种，这种方式并不合适，相反要求一次风有穿透力。乏气量的变化对大渣可燃物的影响甚微，但对飞灰可燃物的影响很大。有试验表明，减少乏气量可以降低飞灰可燃物，提高锅炉效率 1％～5％。

当调节杆向下推时，出口煤粉气流的旋转被减弱，气流轴向速度增大，一次风刚性增加，火焰延长。此时煤粉颗粒能流动到炉膛下部燃烧，增加了煤粉颗粒在炉内的停留时间，提高燃烧效率；当调节杆向上提起时，煤粉气流的旋转强度增大，火焰缩短，使煤粉着火提前。但如果气流的旋转过强，可能会导致火焰"短路"，不但使飞灰可燃物含量增大，而且引起过热器超温，影响锅炉的正常运行。

在煤粉细度合格的条件下，根据不同煤质的燃烧特性调节一次风量，对提高燃烧效率具有显著的作用。运行经验表明，在 W 形火焰燃烧锅炉上，当燃用难燃煤时，控制较低的一次风率（一般为 10％～15％），有利于稳定着火燃烧。但对于非难燃煤（不等同于易燃煤）由于大量卫燃带的作用燃烧处于扩散区，过低的一次风量和一次风速将使着火区严重缺氧，抑制燃烧速度，降低燃烧效率。例如某电厂在燃用 $V_{daf}=12.23％$ 的无烟煤时，一次风量对于燃烧效率的影响甚至超过煤粉细度的影响，在一次风量由 9.1kg/s 降低到 8.6kg/s 后，飞灰可燃物由 3.7％升高到 8.0％。

W 形火焰燃烧锅炉的入炉一次风率不宜超过 5％，一次风速宜控制到 8～10m/s。对于直吹式制粉系统，为此而采取了乏气分离技术。由于是燃烧无烟煤，所以一次风速的影响要比一般的煤粉炉更大。当一次风速偏高时，不仅会影响着火，而且会影响到炉膛氧量和过热蒸汽温度。某电厂 1 号炉，曾因燃料发热量过低致使双进双出磨煤机超负荷运行，一次风速达到 27～30m/s，导致锅炉满负荷时燃烧不稳，需投油助燃，而在 70％～80％负荷时燃烧反而稳定。由于着火推迟，二次风加不上去（否则炉膛燃烧剧烈波动），使火焰中心上抬，炉膛出口氧量过低（仅 0.5％～1.0％），飞灰可燃物含量高达 20％～30％。后经燃烧调整和煤质更换，才使燃烧趋于正常。

4. 二次风的调节

（1）拱上二次风的调节。拱上风由 A、B、C 三个挡板控制。其中 A 挡板用来控制乏气喷口的周界风，B 挡板用来控制主一次风喷口的周界风。其作用是提供一次风初期燃烧所需的氧量，它们的调节可以改变火焰的形状和刚性。增大 A、B 两股二次风可显著增大气流刚性，提高煤粉气流穿透火焰的能力并使火焰长度增加。当 A、B 风增加时，烟气中飞灰可燃物的含量减小，燃烧效率提高。但是 A、B 二次风的风量也不可过大，否则会造成火焰冲刷冷灰斗，引起结渣。并且过大的 A、B 风还有可能使它与一次风提前混合，煤质差时影响着火。正常运行一般控制 A、B 风的风量各占总风量的 12%～13%。C 挡板控制拱上油枪环形二次风。燃烧调整表明，C 挡板若在油枪撤出后继续开启将对着火状况、火焰中心及煤粉燃尽程度有较大的不利影响。因此一旦油枪停运，即应立即全关 C 挡板。

（2）拱下二次风的调节。拱下二次风（D、E、F 风）的主要作用是继续供应燃料燃烧后期所需要的氧量，并增强空气与燃料的后期扰动混合。拱下二次风的大小通过拱上、拱下二次风动量比而影响炉内燃烧状况。若拱下风量过小，拱上风动量（包括一次风动量）与拱下风动量之比偏大，火焰直冲冷灰斗，则冷灰斗处结渣，炉渣可燃物含量增加。若拱下风量过大，则拱上二次风动量相对不足，将会使火焰向下穿透的深度缩短，过早转向上方，使下炉膛火焰充满度降低。导致燃料燃尽度降低、炉膛出口烟温升高、过热器和再热器超温，也会加剧炉拱顶转弯角结渣及风嘴烧坏。

拱下二次风宜按照上小下大的方式配风，即 D 风量最小，E 风量次之，F 风量最大。这样配风的目的是组织无烟煤的分级燃烧。D、E 二次风的大小可控制火焰的峰值温度、抑制 NO_x 的形成。试验表明，在一定范围内调节 D、E 挡板，对煤粉气流在炉膛内的穿透能力没有显著的影响。但可以通过调节风量补充煤粉着火前期所必需的氧气，促进煤粉的着火和燃烧。一般来讲，对于挥发分低的无烟煤，D 风量应适当减小；反之，对于挥发分高些的无烟煤，D 风量应适当增大。

F 风门位于下冲风粉火焰的末端，且风口面积最大（正常运行时，约可占到二次风总量的 50%）。因此 F 挡板的调整对于改变炉内各风量的动量比最为有效，是影响 W 形火焰的形状、最高火焰位置、燃烧效率和炉内结渣情况的主要因素，必须使它的调节可靠、有效。此外，整个侧二次风的配风质量（如沿炉宽风量的均匀性）也主要取决于各 F 风门挡板的开度控制，这一点对于在同样炉膛氧量下减少燃烧损失至关重要。"屏幕"式边界风量的大小由 C 挡板调节。C 挡板开度过小有可能引起炉膛结焦，反之 C 挡板开度过大则相当于炉底大量漏入冷风，影响炉内的正常燃烧。应根据炉膛温度场及锅炉负荷实测关系，确定 C 挡板开度同锅炉负荷之间的关系。

（3）二次风动量比控制。对 W 形火焰燃烧锅炉来讲，为保证贫煤、无烟煤的稳定着火，一次风率都较低，仅依靠一次风本身的射流动量无法获得足够的穿透深度，这时应在拱部送入大量的二次风（即 A、B 风），利用拱上二次风的引射保证一次风具有良好的穿透力。

如上所述，拱上气流和前后墙气流的动量比对于炉内空气动力场的结构有决定性的影响。根据国内有关资料推荐，拱部风粉气流与前后墙上、中两层（D、E 层）气流动量的较佳比值为 4.2∶1；拱部风粉气流与前后墙下层（F 层）气流动量的较佳比值为 1.4∶1。在50% 负荷下，气流速度分布与满负荷时相似，只是相应的速度值稍小些，因此上述动量比与负荷基本无关。但为保证较好的动量比，则需要在不同负荷下对各风门开度作相应调整。判断动量比是否合宜，主要是观察在下炉膛各喷口附近和冷灰斗附近应基本上无燃烧，拱顶含粉气流下冲后燃烧迅速，氧浓度快速降低。低负荷下炉温变化不大，但煤粉停留时间延长，因而也能保持较高的燃尽率。

侧二次风对拱上风的拦截作用很大，一次风遇到侧二次风，受冲撞而弯曲，穿透深度减小。因此采用上小下大的宝塔形配风时，在同样侧二次风率下一次风的穿透深度和炉内气流的充满程度增加。

5. 火焰中心调整

W形火焰燃烧锅炉由于炉膛高度较低，且下部炉膛受热面吸热量较少，因而炉膛出口烟温和汽温变化敏感且不易控制。其火焰中心位置的变化对炉膛出口处屏式过热器的辐射换热量的影响相对较大。当锅炉负荷、煤质、配风发生变化时，若调节不当均可能引起火焰中心温度和位置的变化。若火焰中心上移，易造成过热器、再热器超温，并可能引起炉膛上部结渣；同时，部分煤粉的燃烧推迟至截面积大大减少的上炉膛，使上炉膛出现较大的压力波动，锅炉升负荷加风困难，煤粉的燃尽性能下降。当火焰中心偏下时，则易造成火焰直接冲刷冷灰斗，造成冷灰斗严重结渣。国内目前正在运行的W形火焰燃烧锅炉，多数存在氧量偏低、飞灰可燃物高的问题，主要原因之一就是火焰中心控制不良，导致过热器超温，不得不降低风量运行。

W形火焰燃烧锅炉的设计，要求将火焰中心位置维持在锅炉束腰以下的下炉膛之内。而上炉膛则主要用来使煤粉充分燃尽和进行烟气冷却。运行中调整火焰中心位置的主要手段是：调节主喷口消旋叶片位置A、B风挡板开度，磨煤机风量，乏气挡板开度和F风挡板开度。

消旋叶片位置高低直接关系到火焰行程的长短。将消旋叶片向喷口上方移动，离开喷口的气流较早地散开，降低了火焰刚度，煤粉着火提前，但火焰行程变短，火焰中心上升。拱上环形二次风挡板（A、B挡板）开大，喷射风粉的刚性增加，向炉底的穿透力增强，火焰中心降低。尤其当来自垂直墙的横向气流较大时（如负荷升高），为防止火焰短路，A、B挡板的开度应更大些。但初混过早和着火延迟也会使火焰中心升高。如图5-32所示为拱上风（A、B风）的大小对火焰中心位置影响的试验结果。由图可见，当A、B风量增大时，燃烧中心位置降低。

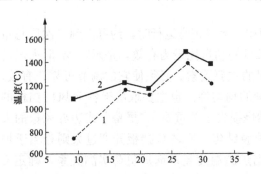

图5-32 拱上二次风量变化对炉膛温度的影响
1—A挡板开度30%，B挡板开度60%；2—A挡板开度60%，B挡板开度80%

对于直吹式制粉系统的炉子，磨煤风量与燃烧风量的协调较为困难。无烟煤的燃烧需要较小的一次风率，当受制粉出力限制不允许降低一次风率时，则由乏气挡板加以调节。开大乏气挡板时主喷嘴一次风率降低，顺利着火。过高的一次风速会推迟着火，当着火延迟较严重时，垂直墙二次风也难以加入。这种情况将导致火焰中心显著升高。

F风的挡板开度应保证燃烧所需氧量和合适的拱上、拱下二次风动量比。F挡板开得越大，其强制主气流中途偏转的作用越强，火焰中心位置上移。此外，作为二次风的主要部分，前后墙F风对冲的均匀性也会影响火焰中心的高低。当前、后墙的二次风量分配不均时，就会破坏W形火焰的正常形状。风量弱的一侧，火焰被挤上翘，使火焰中心升高，燃尽度变差。

需要指出，以上诸因素的调整效果并非各因素影响的简单叠加，此消彼长的情况是十分可能的。因此要达到最佳效果，往往需要进行反复多次的试验。此外，在调整火焰中心及风量分配时应同时兼顾 NO_x 的控制。但就目前国内监控 NO_x 的现状而言，往往难以做到这一点。通常风量的调节只能是以燃烧的经济性、安全性为主要依据。

当煤粉着火燃烧正常，气流下冲距离适当时，煤粉在下炉膛空间内大量释放热量，温度较高。与此相应，火焰中心位置下降。因此，在运行调整中，可借助监视下炉膛内"见证点"的温度，使火焰中心处于比较适当的位置。例如，某电厂的 W 形火焰燃烧锅炉，经总结调试经验，当炉膛下部（高度约 9m）火焰温度低于 1000℃ 时，认为火焰中心位置偏上，应增加 A、B 二次风量；当炉膛下部温度达到 1050～1100℃ 范围时，风量配比较为合适。

6. 氧量的控制

W 形火焰燃烧锅炉均为燃用挥发分低的无烟煤而设计的。由于 V_{daf} 低，因此在设计和运行上更需要较高于一般煤粉燃烧方式的过量空气，额定负荷时氧量设计值一般高于 5%。但一些 W 形火焰燃烧锅炉在低负荷下操作氧量可达到设计值，而高负荷下则难以达到。其原因或者是煤质过分偏离设计煤种（发热量过低），或者是着火过程不良或汽温偏高。燃烧调整发现，W 形火焰燃烧锅炉在低负荷下采用较低氧量时，飞灰可燃物和大渣可燃物都较大，符合一般煤粉炉规律，但过分增大氧量，由于二次风下冲动能增大，大渣可燃物显著升高，而飞灰可燃物变化甚微，有可能使未燃尽碳损失增大，锅炉效率降低。所以应通过燃烧调整给出满负荷运行时的最低氧量值和不同低负荷区段的氧量控制值。

7. 负荷变化时的调整

在常规煤粉锅炉的燃烧中，当负荷变化时，往往通过送风调节改变二次风大风箱的风压或总风压来增减二次风量，一般不对各二次风挡板进行调节。但对 W 形火焰燃烧锅炉来说，各二次风通流面积差别较大。譬如，当锅炉负荷升高，二次风箱压力增加时，F 二次风量增加最多，其他各风量增加较少，沿炉膛宽度风量的变化也较大，尤其是火焰中心温度与位置等锅炉运行状况对各股二次风量的相对变化十分敏感。当锅炉负荷升高时，若维持燃烧器各二次风挡板开度不变，炉膛温度随负荷的升高而上升，火焰中心也上移。

由于炉膛高度较低，火焰中心位置的改变影响相对较大，过热蒸汽温度的控制较困难。因此，在 W 形火焰燃烧锅炉运行中，必须随负荷的变化对炉膛的二次风配风进行适当调整。比如，随锅炉负荷的升高，相对增加 A、B 二次风和减小 F 二次风所占的比例，压低火焰中心，降低飞灰可燃物并增加炉膛水冷壁的吸热，避免过热器超温。当然，应避免 A、B 二次风量过高，以免造成煤粉火焰直接冲刷冷灰斗。

如上所述，为适应无烟煤的燃烧，W 形火焰燃烧锅炉提供了足够多的调风手段，如 F 运行中必须充分利用它们进行风量调节。这是 W 形火焰燃烧锅炉与常规煤粉锅炉在燃烧调节上的一个区别。无论如何，对 W 形火焰燃烧锅炉只靠改变大风箱风压使二次风总风量改变来适应锅炉负荷变化的操作方式是不合适的。

▶ 能力训练 ◀

1. W 形火焰锅炉的结构特征是什么？
2. W 形火焰锅炉配风基本注意问题是什么？
3. W 形火焰燃烧器分为几种类型？
4. W 形火焰锅炉的燃烧调节方法是什么？

任务五 低 NO_x 燃烧控制

任务目标

1. 知识目标

（1）掌握空气分级燃烧技术的工作原理。

（2）掌握烟气再循环燃烧技术的工作原理。

（3）掌握浓淡燃烧技术的工作原理。

（4）掌握燃料再燃烧技术的工作原理。

（5）掌握低氧燃烧的工作原理。

（6）掌握利用高温烟气回流预热室的工作原理。

2. 能力目标

能说明各种低 NO_x 燃烧技术的工作原理。

知识准备

现在燃烧器主要技术就是低 NO_x 燃烧控制技术，低 NO_x 燃烧的主要技术如下：

（1）减少燃料周围的氧浓度。包括：减少炉内过量空气系数，以减少炉内空气总量；减少一次风量和减少挥发分燃尽前燃料与二次风的掺混，以减少着火区段的氧浓度。

（2）在氧浓度较少的条件下，维持足够的停留时间，使燃料中的 N 不易生成 NO_x，而且使已生成的 NO_x 经过均相或多相反应而被还原分解。

（3）在过量空气的条件下，降低温度峰值，以减少热力 NO_x，如采用降低热风温度和烟气再循环等。

（4）加入还原剂，使还原剂生成 CO、NH_3 和 HCN，它们可将 NO_x 还原分解。

具体方法是空气分级燃烧、烟气再循环燃烧、浓淡燃烧、燃料再燃烧、低氧燃烧、利用高温烟气回流预热室等。

一、空气分级燃烧技术

空气分级燃烧技术是基于下列设想：将空气分成多股，逐渐与煤粉气流相混合，其目的是减少火焰中心处的风煤比。由于煤的热解和着火阶段处于缺氧状态，因此可抑制 NO_x 的生成。国产引进型美国 CE 公司的 300MW 和 600MW 锅炉燃烧器具有此种设想，该种类型燃烧器采用两个办法来实现其设想：设立燃尽风，采用分离切圆。如图 5-33 所示为采用空气分级燃烧的燃烧器。

该燃烧器将完全燃烧所需要空气量的 80% 引入主燃烧器，使主燃烧器区域处于氧气不足而燃料富集的状态下燃烧。因氧气不足，燃料热解出来的氮的化合物无法生成 NO_x，而且在还原性气氛中，已经生成的 NO_x 可以发生还原反应生成 N_2，从而达到减少 NO_x 生成量的目的。燃烧器最上部设有两个燃尽风口，再将其余 15%～

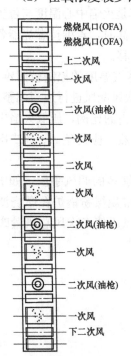

燃烧风口(OFA)
燃烧风口(OFA)
上二次风
一次风
二次风(油枪)
一次风
二次风
一次风
二次风(油枪)
一次风
二次风(油枪)
一次风
下二次风

图 5-33 采用空气分级
燃烧的燃烧器

20%的风送入，以使焦炭燃尽。

分离切圆如图 5-34 所示。分离切圆的设想是基于：在锅炉的横截面上也造成一、二次风扩散混合现象来减缓一、二次风的混合作用。在炉膛的中心部位是燃料的富集区，保持了该区域的缺氧状态，从而达到进一步减低 NO_x 的生成量目的。

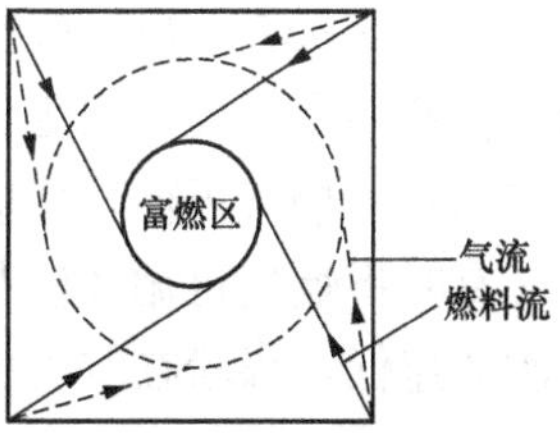

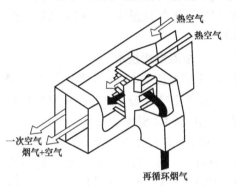

图 5-34 分离切圆

二、烟气再循环燃烧技术

将锅炉尾部烟气抽出，掺混到一次风中，降低了一次风中氧气的浓度，减低了火焰中心的温度，从而达到减低 NO_x 生成量的目的，如图 5-35 所示。但该方法容易引起燃烧不稳定，甚至灭火，如果在燃烧器中掺入高温烟气，既能抑制 NO_x 的生成，又能保证燃烧稳定。

也有将烟气再循环直接送入炉膛，或与空气混合后再送入炉膛的方法，如图 5-36 所示。

烟气再循环特别适用于含氮量较少的燃料，效果显著，可减低 NO_x 生成量达 20%～70%。对于普通燃油或燃煤锅炉，效果要差一些；对于固态排渣煤粉炉，可减低 NO_x 生成量达 15%，如图 5-37 所示。

图 5-35 再循环烟气掺混到一次风中

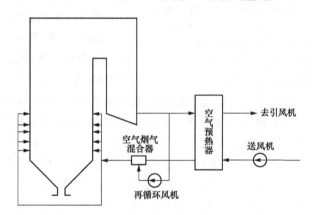

图 5-36 再热循环烟气送入炉内抑制 NO_x 的生成

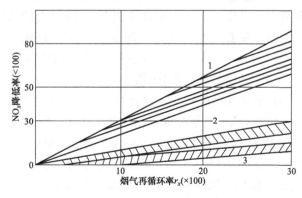

图 5-37 再循环烟气率与 NO_x 降低率的关系

1—煤气与轻油；2—重油与燃煤液态排渣炉；3—固态排渣煤粉炉

由图 5-37 可知，烟气再循环法减低 NO_x 生成率的效果不但与燃料的性质有关，而且与烟气再循环率有关，当烟气再循环率增加，NO_x 降低率增加。但过大的烟气再循环率会带来许多问题，烟气再循环率应限制在 10%～20% 范围内使用。

有时将烟气再循环法与空气分级燃烧法同时使用。在空气分级燃烧法中一次风量偏低，一次风速低，煤粉在空气中的扰动量低。当在一次风中掺入再循环烟气后，一次风速提高，煤粉在空气中扰动量增大。同时，因再循环烟气中含有大量的 CO_2 和 H_2O，与炉内的焦炭发生煤气化反应，有利于焦炭完全燃烧。

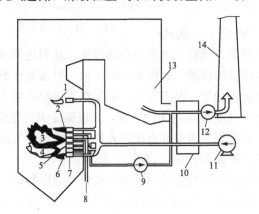

图 5-38　PM 型直流燃烧器系统

1—分级燃烧空气（OFA）喷口；2—浓煤粉气流一次风喷口；3—浓煤粉气流火焰；4—淡煤粉气流火焰；5—再循环烟气喷口；6—淡煤粉气流一次风喷口；7—二次风喷口；8—煤粉空气混合物；9—烟气再循环风机；10—空气预热器；11—送风机；12—引风机；13—省煤器出口；14—烟囱

三、浓淡燃烧技术

浓淡燃烧技术不仅可以稳定燃烧，而且可以降低 NO_x 生成。这是由于煤粉在浓度很大的区域进行热解、着火等过程在缺氧条件下完成的，因此可减少 NO_x 的生成量。

如图 5-38 所示的 PM 型直流燃烧器，实际上是集烟气再循环、空气分级燃烧和煤粉浓缩等燃烧技术于一体，来实现低 NO_x 燃烧技术。

如图 5-39 所示为 PM 燃烧器 NO_x 生成特性曲线，横坐标为一次风空气量与煤粉的质量比，纵坐标为燃烧所生成 NO_x 的浓度。上面一条曲线为采用普通燃烧器时煤粉火焰 NO_x 的生成特性曲线。在普通燃烧器中，一次风中空气与煤粉的质量比 A/C 越大，燃烧所生成 NO_x 的浓度也越高。下面一条曲线为燃烧器采用空气分级燃烧并带有烟气再循环时火焰所生成 NO_x 的特性曲线。图中 $A/C=3\sim4$ 相当于挥发分 $V_{daf}>24\%$ 的烟煤在挥发分完全燃烧时所需空气的化学当量比；图中 $A/C=7\sim8$ 相当于煤完全燃烧时所需空气的化学当量比。当 $A/C<3$ 时燃烧处于第一级燃烧，A/C 的比值越低，NO_x 的生成浓度越低；当 $4<(A/C)<7$ 时，焦炭参与燃烧，燃烧所供应的空气量不能达到煤完全燃烧所需的空气量。这不仅抑制了焦炭燃烧所生成的 NO_x，而且还原性气氛有利于已生成的 NO_x 被还原成 N_2，使 NO_x 的浓度进一步降低。综上所述，在 $A/C<3$ 的区域内，随着 A/C 的增加，挥发型的 NO_x 的浓度增加；在 $A/C=3\sim4$ 处 NO_x 的浓度达到最大值；在 $4<(A/C)<7$ 区间，还原气氛中 NO_x 被还原，促使 NO_x 浓度降低；并在 $A/C=7\sim8$ 处 NO_x 浓度达到最低值。

在图 5-39 中，从输送管道来的煤粉空气混合物，空气与煤粉的质量比 $A/C=c_0$ 时，对应普通煤粉燃烧器，所生成 NO_x 浓度为 $(NO_x)_{cv}$；对应空气分级燃烧并带有烟气再循环的燃烧器，所生成 NO_x 浓度为 $(NO_x)_{c5}$。但是对于不仅具有空气分级燃烧并带有烟气再循环，还具有浓淡型功能的 PM 燃烧器，将 $A/C=c_0$ 煤粉气流分为两股：一股为浓煤粉气流一次风，另一股为淡煤粉气流一次风。浓煤粉气流一次风，其 $A/C=c_1$，并且 $c_1<3$；对应 $A/C=c_1$，煤粉气流燃烧后所生成的 NO_x 浓度为 $(NO_x)_{c1}$。淡煤粉气流一次风，其 $A/C=c_2$，并且 $c_1>4$；对应 $A/C=c_2$，煤粉气流燃烧后所生成 NO_x 浓度为 $(NO_x)_{c2}$。对具有浓淡型功

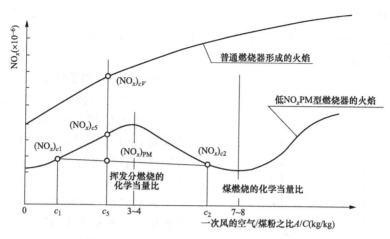

图 5-39 PM 燃烧器 NO_x 的生成特性曲线

能的 PM 燃烧器,火焰中平均 NO_x 浓度为 $(NO_x)_{PM}$,由图 5-39 可知,$(NO_x)_{PM}$ 远低于 $(NO_x)_{c5}$。以上所述即为浓淡型燃烧技术抑制 NO_x 产生的基本原理。

如图 5-40 所示为空气分级燃烧(OFA)型燃烧器、空气分级燃烧并带有烟气再循环(SGR)型燃烧器,以及空气分级燃烧并带有烟气再循环浓淡(PM)型燃烧器,在烟气中 NO_x 排放浓度对比曲线。图中横坐标为二级空气比率,纵坐标为烟气中 NO_x 的浓度,参变量为不同煤种及其烟气中的含氧量。由图 5-40 可知,普通燃烧器仅带有空气分级燃烧时,烟气中 NO_x 浓度最高,并随着二级空气比率的增加,烟气中 NO_x 浓度逐渐降低。当采用空气分

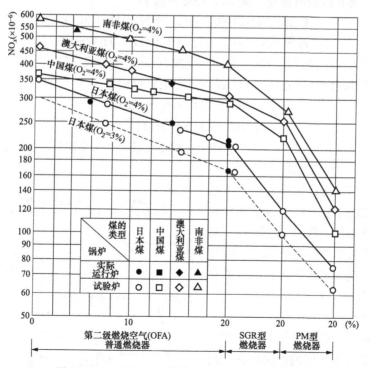

图 5-40 (OFA)型燃烧器、(SGR)型燃烧器、
(PM)型燃烧器烟气中 NO_x 排放浓度对比曲线

级燃烧并带有烟气再循环（SGR）型燃烧器时，烟气中 NO_x 浓度将下降。如若采用空气分级燃烧并带有烟气再循环浓淡（PM）型燃烧器时，烟气中 NO_x 浓度将进一步下降。PM 型燃烧器其烟气中 NO_x 浓度可达 $100\sim200\times8^{-6}$。

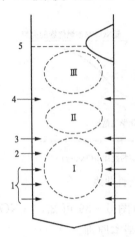

图 5-41   MACT 炉内低 NO_x 排放燃烧系统

Ⅰ—主燃烧器燃烧区；Ⅱ—第二级燃料形成的

还原区；Ⅲ—燃尽区；

1—PM 型主燃烧器；2—OFA 喷口；3—第二燃料喷口；

4—第三级燃烧空气；5—炉膛出口

四、燃料再燃烧技术

燃料再燃烧技术也称燃料分级燃烧技术，向炉内的燃尽区再送入一股燃料流，使煤粉在氧气不足的条件下热分解，形成还原区。在该还原区内，使已生成的 NO_x 还原成 N_2。

日本三菱公司在 PM 型燃烧器的基础上又发展了一种称为 MACT 的炉内低 NO_x 排放燃烧系统，如图 5-41 所示。

在 MACT 炉内低 NO_x 排放燃烧系统中，将炉内分为三个区段。第Ⅰ区段在炉膛下部主燃烧器附近，通过主燃烧器将 80%～85%的燃料送入第Ⅰ区段内燃烧，其余的 15%～20%的燃料由再循环烟气经第二燃料喷口送入炉内第Ⅱ区段。由于缺氧，在第Ⅱ区段内形成强烈的还原性气氛，在第Ⅰ段内已经生成的 NO_x 在进入第Ⅱ区段内被还原成 N_2。还原反应为

$$C_nH_m + 2NO \rightarrow C_{n-2}H_{m-2} + N_2 + H_2 + 2CO \tag{5-4}$$

$$C_nH_m + 3NO \rightarrow C_{n-1}H_{m-12} + 3NH_4 + H_2O + CO_4 \tag{5-5}$$

70%～80%的 NO_x 通过反应式（5-4）生成 N_2，而反应式（5-5）所生成的 NH_4 进入燃尽区，由于该区段内氧气充足，NH_4 继续发生下列反应为

$$2NH_4 + 2O_2 \rightarrow N_2 + 4H_2O$$
$$2NH_4 + O_2 \rightarrow NO + H_2O \tag{5-6}$$

由反应式（5-6）可知，仍有部分 NO_x 在燃尽区内产生，MACT 燃烧系统可将 NO_x 控制在 $(60\sim150)\times10^{-6}$ 范围内。

如图 5-42 所示为以甲烷为第二级燃料，燃料再燃烧法燃烧过程中 NO_x 浓度分布曲线。图中将未投入第二级燃料 NO_x 浓度分布曲线与投入第二级燃料 NO_x 浓度分布曲线进行了对比。说明炉内还原区的存在可以大大地降低 NO_x 浓度。

五、低氧燃烧

对于每台锅炉，过量空气系数对 NO_x 的影响程度是不可能相同的，因而在采用低氧燃烧后，NO_x 降低的程度也不可能相同。例如，燃用同一燃料，由于燃烧器的

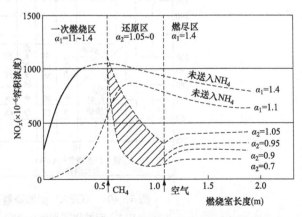

图 5-42   燃料再燃烧法燃烧过程中 NO_x 浓度分布

布置方式不同,其过量空气系数对 NO_x 的影响是不同的。

实际锅炉采用低氧燃烧时,不仅降低 NO_x,而且锅炉排烟损失减少,对提高锅炉热效率有利;但是,CO、C_mH_n、烟黑等有害物质也相应增加,飞灰中可燃物质也可能增加,因而使燃烧效率降低。因此在确定低范围时,必须兼顾燃烧效率、锅炉效率较高和 NO_x 等有害物质最少的要求。

对于煤粉炉,要实现低氧燃烧,必须准确控制各燃烧器的燃料与空气均匀分配,并使炉内燃料与空气平衡;必须减少漏风,监测和控制炉内含氧量与 CO 含量。

六、利用高温烟气回流预热室

煤粉浓缩预热低 NO_x 燃烧器简称 PRP 燃烧器(pulverized coal rich and preheating low NO_x burner),它是一种燃烧特性优良,NO_x 排放很低的煤粉燃烧器,其主要特点是对各种燃煤都有很好的适应性,无论是对烟煤、无烟煤,都能良好的组织燃烧,燃烧效率高、NO_x 排放低。尤其是对于煤种(无烟煤到烟煤之间)变化无常的情况,它具有能自动适应变煤种燃烧的特点。

如图 5-43 所示为 PRP 燃烧技术核心部分的工作原理。由图可知,高浓度煤粉流从一个有限小空间(预热室)的底部偏心的射入,再从其出口喷出,射流在有限空间内的喷射过程,其引射力将使预热室内形成较低的负压,该负压和炉膛内的压强形成压差,从而能够卷吸炉内高温烟气进入预热室并对高浓度煤粉流进行加热。众所周知,炉内高温烟气对刚喷入的煤粉加热情况是:当煤粉浓度很高时,对流换热比辐射换热更为强烈有效。上述加热过程经实际测量,预热室进口高浓度煤粉流的温度若为 90℃时,其出口温度可达 1000℃以上。计算可知,换热过程十分强烈,煤粉的温升速率可达到大于 $2×10^4$℃/s 量级。于是煤粉在极快的温升速率下,煤的挥发分得以快速裂解,从而挥发分析出的数量会大幅增多并能快速、集中释放出来并促使煤颗粒膨化,这对于促进煤的燃烧和快速燃尽十分有利,尤其有利于低挥发分煤的着火和燃尽。

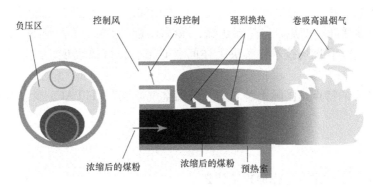

图 5-43 PRP 燃烧技术核心部分的工作原理

基于三个原因:①高浓煤粉流 A/C(风/煤)比小,空气含量少(氧浓度低),处于贫氧燃烧状态;②预热温度高、快速集中释放的挥发分浓度高,挥发分也是还原性成分;③卷吸到预热室来的烟气也是还原性的成分。使得 PRP 燃烧器能极为有效地抑止 NO_x 的生成。这就是 PRP 燃烧器能够强化着火、强化燃烧和低 NO_x 排放的工作原理。

值得注意的是:预热着火过程必须做到有控制的预热高浓度煤粉流、必须使其在预热室中预热到接近着火的温度,不使其达到着火点,随即令其喷出预热室。喷出预热室喷口后再继续获得热量，才使其着火燃烧，其目的就是为了防止烧损燃烧器。这样的着火原理和过程必须依靠自动控制系统来完成。

从图 5-43 可知，在预热室壁面上，装有温度传感器并连接自动控制系统，该系统可以自动控制预热室内的负压水平，从而控制高温烟气回流的数量，实现对高浓度煤粉流预热程度的控制。

自动控制系统的工作方法是：当燃烧器的温度传感器发出信号后，立即被送往自动控制系统进行处理并对执行机构发出调节指令，该指令调节一个与预热室连通的空气阀门的开度，以调节流入预热室的空气数量，使得：①自动调节预热室的负压高低，以此调节卷吸烟气的数量来改变预热程度；②自动调节流入预热室的空气数量，这部分空气迅速混入高浓度煤粉流，可改变高浓度煤粉流的 A/C（风/粉）比值，从而改变煤粉的燃烧特性。

PRP 燃烧器就是以这两个手段使高浓度煤粉流开始着火的位置很好地保持在设定点。实践证明这种控制手段非常有效，运行中若燃用的煤质有变化时，或是锅炉负荷变化，炉膛温度跟着发生了变化，致使卷吸到的烟气温度发生变化时，PRP 预热室的自动控制系统通过上述两个措施，能平稳地进行调整，保证着火和燃烧的连续性和稳定性。

综上所述，PRP 燃烧技术具有以下特点：

（1）具有广泛的煤种适应性。

（2）NO_x 排放值很低（在燃烧无烟煤时，仅仅依靠燃烧器就可控制到标准状态下 450～500mg/m³）。

（3）适用于多种形式的制粉系统（直吹式或中储式）和各种燃烧方式（切向燃烧方式、墙式燃烧方式和拱形—W 火焰—燃烧方式）。

（4）结构简单、可调可控、操作方便、安全可靠，寿命长。

因此，它特别适合于现有各种煤粉锅炉因燃烧技术与实际燃煤不相适应，因而产生的种种生产问题，诸如：着火、稳燃的困难，启动点火用油量大；低负荷性能差、负荷调节比小带来的稳燃助燃油耗高；结焦，过热器超温、减温水用量过大，负荷带不上去，排烟温度过高等常见的问题。PRP 燃烧技术在解决上述问题时都有良好的表现。此外还可以应用于新锅炉的设计。

PRP 燃烧技术的特点是国际上著名的"高温空气燃烧"（HTAC）无法比拟的，因此受到了广泛的关注。

▶ 能力训练 ◀

1. 空气分级燃烧技术的工作原理是什么？
2. 烟气再循环燃烧技术的工作原理是什么？
3. 浓淡燃烧技术的工作原理是什么？
4. 燃料再燃烧技术的工作原理是什么？
5. 低氧燃烧的工作原理是什么？
6. 利用高温烟气回流预热室的工作原理是什么？

任务六 煤粉燃烧器的点火

▶ 任务目标 ◀

1. 知识目标
(1) 了解煤粉燃烧器的点火方式。
(2) 熟悉轻油点火器点火条件。
(3) 熟悉重油点火器点火条件。
(4) 掌握轻油燃烧器的点、熄火控制的基本程序。
(5) 掌握重油燃烧器的点、熄火控制的基本程序。
(6) 掌握等离子点火技术的工作原理。
(7) 掌握微油点火技术的工作原理。

2. 能力目标
(1) 能说明轻油、重油点火器点火条件。
(2) 能说明轻油、重油燃烧器的点、熄火控制的基本程序。
(3) 能说明等离子点火技术的工作原理。
(4) 能说明微油点火技术的工作原理。

▶ 知识准备 ◀

一、点火方式

现代大型锅炉的点火方式较多，多为两级点火，一种是用高能点火器，直接点燃重油燃烧器，再用重油燃烧器点燃主煤粉燃烧器；另一种是用高能点火器，点燃轻油燃烧器，再用轻油燃烧器点燃主煤粉燃烧器。在无高能点火装置情况下，为三级点火，用常规电火花点火器点燃轻油燃烧器，用轻油燃烧器点燃重油燃烧器，再用重油燃烧器点燃主煤粉燃烧器。现已研制成功能直接点燃煤粉燃烧器的等离子体点火装置，但维护代价高。艾佩克斯科技（北京）公司已研制成功微油点火系统，用少量微油点燃主煤粉燃烧器可节省锅炉启动点火耗油量的90%。

二、自动确认点火的许可条件

各种不同类型的燃烧器、点火器都有各自的点火条件。只有当锅炉燃烧自动控制系统确认所有的点火条件都能满足，发出点火指令，同时向运行人员发送灯光信号，才可表明是否可以点火或熄火。

如图 5-44 所示为轻油点火器点火条件，由于重油燃烧器、煤粉燃烧器是用轻油燃烧器来点燃，所以轻油点火器点火条件也是重油燃烧器、煤粉燃烧器的必要条件，但不是充分条件。

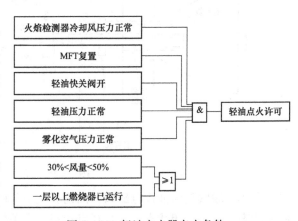

图 5-44 轻油点火器点火条件

　　如图 5-45 所示为重油点火器点火条件。在点火器点火时，要保证风箱有一定的空气压力，炉内具有一定的空气流量。风量过大可能吹灭火焰，风量过小也会使点燃发生困难。为了保证煤粉燃烧器能稳定着火，要求摆动式燃烧器应处于水平位置，如果已有一层燃烧器运行，上述条件则没有必要。油压正常、雾化蒸汽或空气压力是为了保证油的雾化质量。为防止炉膛负压波动太大，某层燃烧器点火时，不允许其他层燃烧器同时点火。中速磨煤机石子箱进口门应打开。磨煤机点火能充分是指锅炉具有一定的负荷（用汽包压力达到规定值作为信号），热风温度达到规定值，目的是保证煤粉的干燥条件。

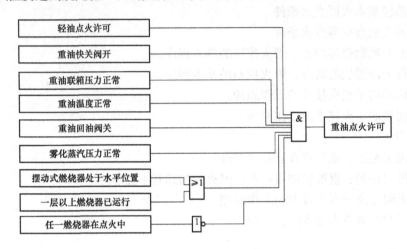

图 5-45　重油点火器点火条件

三、轻油点火器的点、熄火控制

　　轻油点火器由三部分组成：引燃、燃烧、火焰检测，如图 5-46 所示。我国大型煤粉锅炉的点火器都采用电气引燃装置，电火花的点火能量大，足够点燃空气雾化的轻油。点火器的燃料可以是天然气、油田煤气或轻油。涡流板式点火器安装在主燃烧器的侧面。点火器的火焰与主燃烧器喷出的燃料气流成斜交。点火器的喇叭口内有三块导向板，分别支撑三根导向管。空气通过涡流板形成涡流，充分与燃料混合。

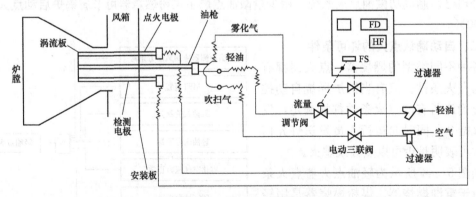

图 5-46　轻油点火燃烧器

　　电动三联阀是由油枪电磁阀、油枪雾化空气阀和吹扫阀组成，三个阀相互机械连锁。有两种状态：一是关闭状态，二是开启状态。在关闭状态下，油枪电磁阀和油枪雾化空气阀处于关闭状态，而吹扫阀处于开启状态；相反地，在开启状态时，油枪电磁阀和油枪雾化空气阀处于开启状态，而吹扫阀处于关闭状态。

点火轻油进入油枪的中心管，雾化空气进入油枪的外管。油和空气在油枪的头部混合乳化，并从扁缝形的雾化嘴喷出雾化气流。

点火风机将点火燃烧用的空气送入点火器上下两个接口，经过涡流板与雾化气流混合。在三联阀开启的同时，电火花装置连续发出电火花，促使油雾和空气的混合物稳定燃烧；当煤粉燃烧器被点燃并能稳定燃烧时，即可关闭三联阀，停止向点火器供油和供给雾化空气。吹扫空气将油枪内残余油渣吹扫干净。主煤粉燃烧器点燃后，点火器也可继续投运。

如图 5-47 所示为轻油点火器逻辑控制回路图。计算机或手动发出点火指令，RS 触发器的位置处于点火状态，点火装置打火发出电火花。开启电动三联阀，轻油油雾被点燃之后，如果三联阀达到规定的开度，具有足够轻油流量，同时火焰检测器检测到火焰信号，则表示点火成功。停止发出点火花，主控制盘上红灯亮，表示点火器投运，向点火器逻辑控制回路返回信号。如果在 10s 内，三联阀未开足或轻油流量未达到规定值，或者火焰检测未能测到信号，说明点火失败。停止发送火花，并关闭三联阀，将 RS 触发器恢复到熄火状态。

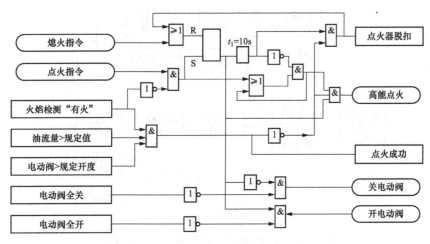

图 5-47　轻油点火器逻辑控制回路

如果轻油点火器逻辑控制回路接收到熄火信号，也有与上述相似的操作。

四、轻油燃烧器的点、熄火控制

轻油燃烧器的点、熄火控制是指用高能点火器 HEA 直接点燃轻油燃烧器。HEA 和轻油燃烧器装在主燃烧器的二次风口内。

控制回路发出推进点火装置指令，必须满足以下条件才能执行：无轻油燃烧器跳闸指令存在；无轻油燃烧器点火不成功信号存在；无轻油燃烧吹扫指令存在；无开启轻油燃烧器吹扫阀的指令存在。

点火顺序为：①轻油枪和高能点火棒向炉内推进到点火位置；②确认点火装置到位后，开启三通阀；③HEA 变压器通电，发出电火花。三通阀从全关到全开的过程中，完成油枪吹扫；④当三通阀到达全开位置，开始进油。HEA 以一定频率发送电火花，将轻油点着，有 30s 的点火试验时间，在一定的点火周期结束后，HEA 变压器自动断电，HEA 缩回原位；⑤火焰检测器检测到信号后，三通阀被确认在开启状态，表示点火成功，如果点火失败，三通阀立即被切断，停止供油，并进行吹扫。

五、重油燃烧器的点、熄火控制

重油燃烧器的点火许可条件是其他点火器点火成功。重油燃烧器在点火时自动将重油燃烧器推进到位，打开重油电磁阀和雾化蒸汽阀。重油雾化流遇到点火器的火焰后，即可点着。电磁阀打开若干秒时间，发出重油燃烧器点火时间完的信号，该指令送入点火器控制程序，点火器熄火。当点火时间完，火焰检测器未检测到火焰信号，立即发出重油点火失败的警告信号。点火器和重油燃烧器都恢复到原始状态。

运行人员、计算机或炉膛燃烧的安全监控系统都可以发出重油燃烧器的熄火指令，重油燃烧执行熄火程序。

重油燃烧器的点火或熄火的基本程序如图 5-48 所示。

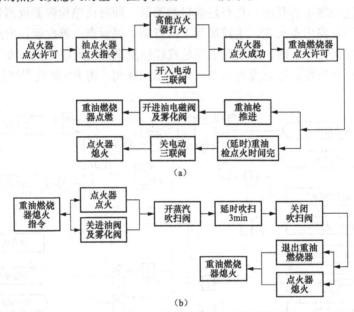

图 5-48　重油燃烧器的点火或熄火的基本程序
(a) 点火程序；(b) 熄火程序

六、等离子点火技术

1. 等离子发生器的组成

等离子发生器为磁稳空气载体等离子发生器，它由线圈、阴极、阳极组成，如图 5-49 所示。其中阴极材料采用高电导率的金属材料或非金属材料制成；阳极由高电导率、高热导率及抗氧化的金属材料制成，它们均采用水冷方式，以承受电弧高温冲击；线圈在高温 250℃ 情况下具有抗 2000V 直流电压的击穿能力；电源采用全波整流电路，并具有恒流性能。等离子发生器的发火原理为：首先设定输出电流，当阴极前进同阳极接触后，整个系统具有抗短路的能力且电流恒定不变，当阴极缓缓离开阳极时，电弧在线圈磁力的作用下拉出喷管外部。具有 0.03MPa 左右压力的空气在电弧的作用下，被电离为高温等离子体，其能量密度高达 $105\sim106W/cm^2$，为点燃不同的煤种创造了良好的条件。

2. 等离子发生器的工作原理

根据高温等离子体有限的能量不可能同无限的煤粉量及风速相匹配，为此设计了多级燃

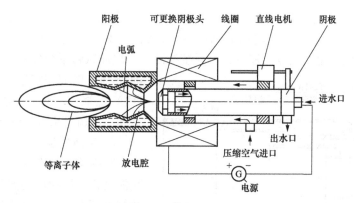

图 5 - 49　等离子发生器

烧器，如图 5 - 50 所示。它的意义在于应用多级放大的原理，使系统的风粉浓度、气流速度处于一个十分有利于点火的工况下，从而完成持续、稳定的点火、燃烧过程。实验证明，运用这一原理及设计方法可使单个燃烧器的出力从 2t/h 扩大到 10t/h。在建立一级点火燃烧过程中采用了将经过浓缩的煤粉垂直送入等离子火焰中心区，在高温等离子体同浓煤粉的汇合及所伴随的物理、化学过程，使煤粉原挥发分提高了 20%～80%，其点火延迟时间不大于 1s。

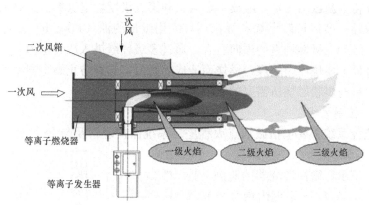

图 5 - 50　等离子发生器的工作原理

　　点火燃烧器的性能决定了整个燃烧器运行的成败。在设计上该燃烧器出力约为 500～800kg/h，其喷口温度不低于 1200℃。另外加设了第一级气膜冷却技术，避免了煤粉的贴壁流动及挂焦，同时又解决了燃烧器的烧蚀问题。该区称为第 Ⅰ 区。第 Ⅱ 区为混合燃烧区，区内一般采用"浓点浓"的燃烧原则，环形浓淡燃烧器可将淡粉流贴壁而浓粉掺入主点火燃烧器燃烧。这样既利于混合段的点火，又冷却了混合段的壁面。在特大流量条件下还可采用多级点火。第 Ⅲ 区为强化燃烧区，在 Ⅰ、Ⅱ 区内挥发分基本燃尽，为提高疏松炭的燃尽率，采用提前补氧强化燃烧的措施。提前补氧的目的在于提高该区的热焓，进而提高喷管的初速，加大火焰长度，提高燃尽度。所采用的气膜冷却技术也达到了避免结焦的目的。第 Ⅳ 区为燃尽区，疏松炭的燃尽率决定于火焰的长度，随烟气温度的升高而逐渐加大。

七、微油点火技术

1. 微油点火系统设备组成

微油点火系统主要由微油点火器、风粉系统、自动控制系统三大部分组成，微油点火器由微油燃烧器、高能气化油枪、燃油系统、压力冷风系统、火检冷却风系统等组成；风粉系统由一次风管道、风门及控制、管道补偿装置、支吊架及风速监测装置组成；自动控制系统是对高能气化油枪点火控制、油系统控制、一次风风粉系统控制、着火保护等系统的控制。微油燃烧器是由高强度油（气）燃烧室、煤粉燃烧室、煤粉浓缩器和二次风等组成，如图 5-51 所示。

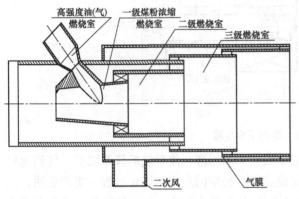

图 5-51　微油点火燃烧器结构示意

2. 微油燃烧器的工作原理

高强度油（气）燃烧室的作用是：高能气化油枪喷出的燃油在自动控制系统控制下点火，在高强度油（气）燃烧室内短时间发生剧烈燃烧，利用微量燃油产生的高温火焰引燃一部分煤粉然后利用煤粉自身燃烧产生的热量引燃更多的煤粉，如此能量逐渐放大，达到微油冷炉启动的目的；煤粉燃烧室分为一级煤粉浓缩燃烧室、二级和三级燃烧室，经一次风管道过来的煤粉进入一级煤粉浓缩燃烧室，煤粉颗粒剧烈燃烧迅速受热而膨胀破碎，使煤粉快速着火。着火的煤粉不断放出热量，继续引燃第二和第三级燃烧室煤粉。经高强度油（气）燃烧室、煤粉的浓缩、多级扩散燃烧室等作用，使用微量的油（40kg/h）即可点燃大量的煤粉。二次风从二级和三级燃烧室的周向引入，通过多级环缝进入燃烧室内，在燃烧器壁面形成高速气流，降低了燃烧器内因煤粉燃烧而造成的高温，起到防止燃烧器壁面结渣和烧坏作用，与此同时也补充煤粉燃烧所需要的氧量。

3. 微油点火控制系统

微油点火热控系统主要包括微油点火程序、系统保护逻辑及与 DCS 连接三部分。控制系统组成见图 5-52。

如图 5-52 所示，微油燃烧器的监测与控制利用原有 DCS，在 DCS 系统内增加控制画面，用于实现启停控制与过程参数（压力、温度等）的采集与监测，以及安全保护与联锁，确保系统安全，并能够记录过程参数历史数据，以便于分析和研究系统的运行情况。提供与锅炉 FSSS 连接的接口，系统保护设计安全可靠，保证点火过程点火设备和锅炉的安全。

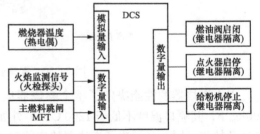

图 5-52　微油点火控制系统

▶ 能力训练 ◀

1. 煤粉燃烧器的点火方式有哪些？
2. 轻油点火器点火条件是什么？
3. 重油点火器点火条件是什么？
4. 轻油燃烧器的点、熄火控制的基本程序是什么？
5. 重油燃烧器的点、熄火控制的基本程序是什么？

6. 等离子点火技术的工作原理是什么？

7. 微油点火技术的工作原理是什么？

任务七　锅炉燃烧的自动调节

> **任务目标** ◀

1. 知识目标

（1）掌握锅炉燃料量的自动调节原理。

（2）掌握锅炉送风量的自动调节原理。

（3）掌握锅炉引风量的自动调节原理。

2. 能力目标

能说明锅炉燃料量、送风量、引风量的自动调节原理。

> **知识准备** ◀

锅炉燃烧调节目的是维持正常的主蒸汽压力、主蒸汽温度，使锅炉的蒸发量能满足汽轮发电机组所供出的功率的要求；维持最佳的炉膛出口过量空气系数，使锅炉的热效率达到较为理想状态；维持正常的炉膛负压，使锅炉漏风量不致过大而增加排烟热损失；维持燃烧的稳定性，避免发生灭火事故；维持正常燃烧，避免炉内或炉膛出口结渣；维持正常的火焰中心位置，保证炉膛出口气流不出现过大偏斜和左右侧烟温不出现过大的偏差。

燃烧调节的目的有一些可以通过自动调节控制的手段来完成，有一些必须通过运行人员手动调整来完成。锅炉燃烧的自动调节包括锅炉燃料量的调节、锅炉送风量的调节、锅炉引风量的调节，锅炉燃烧自动调节系统框图如图 5-53 所示。

这三个自动调节系统既相互联系，又互相独立，其中任何一个系统都可单独投入，其他两个系统手动调节。如果三个系统都投入运行，才能实现燃烧系统全部自动调节。

外部对本机组的负荷要求经过协调控制系统发出负荷指令，分别处理成对汽轮机负荷要求指令 P_T 和对锅炉负荷要求指令 P_B，

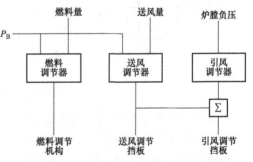

图 5-53　锅炉燃烧自动调节系统框图

P_B 为锅炉燃烧率指令信号，分别送入燃料量调节系统和送风量调节系统。

一、锅炉燃料量的自动调节

由于大型锅炉主要采用直吹式制粉系统，下面仅介绍直吹式制粉系统燃料量的自动调节。

对于直吹式制粉系统，磨煤出力与锅炉燃料量之间存在直接的联系。燃煤量的调节主要依靠投入磨煤机的台数和改变磨煤机的给煤量来实现。

每一台磨煤机有一套制粉系统，每一台炉配有 4~6 套相互独立的制粉系统，其中有一套备用。

　　当锅炉负荷变化不大时，依靠同时改变已投入运行的磨煤机出力来进行调节。锅炉负荷增加时，首先开大一次风的总风门。增大磨煤通风量，利用磨煤机内的存煤量来作为负荷调节缓冲手段。再增加磨煤机的给煤量，同时开大相应的二次风门的开度。当锅炉负荷减小时，首先减小磨煤机的给煤量，再减小磨煤通风量和二次风量。

　　如若锅炉负荷变化很大时，需要投入或切除哪几套制粉系统，必须考虑相应燃烧器配置的合理性，投运燃烧器的均衡性。在投燃烧器时，应投与已运行燃烧器相邻者，否则对投燃烧器着火不利。事先应对不同的负荷下拟定好制粉系统投入或切除方案。

　　直吹式制粉系统锅炉燃料量的自动调节系统有两种：以给煤机转速为反馈信号燃烧调节系统和以一次风量为反馈信号燃烧调节系统。

　　1. 以给煤机转速为反馈信号燃烧调节系统

　　如图 5-54 所示为以给煤机转速为反馈信号燃烧调节系统框图。图中的左半侧为锅炉给煤量、送风量、引风量的调节系统。图中右半侧为磨煤机调节系统。设备本身有数台磨煤机，图中仅给出一台磨煤机系统。

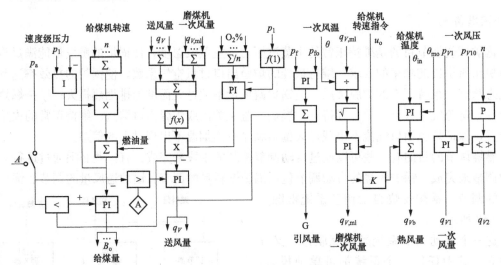

图 5-54　以给煤机转速为反馈信号燃烧调节系统

　　P_B 为协调控制系统发出的负荷要求指令，当切换开关切向 A 侧，锅炉仅担负固定负荷的指令。当外界要求负荷增加时，高选择器要求风量增加；低选择器只有待风量增加后，燃料控制器才能增加给煤量，最后达到新的平衡，实现了加负荷先加风后加煤的原则。当外界要求负荷减少时，低选择器选择了 P_B 要求煤量减少；高选择器选择了只有待煤量减少后，风量变控制器才能减少风量，最后达到新的平衡，实现了减负荷先减煤后减风的原则。

　　图 5-54 中右半侧为磨煤机调节系统，其中磨煤一次风量调节回路是一个简单控制系统，以给煤机转速为主要控制信号，它是定值指令。反馈信号是经温度矫正后的一次风量，用控制器的输出信号去控制磨煤机进口总风门，其中磨煤机进口温度的调节应当保证磨煤机进口温度为给定值，用磨煤机进口温度为主信号与定值信号进行比较。控制器的输出与一次风量为前馈信号叠加后控制磨煤机热风门，其中一次风压控制系统的目的是使一次风压保持为给定值，此给定值可以是常数，也可以与给煤机转速成比例。一次风压信号与给定值信号控制一次风门，其中层燃料风量控制系统用来保持层燃料风量与给煤机转速

成比例。以给煤机转速为信号，控制器的高、低值限制器，这是为了防止层燃料风量变化过大或过小。

2. 以一次风量为反馈信号的调节系统

如图 5-55 所示为以一次风量为反馈信号的调节系统，其中左半部分为一台磨煤机调节系统，右半部分为一次风量、送风量、引风量调节系统。由于从磨煤量的改变到锅炉给粉量的改变有一段时间的迟延，而一次风量的变换却能较快地改变锅炉的送粉量，本系统正是利用这个特点。

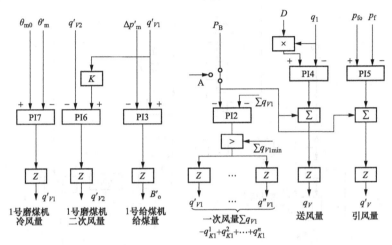

图 5-55　一次风量为反馈信号的燃烧调节系统框图

图 5-55 中 PI3 是磨煤机的给煤量调节器，以该磨煤机的一次风量为给煤量控制的定值信号。磨煤机内装载的煤量与磨煤进出口压差成正比，所以用磨煤机进出口压差作为反馈信号，保持进口一次风量与磨煤机进出口压差成比例。这两者控制策略恰好相反。PI6 为二次风量调节器，其调节目的是保持二次风量与一次风量成比例。作为定值信号的一次风量，通过比例器 K 送到调节器 PI6，使一、二次风保持一定的比例关系。

PI7 为磨煤机出口温度控制器，通过改变冷风量来控制磨煤机出口温度为定值。

二、锅炉送风量的自动调节

为了保持锅炉运行中具有较高的热效率，锅炉的送风量控制应当使炉膛出口过量空气系数达到最佳值。炉膛出口过量空气系数是通过烟气中含氧量的测量而获得。

在图 5-55 中，右半部分为锅炉的一次风、送风量、引风量的调节系统。锅炉负荷指令 P_B 平行送入一次风调节系统、送风量调节系统和引风量调节系统。PI2 为一次风量调节器，接收负荷指令，以每台磨煤机一次风量总和为反馈信号来调节每台磨煤机的一次风门。调节器 PI2 出口高选择器的作用是防止调节作用过小，当 PI2 出口信号小于每台磨煤机最小一次风量之和 $\sum q'_{V1,\min}$ 对应的信号时，选择 $\sum q'_{V1,\min}$ 信号，以避免造成一次风量过低。

在图 5-55 中，PI2 为送风调节器，它的定值信号为锅炉主蒸汽流量。利用乘法器对定值进行修正，使蒸发量与送风量的比值随锅炉负荷而变化，负荷增高，该比值下降。

三、锅炉引风量的自动调节

随着锅炉负荷的增减，进入炉内的燃料量和送风量都会改变，因此燃烧所产生的烟气量也会改变。为了控制炉膛负压在允许范围内波动，必须进行引风量的调节。

在图 5 - 56 中，引风量的改变，炉膛负压变化反应比较快，采用简单回路就能达到目的。以炉膛负压 p_f 作为主要信号，送风量的变化是引起炉膛负压扰动的主要因素，为保证炉膛负压等于给定值，以送风量的变化作为前馈信号。前馈信号送到调节器入口之前先通过函数发生器 $f_2(x)$，$f_2(x)$ 是一个微分环节，只有在送风量发生变化的动态过程中才出现，稳定状态下便消失。

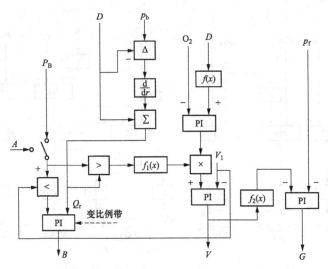

图 5 - 56　热量信号燃烧调节系统框图

在图 5 - 56 中，右半部分引风量的调节系统，炉膛负压 p_f 作为主要信号，p_{10} 为给定值。p_b 作为前馈信号与调节器出口信号叠加，用来调节引风量。

▶ 能力训练 ◀

1. 锅炉燃料量的自动调节原理是什么？
2. 锅炉送风量的自动调节原理是什么？
3. 锅炉引风量的自动调节原理是什么？

项目六 循环流化床锅炉的运行

> **项目目标** <

(1) 通过对循环流化床锅炉的启动和停运的学习，能说明床料循环系统投入、外置热交换器的投入、冷灰系统的投入、飞灰再循环的投入的步骤，并能说明循环流化床锅炉的启动顺序和停炉步骤。

(2) 通过对循环流化床锅炉运行特性的学习，能分析机组负荷、送风量和风速、燃料特性、循环倍率对运行工况的影响。

(3) 通过对循环流化床锅炉运行调节的学习，能对循环流化床锅炉进行燃烧调节。

(4) 通过对循环流化床锅炉运行问题的处理的学习，能分析循环流化床锅炉出力不足、床层结焦、返料装置堵塞、对流烟道可燃物再燃、耐火材料脱落的原因及处理措施。

目前国内已经投运的循环流化床锅炉都属于自然水循环锅炉，汽水系统的运行操作要安装汽包锅炉的运行控制。燃烧系统的运行要按照循环流化床锅炉的燃烧特点进行运行控制。

任务一 循环流化床锅炉的启动与停运

> **任务目标** <

1. 知识目标

(1) 掌握循环流化床锅炉的工作过程。

(2) 掌握循环流化床锅炉冷态试验的内容。

(3) 掌握循环流化床锅炉的点火方式。

(4) 掌握床料循环系统投入、外置热交换器的投入、冷灰系统的投入、飞灰再循环的投入的步骤。

(5) 掌握循环流化床锅炉的启动顺序。

(6) 掌握循环流化床锅炉的正常停炉、紧急停炉步骤。

2. 能力目标

(1) 能说明床料循环系统投入、外置热交换器的投入、冷灰系统的投入、飞灰再循环的投入的步骤。

(2) 能说明循环流化床锅炉的启动顺序。

(3) 能说明循环流化床锅炉正常停炉、紧急停炉的步骤。

> **知识准备** <

新安装的锅炉必须先完成烘炉和煮炉的全部工作才能进入启动前的准备工作。经过检修的锅炉启动前的准备与常规检查工作各电厂运行规程都有详细规定。进入工作岗位时通过学习运行规程和在师父带领下对设备检查能较快掌握有关内容。

一、循环流化床锅炉的工作原理和基本概念

（一）循环流化床锅炉炉内工作原理

循环流化床燃煤锅炉基于循环流态化的原理组织煤的燃烧过程，以携带燃料的大量高温固体颗粒物料的循环燃烧为重要特征。固体颗粒充满整个炉膛，处于悬浮并强烈掺混的燃烧方式。但与常规煤粉炉中发生的单纯悬浮燃烧过程相比，颗粒在循环流化床燃烧室内的浓度远大于煤粉炉，并且存在显著的颗粒成团和床料的颗粒回混，颗粒与气体间的相对速度大，这一点显然与基于气力输送方式的煤粉悬浮燃烧过程完全不同。

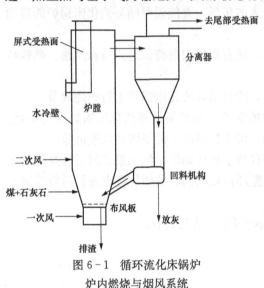

图 6-1 循环流化床锅炉
炉内燃烧与烟风系统

循环流化床锅炉的燃烧与烟风流程见图 6-1。

预热后的一次风（流化风）经风室由炉膛底部穿过布风板送入，使炉膛内的物料处于快速流化状态，燃料在充满整个炉膛的惰性床料中燃烧。较细小的颗粒被气流夹带飞出炉膛，并由飞灰分离装置分离收集，通过分离器下的回料管与飞灰回送器（返料器）送回炉膛循环燃烧；燃料在燃烧系统内完成燃烧和高温烟气向工质的部分热量传递过程。烟气和未被分离器捕集的细颗粒排入尾部烟道，继续与受热面进行对流换热，最后排出锅炉。

在这种燃烧方式下，燃烧室密相区的温度水平受到燃煤过程中的高温结渣、低温结焦和最佳脱硫温度的限制，一般维持在 850℃ 左右。

这一温度范围也恰与最佳脱硫温度吻合。由于循环流化床锅炉较煤粉炉炉膛的温度水平低的特点，带来了低污染物排放和避免燃煤过程中结渣等问题的优越性。

（二）循环流化床锅炉的工作过程

如图 6-2 所示为典型电站用循环流化床锅炉的工作系统，其基本工作过程如下：煤由煤场经抓斗和运煤皮带等传输设备被送入煤仓，然后由煤仓进入破碎机被破碎成粒径小于 10mm 的煤粒后送入炉膛。与此同时，用于燃烧脱硫的脱硫剂——石灰石也由石灰石仓送入炉膛，参与煤粒燃烧反应。此后，随烟气流出炉膛的大量颗粒在旋风分离器中与烟气分离。分离出来的颗粒可以直接回到炉膛，也可经外置式换热器再进入炉膛参与燃烧过程。由旋风分离器分离出来的烟气则被引入锅炉尾部烟道，对布置在尾部烟道中的过热器、省煤器和空气预热器中的工质进行加热，从空气预热器出口流出的烟气经布袋除尘器除尘后，由引风机排入烟囱，排向大气。

在汽水系统方面，循环流化床锅炉和煤粉炉基本相似。给水由给水泵压入省煤器，吸热后流入汽包，经下降管和下联箱汇集，重新分配给布置在炉膛四周的水冷壁管中。工质在水冷壁管中吸热汽化后再返回汽包，在汽包内进行汽水分离，饱和蒸汽流入位于对流烟道的过热器，并在其中进一步被烟气加热到规定的温度和压力的过热蒸汽。随后，过热蒸汽流入汽轮机，推动汽轮机转动，并带动同轴的发电机发电。

外置式换热器中的被加热工质可以是给水或蒸汽。这些工质在外置式换热器中吸热后仍

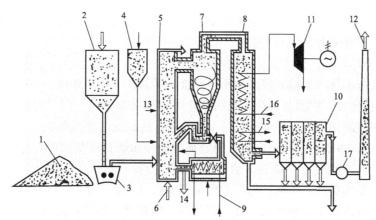

图 6-2　典型电站用循环流化床锅炉的工作系统

1—煤场；2—燃料仓；3—燃料破碎机；4—石灰石仓；5—水冷壁；6—布风板下的空气入口；7—旋风分离器；
8—锅炉尾部烟道；9—外置式换热器的被加热工质入口；10—布袋除尘器；11—汽轮机；12—烟囱；
13—二次风入口；14—排渣管；15—省煤器；16—过热器；17—引风机

回到锅炉的汽水系统。

燃烧及布风需要的一次风和二次风通常由冷空气在空气预热器（布置在后部烟道的省煤器后面，图中未示出）中预热后分别从炉膛底部及炉膛侧墙送入。

（三）循环流化床锅炉的优缺点

1. 循环流化床锅炉的主要优点

（1）炉内蓄热量大，燃烧稳定，燃料适应性好。燃烧室内存有大量高温固体物料（约 95% 为惰性颗粒，5% 为可燃物），这些固体颗粒可以是沙子、砾石、石灰石及煤灰。加入的燃料按质量分数计算只占床料总量的 1%～3%。

循环流化床锅炉可不需要辅助燃料，而燃用各种固体燃料，从低挥发分的无烟煤到高硫烟煤乃至灰分含量高达 40%～60% 的高灰煤均可满意地燃烧。此外，这种锅炉还能燃用石油焦、页岩等其他固体燃料，其燃料适用范围十分宽广。

（2）燃烧效率高。由于流化床产生的良好的气固强烈混合，大大强化了燃烧，且燃烧时间不受限制，燃烧效率可达 95%～99%，高于煤粉炉和鼓泡床锅炉的燃烧效率，而且循环流化床锅炉的燃烧效率不受炉内脱硫过程的影响。

（3）低温燃烧污染轻，有利于环境保护。低温燃烧是由灰的变形温度决定的，燃烧温度一般在 850～950℃ 的范围内。流化床锅炉的低温燃烧特性，使 NO_x（包括 NO 和 NO_2）的生成量仅是煤粉炉的 1/4～1/3，烟气中的 NO_x 排放范围为 50～150ppm，一般无须烟气脱除氮氧化物的设备。

低温燃烧使 SO_3 的生成量降低，在流化床内加入石灰石（$CaCO_3$）、白云石（$CaCO_3$·$MgCO_3$）等脱硫剂，可脱去燃烧过程中生成的 SO_2，流化床内脱硫剂与烟气中的 SO_2 的反应环境（温度、时间、传质等）十分有利于脱硫反应的进行。因此，循环流化床锅炉在采用石灰石作脱硫剂，钙硫摩尔比 Ca/S＝2 的情况下，其脱硫效率可高达 90% 以上，脱硫剂利用率可达 50% 以上。排入大气的烟气中 SO_2 含量小于 $200mg/m^3$（标准状态），符合国家环保标准，可不必采用昂贵的烟气脱硫装置。

（4）锅炉设备占地面积小。流化床锅炉无单独的烟气脱硫、脱氮装置，无庞大的制粉设备和制粉系统，给煤管道简单，占地面积小。但物料分离器需要占据较大的空间。

（5）负荷调节范围大，调节性能好。

1）锅炉水循环安全。循环流化床内不存在火焰中心，温度和热负荷分布较煤粉炉均匀很多，在变负荷时不易产生循环停滞和循环倒流，不易产生传热恶化。

2）汽温可控性好，能满足负荷大范围变化时对汽温的要求。因为可通过改变循环物料的温度和数量来控制加热、蒸发和过热三个吸热量，进而改变蒸汽温度。

3）燃烧稳定。由于炉内物料中大量的是高温颗粒而燃料存量很少，一般在锅炉正常出力的 25％～30％下仍可稳定燃烧而不会产生灭火。当要求负荷变化时，在维持床温不变的条件下，采用改变燃煤量、风量、物料循环量和床层厚度等手段，来实现负荷的调节，出力调节速率较快，可达到 4％/min 的程度。但控制系统和操作都比较复杂。

（6）燃烧热强度大。循环流化床锅炉的截面热强度为 3～6MW/m^2，是鼓泡床的 2～4 倍、链条炉的 2～6 倍；容积热强度为 1.5～2MW/m^3，是煤粉炉的 8～11 倍。因此，循环流化床锅炉的炉膛体积较小，金属消耗少。

（7）炉内传热能力强。循环流化床锅炉炉内传热是上升的烟气和流动的物料与受热面的对流传热和辐射传热，气-固两相混合物的传热系数比煤粉炉的辐射传热系数大得多。

（8）灰渣综合利用性能好。流化床锅炉灰渣未经过高温熔融过程，灰渣活性好，可燃物含量低且石膏为无水石膏，灰渣中含有大量的氧化钙和硫酸钙，不像煤粉炉灰渣以氧化硅为主，其灰渣有利于作水泥掺和料或其他建筑材料。

2. 循环流化床锅炉存在的问题

（1）飞灰含碳量仍较高，使固体未完全燃烧热损失比较大，严重影响锅炉的热效率。

（2）对物料分离设备的效率、耐磨性、耐高温性要求高。

（3）通风阻力大，需采用高压鼓风机，造成厂用电率高（一般大于 10％）。

（4）受热面磨损严重，使其安全运行、使用寿命都低于煤粉炉。

（5）燃烧控制系统复杂，给实现自动化带来很大困难。

（6）大型化也还比较困难。

（7）N_2O 生成量高于煤粉炉，因为 N_2O 高温时被破坏。

（8）理论和技术问题有待进一步解决。

（四）有关循环流化床锅炉的基本概念

（1）床料。锅炉起动前，布风板上铺有一定厚度、一定粒度的"原料"，称作床料。床料的成分、颗粒粒径和筛分特性因炉而定。床料一般由燃煤、灰渣、石灰石粉等组成，有的锅炉床料还掺入砂子、铁矿石等成分。

（2）物料。循环流化床锅炉运行中在炉膛内燃烧或载热的物质。它不仅包含床料成分，还包括锅炉运行中给入的燃料、脱硫剂、返送回来的飞灰以及燃料燃烧后产生的其他固体物质。

（3）空隙率。燃料、床料或物料堆积时，其粒子间的空隙所占的体积份额。

（4）燃料筛分。燃料颗粒直径的范围。如果粒径粗细的范围较大，即筛分较宽，就称作宽筛分；粒径粗细范围较小，就称作窄筛分。

（5）燃料粒比度。各粒径的颗粒占总量的份额之比称作粒比度。

（6）流化速度。床料或物料流化时通过床层的流体的速度。

（7）临界流速和临界流量。临界流速是指床层从固定状态转变到流化状态，即床料开始流化时的一次风速，这时的一次风风量称作临界流量。

（8）物料循环倍率。由物料分离器捕捉下来且返送回炉内的物料量与给进的燃料量之比。用 R 表示，$R=1\sim5$ 为低循环倍率流化床锅炉；$R=6\sim20$ 为中循环倍率流化床锅炉；$R>20$，最大可达 200 为高循环倍率流化床锅炉。

二、锅炉严密性检查

循环流化床锅炉烟气侧正负压的平衡点在旋风分离器的进口。正常运行时，炉膛处于正压状态，所以循环流化床锅炉对严密要求高。除了大修、小修或安装后要求做严密性检查外，点火启动前必须做严密性检查，严密性检查部位包括风道、烟道、炉膛、旋风分离器、对流烟道炉墙和空气预热器等。

首先关闭所有人孔、观察孔、测量孔、二次风挡板，给煤机和给料机应充满物料。引风机挡板应关闭，而引风机处于自转状态。开启一次风机，逐渐开大一次风挡板，使炉膛压力保持为 $50\sim1000Pa$。在一次风机入口加入 $400\sim1000kg$ 的干燥滑石粉，运行一段时间后，然后停止送风机，凡是有白灰处，仔细检查泄漏原因。特别注意检查主床人孔门、灰斗人孔门、炉顶、旋风分离器四周等处，也可用肥皂水或烛火检查。

三、冷态试验

在安装完毕、大修之后或布风板，或主床经过小修之后必须进行冷态试验，其目的是在常温下对燃烧系统，包括送风系统、布风装置、床层和床料循环装置的布风特性、流化特性、床料循环特性等进行试验。

试验内容有：①考察风机性能，风量和风压是否符合要求；②测定布风板布风的均匀性，检查床内各处的流化质量；③测定布风板阻力、料层阻力随着风量变化的特性曲线；④确定冷态临界风量，用以计算热态运行最小风量；⑤返料器试验；⑥床料再循环系统检查与循环灰量标定；⑦给煤量和煤或灰的筛分试验；⑧给料量标定；⑨床料堆积密度实验。

（一）风量标定和给煤量标定

循环流化床床内流化状态和燃烧状态很大程度上取决于一次风量的控制，要求对一次风量进行准确的测量和监视，一般采用机翼形测量装置。由于一次风道截面积大，直风道区段短，必须对测量装置进行标定。

在风量标定前，必须首先检查一次风机、二次风机、引风机的风量和风压是否符合设计要求，同时对锅炉和烟、风道的漏风进行严格检查，特别是一次风的漏风不能大于冷态流化风量的 80%，即不能大于点火控制风量，否则会严重影响点火和锅炉的启动。

除了风量标定之外，还需要进行给煤量标定。确定给煤量与给煤机转速之间的关系，确定最小给煤量。另外还需要进行给煤量标定、燃烧器油枪出力标定、油枪雾化质量检查等项工作。

在我国应用较多是螺旋给煤机、无级调速电动机，可利用称重法进行标定。将煤斗装煤后，电动机转速从 $200r/min$ 到 $1200r/min$，每隔 $200r/min$ 为一挡，进行试验。用容器收集煤，过称确定转速和煤量关系曲线，同时需考虑密度和水分变化的修正。循环流化床锅炉要求的给煤机最小出力应满足点火启动的需要，单台给煤机出力应能满足最低流化条件下稳定燃烧的需要。

（二）布风板阻力特性标定

布风板阻力是指无料层时，空气通过布风板的压力损失。为了保证空气在通过料层具有较好的流化质量，要求布风板具有一定的阻力。

布风板阻力标定时，关闭所有的炉门，并将放灰管、排渣管严密密封。启动送风机和引风机，平滑开大风门，不断地改变风量。同时调整引风机挡板，使风膛风压表指示为零，或使风压平衡点风压为零。对应增加 500～1000m³ 风量，从风室静压计读出的风压值即为布风板阻力，直到风量达到最大值为止。上行和下行各做一次，取平均值，然后画出布风板阻力特性曲线，如图 6-3 所示。

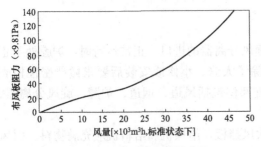

图 6-3　布风板阻力特性曲线

一般布风板通风截面最小处在风帽的喷口，风帽喷口流速对布风板的阻力影响很大。扩大风帽喷口直径可减少布风板阻力，增大流化风量。

布风板阻力是由三者构成：风室进口端局部阻力、风帽通道流动阻力、风帽喷口局部阻力，其中风帽喷口局部阻力最大，其他两者可忽略不计。在未做布风板阻力实验时，可采用式（6-1）～式（6-3）来计算，即

$$\Delta p_b = \xi \frac{\rho \omega_{pk}^2}{2} = \xi \frac{\rho \omega_0^2}{2\beta^2} \tag{6-1}$$

$$\omega_{pk} = \frac{Q}{\sum f} \tag{6-2}$$

$$\beta = \frac{\sum f}{A_0} \tag{6-3}$$

式中　　Δp_b——布风板阻力，Pa；

　　　　ξ——风帽喷口局部阻力系数，对大风帽侧水平孔可取 $\xi=2.0$，对小风帽无帽头下倾 15° 小孔可取 $\xi=1.84$；

　　　ω_{pk}——风帽喷口流速，m/s；

　　　　Q——一次风流量，m³/s；

　　　$\sum f$——风帽喷口截面积之和，m²；

　　　ω_0——空截面流速，m/s；

　　　　β——风帽喷口截面份额；

　　　　A_0——布风板有效面积，m²。

（三）布风均匀性试验

布风均匀性试验是保证流化质量最基础性试验，布风均匀是实现正常燃烧的必要条件。观察方法有三种：

（1）在布风板上平铺一层床料，厚度为 400～500mm，床料的颗粒度与正常运行工况相同，一般可取用 0～3mm。开启引风机和一次风机，使床料达到临界流化状态，稳定几分钟后迅速关闭一次风机和引风机。观察床层表面情况，倘若床层表面平整，说明布风均匀；倘若床层表面不平整，说明布风不均匀，床层厚处风量小，床层薄处风量大，应查明原因，予以消除。通常当风量相差较大时，才会引起床层表面不平整。

（2）缓慢开启一次调节风挡板，床层表面开始鼓起小气泡，观察床层表面小气泡的均匀情况。继续加大风量，床层表面开始波动，观察哪些地方先开始波动。继续开大一次风挡板，待大多数床层都波动后，观察有没有不波动的死区。先出现小气泡处或波动较大处，风量大，不波动的死区，风量小。

（3）当进入流化状态后，用长火耙子来回耙动床层。倘若手感阻力小且阻力均匀，说明布风均匀；倘若阻力不均匀，阻力大处，风量小或已堵塞。

（四）料层阻力特性标定

料层阻力特性是循环流化床运行的重要依据。料层阻力是指燃烧空气通过料层时的压力损失。

在确定料层阻力时，在布风板上平铺一定厚度的料层，从 $300\sim700\text{mm}$，每相隔 100mm 取用一个料层的厚度，与测定布风板阻力的方法完全相同。上行时，不断地增加一次风量，读取风室静压，可得到一次风量和风室静压关系；下行时，不断地减少一次风量，读取风室静压，也可得到一次风量和风室静压关系。取上行和下行的平均值，可得到一次风量与风室静压关系曲线。

采用作图方法，用一次风量与风室静压关系曲线扣除布风板阻力特性曲线，即可得到料层阻力特性曲线，如图 6-4 所示。

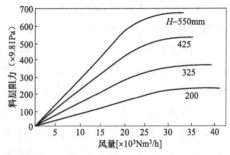

图 6-4 料层阻力曲线

工业试验过程可以与理论研究作对比，以便在试验过程中发现问题。

理论研究表明，在流化床中，相对于单位布风板面积，床料重力与浮力之差应当与料层的阻力成正比，可写为

$$\Delta p_1 = nH(\rho_p - \rho_g)(1-\varepsilon)g \tag{6-4}$$

式中 Δp_1——料层阻力，Pa；

n——压降减少系数，$n<1$，按表 6-1 选用；

H——床层高度，m；

ρ_p——颗粒密度，kg/m^3；

ρ_g——气体密度，kg/m^3；

ε——床层空隙率；

g——重力加速度。

表 6-1　　　　　　　　　　压 降 减 少 系 数 n 值

物料	石煤	煤矸石	无烟煤	烟煤	烟镁矸石	造气炉渣	油页岩	褐煤
压降减少系数 n 值	0.76~0.82	0.90~1.0	0.8	0.77	0.82	0.8	0.7	0.5~0.6

由于 $\rho_p \gg \rho_g$，式（6-4）中后一项浮力项可以忽略不计，因此可表示为

$$\Delta p_1 = nH\rho_p(1-\varepsilon)g \tag{6-5}$$

在静止料层中，可认为 $\varepsilon=0$，将式（6-5）改写为

$$\Delta p_1 = nH_0\rho_p g \tag{6-6}$$

式中 H_0——静止料层高度，m。

（五）临界流化风量确定

临界流化风量是循环流化床锅炉低负荷运行风量的下限，床层从固定床转变为流态化状态的空气流速称为临界流化风速，即为最小流化速度。对应于临界流化风速，以布风板为通

风面积来计算的空气流量，称为临界流化风量。热态时，若风量低于临界流化风量，可能造成结焦。

在理论上，临界流化风量根据料层阻力特性曲线来确定，它是固定床曲线切线与流化床曲线切线的交点所对应的流量。临界流化风量与床料的颗粒度、颗粒密度、堆积空隙率有关，与料层的厚度无关，在具体实验的实施过程中，凭借观察判断流化状况来确定临界流化风量。如此确定的临界流化风量可能与料层厚度有关，选择其中最大者为临界流化风量。

（六）床料循环系统性能试验

床料循环系统由旋风分离器、立管、回料阀和下灰管组成，床料循环系统的性能和效果，需要通过实验来检查。

试验时，首先选择床料，颗粒度为0～3mm，其中0.5～1mm需占50％以上。将床料平铺在布风板上，厚度为300～500mm。启动引风机，将送风机的风量开到最大，运行10～20min，停止送风机，此时床料大都被扬析。飞出的床料通过旋风分离器分离后，立管内存有一定高度的床料，依次打开回料阀，并调节回料阀布风管的风量和风压，观察料阀出料是否畅通，保证整个床料循环系统床料回送畅通无阻。

对不同的回料形式，如果采用自平衡阀返料系统，试验时必须注意送风地点和送风量，在送风管上安装转子式流量计，以便于监视。在试验中确定最佳送风量，运行中此风量不再变化。对送风地点可能也要做适当的调整。

在运行时，以风量监视回料的流化状态，以风压监视床料高度。

四、点火方式

循环流化床锅炉与煤粉炉相同，在点火前必须完成炉内吹扫工作。炉内吹扫逻辑框图如图6-5所示。

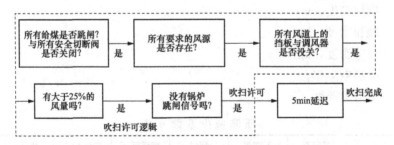

图6-5　循环流化床锅炉炉内吹扫逻辑框图

设置吹扫逻辑的目的是通过一系列许可连锁条件来检查启动操作顺序是否正确。吹扫逻辑系统可确保吹扫过程中所有燃料都已切断；吹扫时所需要的风源确实存在；风机的调风器和风道中所有的挡板都在吹扫位置，并且没有跳闸等条件都能满足时，方可进行吹扫工作，为点火安全把关。

循环流化床锅炉的点火是将床料加热到一定温度，以便投煤后能稳定燃烧。将惰性床加热到600℃以上，投入固体燃料，即可着火燃烧。随着床温的不断升高，逐渐减少点火用燃料，当床温达到850～950℃，完全停止点火燃烧器。点火所需要的能量主要用于三方面：流化风带走热量、床料向受热面的散热和加热床料所需要的热量。

循环流化床锅炉的点火方式有床上油枪点火、床内燃气点火、床下热烟气点火、床下预燃室点火、邻炉热渣点火，如图6-6所示。另外还有混合点火方式、分床启动方式、床上柴点火等。

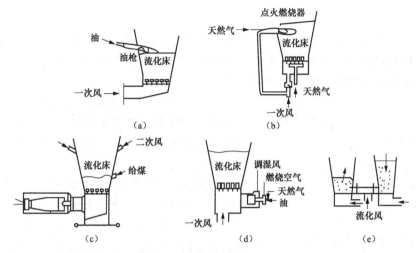

图 6-6 循环流化床锅炉点火方式

(a) 床上油枪点火；(b) 床内燃气点火；(c) 床下热烟气点火；(d) 床下预燃室点火；(e) 邻炉热渣点火

（一）床上油枪点火

床上油枪点火是我国小型循环流化床锅炉的点火方式，如图 6-6（a）所示。它属于流态化点火，油枪在靠近床层表面处，并可伸缩。启动引风机和送风机后，待吹扫完毕后，风量调到点火位置开始点火。首先点着油枪，油枪在床层上方，高温火焰的辐射和火焰是床料燃烧时点火的热源。点火能量利用率低，散热量大，为减少散热，床上油枪贴近床层表面，或半浸床层内，保证使床料处于流化状态，否则容易结焦。具体结构如图 6-7 所示。

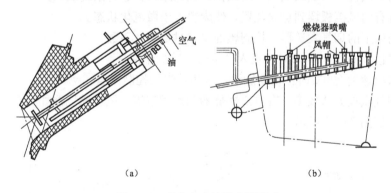

图 6-7 床上点火油枪布置形式

(a) 油枪布置贴近床层表面；(b) 油枪布置在半浸床层内

具体步骤如下：

（1）用一次风使床料处于流态化状态，检查床层无死区，将一次风量调小到临界流化风量的 80%。

（2）投入点火油枪，使床温提高到 550～700℃。

（3）启动一台给煤机，并在最小给煤量状态，必要时可以断给煤。

（4）当床温提高到 800℃时，加大一次风量在临界流化风量以上，并启动另一台给煤机。

（5）床温继续上升，减少燃油量或停一台油枪，相应增大给煤量，保持燃料平衡。

（6）当床温上升到850℃以上时，可停止全部油枪。在点火的全过程中应注意控制引风量。

（二）床下热烟气点火

床下热烟气点火是比较理想的点火方式，它属于流化点火方式。由于在床内气固两相混合强烈，气相和固相基本处于热平衡状态。除了床料入口处，在密相区内温度分布均匀。点火过程中，床温升高曲线如图6-8所示。

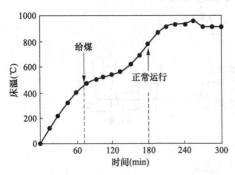

图6-8 点火过程中床温升高曲线

由图6-8可知，床温升高可分为三个阶段。第一阶段为投煤前床温快速增高阶段；第二阶段为投煤后床温缓慢增高阶段；第三阶段为投煤燃烧后床温升高阶段。

在膜式水冷壁组成布风板上，平铺400～500mm的底料。颗粒度不宜大于3mm。

通常点火用油是轻柴油，在热烟气发生器内，油着火后所产生的烟气与夹套内的空气混合，形成850℃左右的热烟气，从风室经过风帽进入床内。通过改变燃油量，或改变空气和烟气混合比例，来调节气流的温度，避免风帽烧坏。使床料处于微流化状态，无须采用过高的流化速度。

如果床料中含有煤，当床温上升到400℃时，煤中的挥发分大量热解，床温会迅速上升，可以开始加入少量的煤，减少燃油量。当床温提高到650～700℃时，可关闭油枪，用给煤量维持适当的床温。

具体点火步骤如下：

（1）启动引风机、一次风机和二次风机，流化床料，进行系统吹扫。

（2）将所有的风挡板调到点火位置，使床料处于微流化状态。

（3）启动床下的烟气发送器，控制燃油量和过量空气系数。

（4）床温达到650～700℃时，投入少量煤，减少燃油量。

（5）当床温达到800℃时，切断燃油，改用给煤量控制床温。

床下热烟气点火方法较多，有风道燃烧器和预燃室等。风道燃烧器如图6-9和图6-10所示，预燃室如图6-11所示。

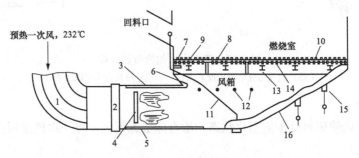

图6-9 风道燃烧器

1—一次风道；2—膨胀节；3—绝热层；4—启动燃烧器；5—启动燃烧器调节装置；6—风箱折焰角；7—裂缝位置；
8—膨胀槽；9—风帽；10—布风板绝热保护层；11—回漏床料返送管；12—起吊装置；13—支撑结构；
14—水冷布风板；15—回漏床料收集装置；16—回漏床料

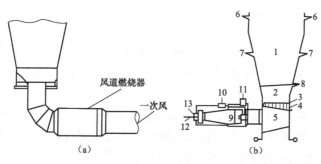

图 6-10　风道燃烧器

(a) 福特斯—惠勒公司风道燃烧器；(b) BABCOCK 公司风道燃烧器

1—锅炉；2—流化床层；3—风帽；4—天然气启动系统；5——次风室；6—三次风；7—二次风；8—给料口；
9—热烟气发生炉；10—自动燃油风进口；11—空气进口；12—启动燃油器；13—启动天然气燃烧器

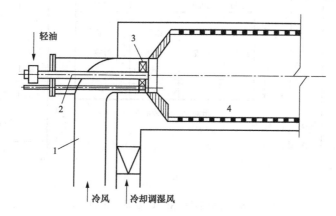

图 6-11　预燃室

1—风管；2—油枪；3—旋流片；4—风冷预燃室

点火过程中的安全保护是由启动燃烧器安全逻辑系统来完成，安全逻辑系统框图如图 6-12 所示。

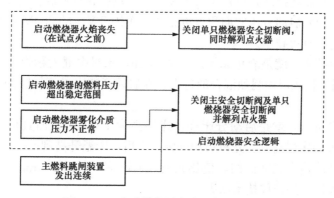

图 6-12　启动燃烧器安全逻辑系统框图

（三）联合点火方式

所谓联合点火方式是指以床下热烟气点火为主要方式，以床上油枪点火为辅助方式，目的是提高点火速度。

但必须说明的是，影响循环流化床锅炉的启动速度，不是点火过程的床温升温速度，而是取决于汽包壁温差热应力、耐火材料升温速度和各处的膨胀参数。

（四）分床启动方式

随着循环流化床锅炉的大型化，分床启动势在必行。大型循环流化床锅炉床层面积很大，点火时，直接加热所有床料存在较大的困难，因此采用分床启动是合理的，可大大减少启动燃烧设备的容量。在分床启动中，先将部分床点燃，以此床面作为热源，再依次点燃其他床面。分床启动方案如图6-13所示。分床启动的关键技术有热床移动技术、热床翻滚技术、热床传递技术。

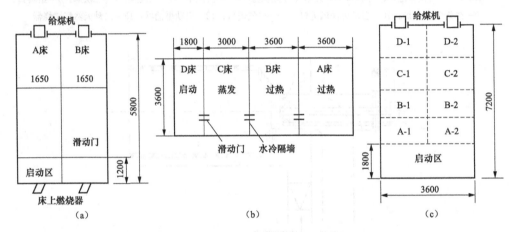

图 6-13　分床启动 AFBC 方案（单位：mm）
（a）乔治顿大学 AFBC；（b）里富斯维尔 30MW AFBC；（c）TVA 200MW AFBC

所谓热床移动技术，就是先将冷床风量调到稍高于临界流化风量的水平，用油枪加热，点火启动分床，着火后的热床料缓慢地向冷床移动，使冷床的空气受热膨胀，促使冷床达到充分流化的状态，形成充分流化区域不断扩张的状态，直至全部冷床都处于充分流化状态。然后开始投煤，并将床温提高到正常运行工况。由于热料和冷料混合速度慢，启动分床不致由于断火而熄灭，因此启动分床的面积可以很小。美国 TVA 的 200MW 常压流化锅炉联合循环装置采用了此种点火技术。

所谓热床翻滚技术，就是静止床层高为 400mm，床料中混入精煤，使床料平均含碳量在 5% 左右。利用流化床层内强烈混合的特点，在启动区数次进行短时间流化，而使床层很快达到均匀状态。

所谓热床传递技术，就是启动分床静止床层高为 1000mm，而其他冷床静止床层高为 200mm，形成较大的床层高差。先将启动分床点火后，床温升高到 850℃。促使冷床处于临界流化状态，打开冷热床之间的闸，使热床料流向冷床，仅需要 2min 冷热床料温度均匀。美国里福斯尔电厂采用该种技术点火。

五、床料循环系统投入

对返料器要求是无烟气短路，可以控制循环返回床料量。一般返料器都为非机械式虹吸型密封返料器，大型循环流化床锅炉，大都采用裤衩管回料器，如图 6-14 所示。

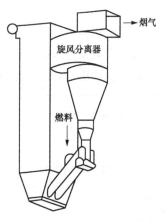

返料器和立管中的床料在流化风作用下进入流化状态，在立管中形成流化态物料料位高度。料位高度所形成的压力差克服分离器负压和返料口正压所形成的压差进入炉膛下部的密相区。返料量的控制有两种方式：自动通流式和控制式。自动通流式返料器投入后不再进行调节，控制式返料器通过调节返料流化风量的大小来控制返料量。

在点火之前，回料器中放入一定高度的床料，封堵回料器，防止烟气短路。当床层点火之后，锅炉处于鼓泡床运行状态。当床料循环系统投入运行后，逐渐进入循环流化床运行状态。床温达到 650～700℃，即可投入回料器。然后随着

图 6-14　裤衩管回料器

负荷的增高，炉膛内风速增高，床料分离量和循环量增加，稀相区温度升高，燃烧逐渐充满整个炉膛，进入循环流化床燃烧状态。

回料器初投通常采用脉冲方式，防止回料器立管中积累的床料突然大量进入床层而使启动过程中的床层温度突然降低，以致熄火；也可防止回料器立管中的可燃物大量进入床层而使床层温度突然升高而结焦。然后调节回料风到合适的位置，建立自动回料。

六、外置热交换器的投入

在大型循环流化床锅炉中，只依靠水冷壁受热面很难保证合理床温和炉膛出口烟气温度，设计中常采用内置式换热器或外置式换热器。德国的鲁茨公司、美国的 CE 公司和 FW 公司大都采用外置式换热器，冷却介质为过热蒸汽。

外置式换热器本质上是一个鼓泡流化床，床料颗粒度很细，一般为 300～500μm；换热器床温为 850～900℃，传热温差大；流化速度小，一般为 0.15～0.45m/s，对受热面磨损不严重；传热系数却很高，可达 400～570W/（m² · K），比炉膛内稀相区高出 3～5 倍。

七、冷灰系统的投入

从炉膛底部或侧面排出的灰渣，温度达 850～900℃，必须冷却后才能排出。其目的是回收灰渣物理热损失，使灰渣温度达到除灰设备可以接受的温度，一般为 150～300℃。

冷渣器形式繁多，按炉渣运动方式分为流化床式、移动床式、混合床式和螺旋式；按冷却介质可分为水冷式、风冷式、水风共冷式；按换热方式分为间接式和接触式。最常用的为水冷螺旋式，如图 6-15 所示。

八、飞灰再循环的投入

飞灰再循环在大型循环流化床锅炉中受到重视，因为它是床层内维持床料平衡的辅助手段，也能进一步降低飞灰可燃物，提高脱硫效果。

飞灰再循环的投入步骤：

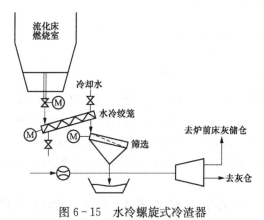

图 6-15　水冷螺旋式冷渣器

（1）使投入减温水、减温水量调到较低的水平。

（2）打开飞灰送灰风机吹扫数分钟。

（3）将风速调到气力输送水平，启动排灰机，观察灰量和汽温的情况。

九、循环流化床锅炉启动速度限制性因素

循环流化床锅炉启动速度限制性因素有两个方面：耐火材料的温升速度和汽包热应力。

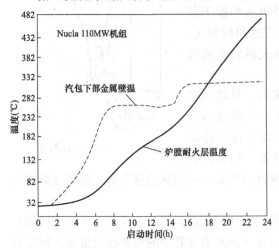

图 6 - 16　冷态启动汽包金属壁温度
和耐火材料温度的升温曲线

由于循环流化床锅炉使用了大量耐火材料，尤其是高温旋风分离器，冷态启动需要较长的时间来预热耐火材料，以防止其龟裂，约需要 12h。与普通煤粉锅炉相同，循环流化床锅炉启动速度同样受到汽包热应力的限制。

如图 6 - 16 所示为某电厂循环流化床锅炉在冷态启动过程中，汽包下部金属壁温度和炉膛耐火材料温度的升温曲线。

对于循环流化床锅炉，在冷态启动时，达到满负荷需要 10～12h。汽包下部金属壁温升速度不应超过 60℃/h，在前 7h 内炉膛耐火材料温升速度不应超过 60℃/h。

如图 6 - 17 所示为循环流化床锅炉冷态启动前 5h 的典型升温曲线，底料加热是一个平稳的过程，需要较长的时间。点火方式是床上油枪点火和床下热烟气点火，属于混合点火方式。

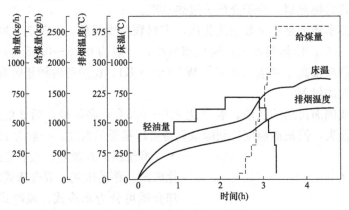

图 6 - 17　循环流化床锅炉冷态启动升温曲线

如图 6 - 18 所示为某电厂循环流化床锅炉的煤气点火升温曲线。开始启动时，床温低于 200℃，但烟道风投入 15min 后，煤气点火设备投入运行。随着燃料量的加大，床温不断升高，将到煤着火温度 650℃ 之后，第一台给煤机投入运行，停止煤气点火设备。到 80min 之后，床温已升高到 870℃，再投入第二台给煤机。到 145min 之后，锅炉负荷达到最低负荷 30%MCR。冷态启动全过程历经 2.5h。

如图 6 - 19 所示为循环流化床锅炉停炉 12h 后的温态启动升温曲线。温态启动时，限制启动速度的因素是床温升温速度和过热蒸汽温度的升温速度。温态启动过程，需要 2～4h 达到锅炉最低负荷。

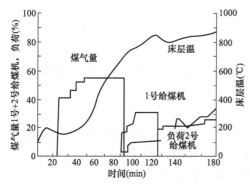

图 6-18 循环流化床锅炉煤气点火升温曲线

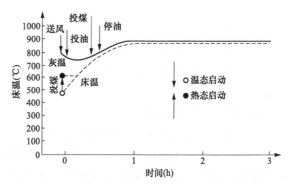

图 6-19 循环流化床锅炉温态启动升温曲线

十、启动顺序

对于锅炉烘炉、煮炉和酸洗，在此不再赘述。

循环流化床锅炉从启动到带高负荷，需要经过多种流态，启动吹扫时，处于固定床或微流化床状态；启动的低负荷时期，处于鼓泡床状态；机组带到中负荷或高负荷时，处于真正循环流化床状态；到压火时，又处于固定床状态。在高负荷时，倘若出现床料不平衡，或煤质发生变化，或因分离器效率下降，床料不能及时补充时，会出现大风量变运行工况，则可能出现密相或稀相的气力输送燃烧状态，此种工况接近煤粉炉燃烧工况。

循环流化床锅炉的安全启动连锁保护系统框图如图 6-20 所示。

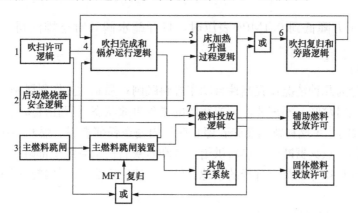

图 6-20 循环流化床锅炉的安全启动连锁保护系统框图

图 6-20 中方框 1 为吹扫逻辑系统，如图 6-5 所示；方框 2 为启动燃烧器安全逻辑系统，如图 6-12 所示；方框 3 为主燃料跳闸逻辑系统，如图 6-21 所示。

十一、压火和停炉

循环流化锅炉停炉可分为正常停炉、事故紧急停炉和压火。

（一）正常停炉

正常停炉可分为正常大修停炉和正常热备用停炉。正常大修停炉时，停止主燃料之后，引风机和送风机继续运转，直至锅炉冷却到可以进行大修为止。正常热备用停炉时，停止主燃料之后将炉内挥发物抽净，停止送风机和引风机，隔绝烟道和风道，维持床温和耐火材料的温度，目的是有效地缩短再启动的时间。

正常停炉的顺序如下：

（1）机组负荷降低到最小安全负荷，稳定 30min，使旋风分离器耐火材料逐渐冷却。

（2）将自动控制切换为手动控制。

（3）将原煤仓的煤位降低到安全位置，关闭原煤仓出口截止闸门，排空给煤设备中的存煤。

（4）停止石灰石给料系统。

（5）监视床温和炉膛出口烟气含氧量水平。当氧量开始增高，床温开始降低时，关闭炉底一次风挡板，停止向大风箱送风；当负荷降低至 10％ MCR 时，打开集汽联箱疏水阀和主蒸汽管道疏水阀，注意主蒸汽温度和汽包压力的变化，控制冷却速度。

（6）锅炉全部熄火后，送风机、引风机、播煤风机继续运行 5min，吹扫炉内可燃物。

（7）倘若是停炉热备用，维持锅炉汽包压力不至下降过快，吹扫完毕后立即停止引风机、送风机等所有风机，并关闭风道挡板和烟道挡板，确认冷渣器中的物料全部排空。当汽包压力降低到低于安全阀整定最低压力一定数值后，确认锅炉蓄热不致使压力升高而使安全阀动作时，关闭集汽联箱的疏水阀、主蒸汽管道的疏水阀和所有排汽阀，维持汽包压力和床温，等待重新启动。

（8）倘若是停炉大修，需要继续运行引风机和送风机，同时由冷渣器排除床料，使锅炉各个部位得到均匀冷却。汽包水位维持在上限值，床料全部排空后吹扫 5min，关闭冷渣器，停止给料系统、引风机、送风机。当返料器温度降低至安全范围内，停止返料风，切除除灰系统。

（9）当汽包压力降低到 0.1MPa 表压时，打开疏水阀和对空排汽阀。正常大修停炉完毕。

（二）紧急停炉

紧急停炉可分为几种情况：强制性自动主燃料跳闸；强制性主燃料跳闸带警报，但不必须强制性自动主燃料跳闸；不需要停炉或跳闸的紧急事故状态。但在许多紧急状态下都会引起 MFT 主燃料跳闸，主燃料跳闸意味着停止向炉内输送任何燃料。燃料系统或燃气系统立即切断安全电磁阀，点火器断电，燃料供给系统和石灰石供给系统全部跳闸，床料排放系统和电除尘跳闸，允许操作人员有选择的余地。经过一段时间之后，才继续引风机跳闸，送风机跳闸。

1. 强制性自动主燃料跳闸

处于下列状态发生强制性自动主燃料跳闸：丧失所有的引风机，或丧失所有的送风机。炉膛压力大于正常运行压力值，炉膛出口烟气温度偏高或床温偏高，不能确认启动燃烧器火焰。主燃料跳闸逻辑系统框图如图 6-21 所示。

2. 强制性主燃料跳闸带警报，但不必须强制性自动主燃料跳闸

发生强制性主燃料跳闸带警报，但不必须强制性自动主燃料跳闸时，处于下列情况：①丧失锅炉给水泵，汽包水位低；②丧失燃烧控制系统连锁电源，循环流化床系统各部件冷却水量小于最小值；③厂用压缩空气或仪表气源的压力偏低；④丧失锅炉循环泵。

3. 不需要停炉或跳闸的紧急事故状态

如果因给煤系统暂时堵塞，燃煤暂时中断，或出现给煤量脉动，由于床层积累大量蓄热，具有一定的缓冲能力，如果床温继续降低，辅助燃烧设备立即投入，会稳定燃烧。当床温下降到主燃料控制允许温度下限时，可将恢复燃料信号发送到给煤机的子系统，该子系统

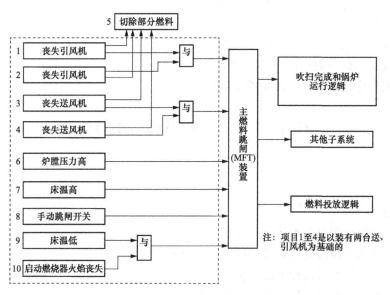

图 6-21　主燃料跳闸逻辑系统框图

恢复运行。

当锅炉配有多台引风机或送风机时，如果有部分风机跳闸，控制系统则主动降低负荷和燃料量，与能够运行的风机风量相配合，直至风煤比恢复到原先状态。

（三）压火

所谓压火是指，需要循环流化床锅炉暂时停止运行，通过操作使床层由流化状态转变为静止堆积床状态，热备用。

压火之前，必须在最低负荷稳定运行一段时间，然后进行压火操作。首先关闭返料器和二次风机，再停止给煤机。到床层温度比正常运行温度低 50℃ 左右时，迅速关闭一次风机和关严所有风道挡板，使床层由流化状态转变为静止堆积床状态，隔绝空气。打开风道上快速启闭的泄压阀，泄掉风道内的压力，避免空气再漏入床层内而造成结焦。压火时床温变化如图 6-22 所示。

为了保证压火操作时耐火材料不致骤然冷却，尽快关闭引风机挡板、烟气系统中所有人孔、观察孔、烟道挡板。由于压火过程中锅炉

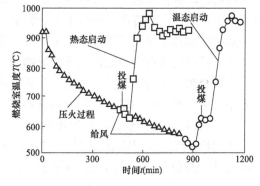

图 6-22　压火时床温变化

具有很大的热容量，注意汽包水位，关闭排污阀。通常一次压火可维持 8～10h。有必要时，在床温不低于 700℃ 时，可再启动一次，运行 1h，到床料温度升高后，再继续压火。

> **能力训练**

1. 循环流化床锅炉的工作过程是什么？
2. 循环流化床锅炉冷态试验的内容有哪些？
3. 循环流化床锅炉的点火方式有哪些？

4. 床料循环系统投入、外置热交换器的投入、冷灰系统的投入、飞灰再循环的投入的步骤分别是什么？

5. 循环流化床锅炉的启动顺序是什么？

6. 循环流化床锅炉的正常停炉的步骤是什么？

7. 循环流化床锅炉的紧急停炉的步骤是什么？

任务二　循环流化床锅炉运行特性

> **任务目标** ◀

1. 知识目标

（1）掌握机组负荷对锅炉运行工况的影响。

（2）掌握送风量和流化风速对运行工况的影响。

（3）掌握燃料特性对运行工况的影响。

（4）掌握循环倍率对锅炉运行特性的影响。

2. 能力目标

（1）能分析机组负荷对锅炉运行工况的影响。

（2）能分析送风量和流化风速对运行工况的影响。

（3）能分析燃料特性对运行工况的影响。

（4）能分析循环倍率对锅炉运行特性的影响。

> **知识准备** ◀

所谓循环流化床锅炉运行特性是指机组负荷对锅炉运行工况的影响、送风量和风速对运行工况的影响、燃料特性对运行工况的影响、循环倍率对运行工况的影响。掌握循环流化床锅炉运行特性是指导循环流化床锅炉运行的基础。

一、机组负荷对锅炉运行工况的影响

主要介绍负荷与燃料量、风量的关系，负荷与床温、燃烧效率的关系，负荷与旋风分离器效率、床料循环量的关系，负荷与过热蒸汽温度的关系。

（一）负荷与燃料量、送风量的关系

当锅炉负荷在小范围内变化时，可以认为锅炉热效率和炉膛出口过量空气系数不变，则锅炉燃料消耗量和送风量应当与负荷成正比例变化，负荷越大，燃料消耗量越大，送风量也越大。

（二）负荷与床温、燃烧效率的关系

循环流化床的床温是运行的主要控制参数之一。控制床温的目的是保证燃烧效率和控制 NO_x 排放量。当锅炉负荷变化时，因给煤量和风量的变化，必然引起床温的变化。如图 6 - 23 所示为某发电厂循环流化床锅炉床温随着负荷变化的特性。

由图 6 - 23 可知，当负荷率上升时，床温增高；反之，负荷下降，床温降低。

在负荷较高的一段范围内，锅炉热效率保持不变，仅在负荷很低的情况下，锅炉热效率才有明显的降低。测量结果表明，负荷高时，床温高，在密相区的固体未完全燃烧，热损失减少。当负荷高时，飞灰夹带量增加，固体未完全燃烧热损失有所增加，所以在很宽的范围内维持锅炉热效率不变。低负荷时，床温明显减低，固体未完全燃烧热损失有较大的增高，因此热效率有所下降，如图 6 - 24 所示。

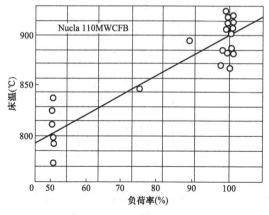

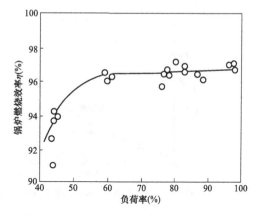

图 6 - 23　某电厂 CFB 床温随着负荷变化的特性　　　图 6 - 24　锅炉热效率与负荷率之间的关系

（三）负荷与旋风分离器效率、床料循环量的关系

发电厂大型循环流化床锅炉大都采用旋风式分离器，分离效率、床料循环量与进口风速、进口颗粒直径、进口颗粒浓度和进口风温有关。

随着进口风速的增加，进口颗粒（直径）度的增大，进口颗粒浓度的提高，旋风分离效率增高。随着进口风温的增高，旋风分离效率降低。

随着锅炉负荷增加，进口风速增加。不仅如此，锅炉负荷的增加，实际流化风速增加，如图 6 - 25 所示，床层内大颗粒床料上扬，炉膛上部颗粒相浓度增加，上部燃烧份额也有所增加，促使分离器进口颗粒（直径）度增大，进口颗粒浓度提高。虽然分离器进口的烟温有所提高，但它的影响较弱，所以旋风分离器的效率和锅炉负荷率之间的关系，如图 6 - 26 所示，随着锅炉的负荷上升，旋风分离器效率有所增加。

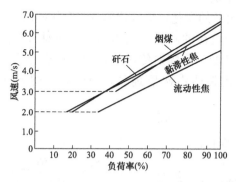

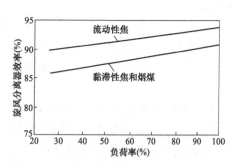

图 6 - 25　实际流化风速和锅炉负荷率之间的关系　　图 6 - 26　分离器的效率和锅炉负荷率之间的关系

由于锅炉负荷增加时，上部颗粒浓度增加，分离器进口颗粒浓度提高，分离器效率增加，促使床料的循环量增大，如图 6 - 27 所示。

（四）负荷对炉内颗粒浓度分布、炉内传热的影响

对于不同形式循环流化锅炉，炉内颗粒浓度沿高度分布类型而不同。炉内颗粒浓度沿高度分布类型有：单调指数函数分布，下浓上稀；S 形分布，下浓上稀；C 形分布，上下浓中间稀。某循环流化床锅炉是较为普遍的形式，其炉内颗粒浓度沿高度分布类型为 S 形，是较为典型的分布形态，如图 6-28 所示，下浓上稀，中间有一个拐点。

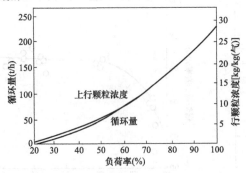

图 6-27 床料的循环量与锅炉负荷率的关系

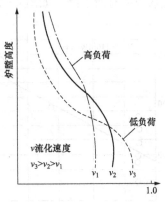

图 6-28 某电厂 CFB 炉内颗粒
浓度沿高度分布

某循环流化床锅炉炉内传热沿炉膛高度也有类似的分布，如图 6-29 所示。大多数床料

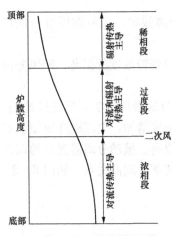

图 6-29 某电厂 CFB 炉
内传热沿炉膛高度分布

颗粒度为 0.1～0.5mm。炉膛下部的传热方式是气体和颗粒混合物的对流传热，在高负荷时，传热系数可达到 340～450W/（m² · K）。在炉膛上部，颗粒浓度迅速减少，炉膛上部的传热方式为辐射传热，在高负荷时，传热系数可达到 85W/（m² · K），炉内平均传热系数可达到 110～230W/（m² · K）。

随着锅炉负荷的变化，炉内浓度分布变化特性由图 6-28 可知，随着锅炉负荷的升高，给煤量和风量成比例增加。负荷高，流化速度增高，下部颗粒浓度减小，上部颗粒浓度增加。

随着锅炉负荷的变化，炉内传热方式变化如图 6-30 所示，随着锅炉负荷的降低，气体和颗粒的对流传热所占的比例相应降低，而辐射传热所占比例相应提高，在低负荷时，对流传热占次要地位，而辐射传热占主要地位。

（五）负荷与过热蒸汽温度之间的关系

如图 6-31 所示为某电厂 CFB 随着锅炉负荷变化，与处于不同位置受热面传热系数之间的关系。处于炉内稀相区的受热面，不但传热系数高，而且随着锅炉负荷率上升，传热系数增加的幅度也大。处于尾部烟道的对流受热面，不但传热系数较低，而且随着锅炉负荷上升，传热系数增加的幅度也小。

虽然如此，由于循环流化床锅炉维持床温能力很强，尤其在高循环倍率状态下运行时，能够在很大的负荷范围内控制维持汽温不变，如图 6-32 所示。

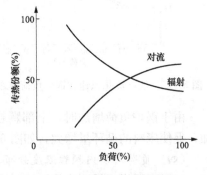

图 6-30 锅炉负荷的变化时
炉内传热方式的变化

如图 6-33 所示为某电厂 CFB 过热蒸汽温度随锅炉负荷率变化曲线。

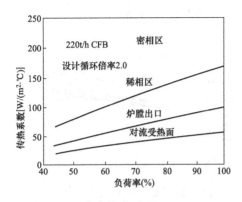

图 6-31 锅炉负荷率与处于不同位置
受热面传热系数之间的关系

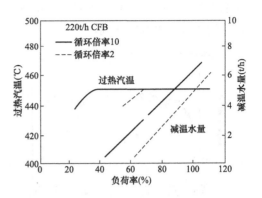

图 6-32 循环流化床锅炉在很大的
负荷范围内汽温不变

由于该锅炉装有不同类型的过热器受热面，所以随着锅炉负荷率的变化可以获得较平稳的过热蒸汽温度特性。第一级过热器位于尾部烟道；第二级过热器位于炉膛上部，为屏式过热器；第三级过热器位于尾部烟道的上部。

如图 6-34 所示为某电厂 CFB 再热蒸汽温度随锅炉负荷率变化曲线。

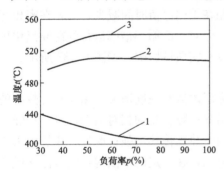

图 6-33 过热蒸汽温度随锅炉负荷率变化关系曲线
1—第一级过热器出口汽温；2—第二级过热器出口汽温；
3—第三做过热器出口汽温

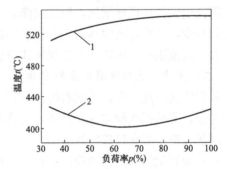

图 6-34 再热蒸汽温度随锅炉负荷率变化关系曲线
1—热段再热器出口蒸汽温度；2—热段
再热器进口蒸汽温度

由于该锅炉装有不同类型的再热器受热面，所以随着锅炉负荷率的变化可以获得较平稳的再热蒸汽温度特性。冷段再热器位于尾部烟道内，热段再热器为屏式再热器。

二、送风量和流化风速对运行工况的影响

循环流化床锅炉的送风量以炉膛出口过量空气系数为准，当炉膛出口过量空气系数小于1.15 时，提高送风量，可以提高燃烧效率。当炉膛出口过量空气系数大于 1.15 时，继续提高送风量，燃烧效率几乎不变，或因炉内床温下降，燃烧效率略有下降，如图 6-35 所示。此时送风量增加，加大锅炉排烟热损失。一般情况下，炉膛出口烟气含氧量在 4%～10% 范围内，燃烧效率始终维持较高水平不变。

一、二次风的比例对循环流化床燃烧特性和传热特性影响较大，床层实际流化风速直接取决于一次风量。

二次风分段送风的目的是形成分级燃烧，以便减少燃烧所产生的 NO_x。实践发现，二次风率越大，一次风率越小，则燃烧效率略有下降，如图 6-36 所示。燃用挥发分少的煤，燃烧效率下降不太明显。对于挥发分大的煤种，在低负荷时，适当减少二次风量，提高一次风量，可使燃烧效率有所提高。

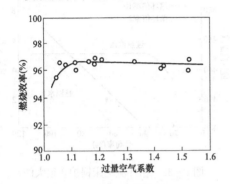

图 6-35　燃烧效率和炉膛出口过量空气
系数的关系

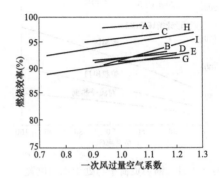

图 6-36　一次风过量空气系数对燃烧
效率的影响

　　床层实际流化风速不仅影响燃烧效率和炉内传热，还影响床层温度和床层传热。流化风速是循环流化床锅炉重要控制参数。

　　（一）流化风速对燃烧的影响

　　因流化床流化风速增加，使床温降低，细颗粒相在炉内停留时间减少，气相在密相区停留时间减少，可能造成固体未完全燃烧热损失增高。但对于高循环倍率运行的循环流化床锅炉，在一定范围内，可以认为流化风速对燃烧效率没有实质性影响，如图 6-37 所示。

　　（二）流化风速对床层传热的影响

　　随着流化风速增高，使床料的循环流速增加，床层内床料浓度增大，床层对受热面的传热量增强；受热面薄膜边界层减薄，受热面传热量增强；颗粒相的相对运动加剧，加强了颗粒之间热交换，容易撕破受热面的边界层，使床层内受热面传热增强；此外，床层内密相区膨胀，使埋管受热面进入密相区，则其床热增强。总之，在一定的范围内，随着流化风速的提高，床层内受热面传热增强，如图 6-38 所示。

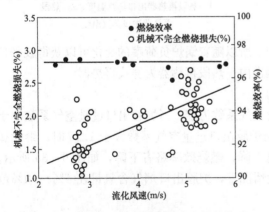

图 6-37　流化风速和燃烧效率之间的关系

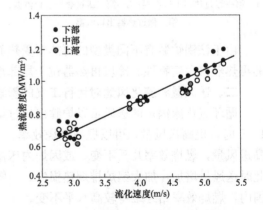

图 6-38　流化风速和床层内受热面
传热热流密度之间的关系

（三）流化风速对旋风分离器效率的影响

某电厂CFB旋风分离器的效率和流化速度之间的关系如图6-39所示。随着流化风速增加，更多的大颗粒床料被抛向床层的上部，改变了床层内颗粒浓度的分布，提高了旋风分离器进口的颗粒浓度和颗粒（直径）度，促使分离器效率提高。

（四）流化风速对床料循环量的影响

某电厂CFB料循环量与实际流化速度之间的关系如图6-40所示。随着实际流化速度的增加，床料循环量几乎呈直线关系上升，所以对于给定的床料颗粒度的条件下，风速决定了床料循环量的上限。

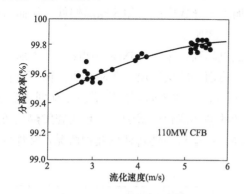

图6-39　旋风分离器的效率和流化速度
之间的关系

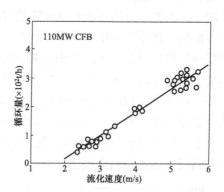

图6-40　床料循环量与流化速度
之间的关系

随着实际流化速度的增加，再循环床料中，粗颗粒所占比例较大，再循环床料和飞灰中，不同颗粒直径的分布频率如图6-41所示。

在床料循环过程中，较为典型的主循环回路温度分布如图6-42所示。由图可见，当锅炉床料循环量足够大时，主循环回路工作稳定、可靠。

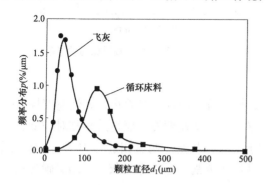

图6-41　再循环床料和飞灰中不同
颗粒直径的分布频率

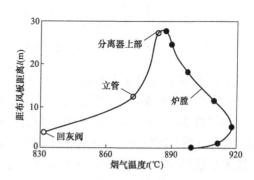

图6-42　主循环回路温度分布

（五）流化风速对床温的影响

改变流化风速还有调节床温的作用，但流化风速变化的范围有限，仅在发生给煤暂时中断或脉动时应用改变流化风速来调节床温。小流化风速运行时，用控制流化风速的方法来控制床温，以防止灭火。

三、燃料特性对运行工况的影响

虽然循环流化床锅炉与其他炉型相比，能在很宽的煤种范围内应用，但这仅仅对炉型选型而言。对于已运行的循环流化床锅炉，不能任意改变煤种。远远偏离设计煤种也会引起一系列问题。煤种变化虽然不会引起燃烧安全问题，但可能会严重影响锅炉出力。

煤种特性对循环流化床锅炉影响的因素有煤的发热量、挥发分含量和固定碳含量、灰分和水分的含量、灰的熔融特性。

（一）燃煤发热量的影响

当煤的发热量远低于设计煤种时，则必然折算灰分和折算水分有所增加。煤在密相区燃烧释放的热量减少，密相区两相流体的热容增加，会导致床层密相区床温偏低，从而对燃烧产生不利影响。燃煤发热量对床温的影响如图 6-43 所示。

燃煤的发热量越高，床内密相区的燃烧份额也越高，床温也越高，如图 6-44 所示，密相区燃烧份额可高达 0.8 以上，需要布置埋管受热面来减低床温，预防结焦。循环流化床锅炉可以很方便地将密相区燃烧份额控制在 0.5～0.7，有许多循环流床锅炉无须埋管受热面。对没有埋管受热面，并按发热量较低的煤种设计的循环流化床锅炉，一旦改烧发热量较高的煤种，在大一次风量运行情况下，仍然床温偏高，在运行中倘若遇到此种情况，常伴随物料不平衡，可通过增加物料来控制床温。

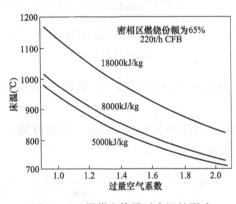

图 6-43 燃煤发热量对床温的影响

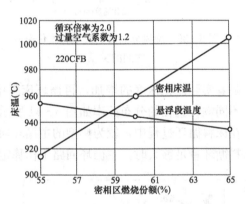

图 6-44 密相区燃烧份额对床温的影响

（二）燃煤挥发分和固定碳含量的影响

燃煤挥发分和固定碳含量是煤种的重要特性，挥发分高的煤种易着火，燃烧速度快，燃烧效率相对较高；相反，固定碳含量高的煤种难着火，燃烧速度慢，燃烧效率相对较低。可用固定碳含量与挥发分含量的比值作为指标，对于干燥无灰基，两者相加为 100%。也可用干燥无灰基的挥发分或固定碳作为指标，对于循环流化床锅炉，干燥无灰基的固定碳含量与燃烧效率之间的关系，如图 6-45 所示。

（三）燃煤灰分含量和灰熔融特性的影响

在循环流化床锅炉中，燃煤灰分含量对相对给煤量和相对烟气量的影响如图 6-46 所示。

由图 6-46 可知，燃煤灰分越高，锅炉燃煤消耗量越大，加热床料所需要的热量份额越大，锅炉的排渣量也越大，有可能影响锅炉的出力。燃煤灰分含量越大，炉内颗粒浓度加大，增强炉内传热。炉膛出口飞灰浓度增高，旋风分离器的效率有所提高，返料量增加。同时，燃煤灰分越高，使锅炉对流烟道中的飞灰浓度增高，对受热面的磨损量加大。所以燃煤灰分含量对循环流化床锅炉的运行有重要的影响。

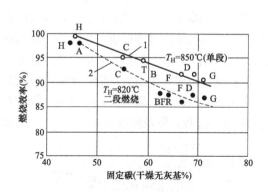

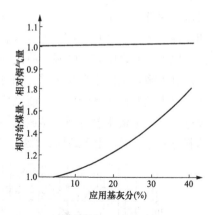

图6-45 干燥无灰基的固定碳含量与
燃烧效率之间的关系

图6-46 燃煤灰分含量对相对给煤量和
相对烟气量的影响

循环流化床锅炉最忌讳的问题是炉内结焦，所以煤灰的熔融特性，对流化床安全运行影响很大，稍有结焦，很难维持正常的流化状态，燃烧效率下降。结焦严重时，只能被迫停炉。循环流化床锅炉运行控制床温，保证床温不超过煤灰软化温度ST－（100～150）℃。

（四）燃煤水分含量的影响

根据床层的热平衡可以确定燃煤水分含量对床温的影响，如图6-47所示。

由图6-47可知，当燃煤水分增加时，在床层内，由于蒸发所需吸热量增加，床温下降，但对燃烧效率并无不利的影响。燃煤水分增加无疑会增加锅炉排烟热损失。燃煤水分含量对锅炉的投煤量和烟气量的影响如图6-48所示。

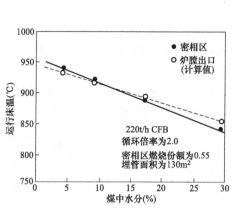

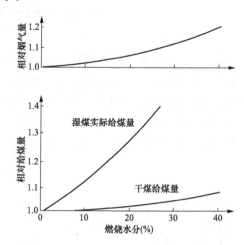

图6-47 燃煤水分含量对床温的影响

图6-48 燃煤水分含量对锅炉的投煤量
和烟气量的影响

煤水分增加，原煤黏结性增强，水分在8%以下，原煤黏结性不大，类似于干煤。当煤的水分超过12%，原煤的黏结性增大，输煤系统很易堵塞，影响正常运行。原煤水分过高，可能被迫降负荷运行。

（五）燃煤颗粒度（直径）的影响

当流化风速一定时，燃煤的颗粒度和给煤量决定了颗粒在床层内的行为。颗粒度对燃烧效率和脱硫效率都有影响。细小的煤颗粒，比面积大，燃烧反应速度快；相反地，粗大的煤颗粒，比面积小，燃烧反应速度慢，但是细小的煤颗粒参与循环的可能性小，在炉内的停留时间短。所以对于循环流化床燃烧方式，细小颗粒的煤燃尽率低。但给煤颗粒度过大时有如下问题：从床层飞溅的颗粒量减少，不能维持正常的返料量，造成锅炉出力降低；床层内密相区燃烧份额过大，会导致床温过高，易造成结焦；需要流态化风速高，风量大，风机耗电量增大。

给料进入床层后，由于磨损、燃烧、破碎等物理化学过程，颗粒度减小，如图6-49所示。

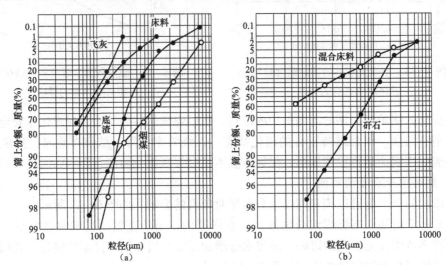

图6-49 给料颗粒度和床料颗粒度之间的关系
(a)烟煤；(b)煤矸石

由图6-49可知，给料颗粒度分布和床料颗粒度分布相差较大，不能用给料颗粒度来预测旋风分离器效率。床料颗粒度与炉内无因次停留时间的关系如图6-50所示，由图可知，旋风分离器效率越高，细小颗粒在炉内停留时间越长。

通过上述分析可知，粗大颗粒的燃尽程度取决于密相区内的氧气浓度，细小颗粒的燃尽程度取决于分离器的效率。飞灰颗粒度与飞灰含碳量之间的关系如图6-51所示。

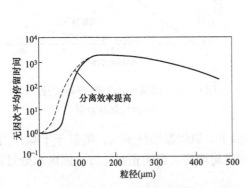

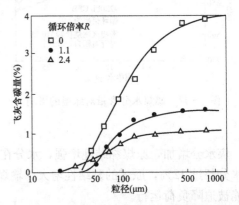

图6-50 颗粒度与炉内无因次停留时间的关系　　图6-51 飞灰颗粒度与飞灰含碳量之间的关系

　　由上述分析可知，由于煤一次通过炉膛不可能燃尽，煤颗粒的燃尽率取决于循环次数不高的颗粒的数量。

　　运行中应尽量避免给煤颗粒过于粗大，因为流态化需要风速很高，风机电耗大，压力波动大，风道振动。

　　床料的颗粒度对布置在密相区或稀相区受热面传热的影响如图6-52和图6-53所示。

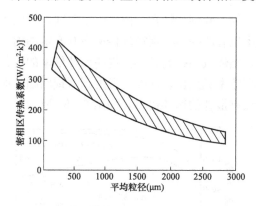

图6-52　床料的颗粒度对布置在密相区
受热面传热的影响

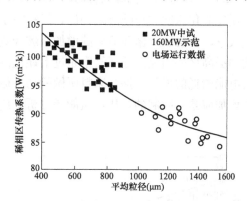

图6-53　床料的颗粒度对布置在稀相区
受热面传热的影响

　　由图6-53可知，无论是布置在密相区或是布置在稀相区的受热面，颗粒度对受热面传热系数影响都很大，床料平均颗粒度越小，传热系数越大。对于中、低循环倍率流化床锅炉，给料的颗粒度越小，则床层的膨胀量越大，更多的受热面沉浸于床内。布置在密相区内受热面传热系数比布置在稀相区受热面传热系数大。

四、循环倍率对锅炉运行特性的影响

　　循环倍率对锅炉运行特性的影响主要分析循环倍率对飞灰含碳量、密相区燃烧份额、燃烧效率和对机组能耗的影响。

　　（一）循环倍率对飞灰含碳量和燃烧效率的影响

　　在循环流化床中，高速气流和强烈的湍流混合使固体颗粒处于流态化燃烧状态，床内有大量颗粒返混。同时，通过旋风分离器将大量的颗粒捕集，循环送回床内，多次再参与燃烧。随着循环倍率的提高，飞灰含碳量急剧降低（见图6-54），同时燃烧效率提高（见图6-55）。

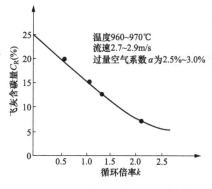

图6-54　循环倍率对飞灰含碳量的影响

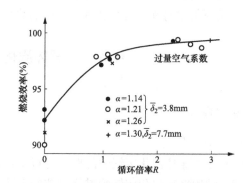

图6-55　循环倍率对燃烧效率的影响

（二）循环倍率对稀相区燃烧率的影响

随着床料循环倍率的提高，稀相区颗粒浓度增加，炉膛下部密相区燃烧份额减少，炉膛上部稀相区燃烧份额增加，对布置在炉内受热面，传热系数上升，但受热面的磨损加剧，如图 6-56 所示。

（三）循环倍率对机组能耗的影响

循环流化床锅炉与鼓泡床相比，优势在于增加了较细颗粒在炉内的停留时间，借以提高燃烧效率，而且随着循环倍率的增加，燃烧效率也有所提高，当循环倍率在 0.6 范围内，燃烧效率提高格外明显。循环倍率超过上述范围，燃烧效率提高较小。提高循环倍率的代价是风机电能消耗的增加。提升床料所做的功与循环倍率成正比。此外，考虑到磨损问题，循环倍率增加应是有限制的，从机组能耗分析，应该有最佳的循环倍率，如图 6-57 所示。

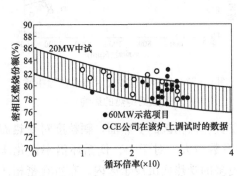

图 6-56　循环倍率和炉膛下部密相区燃烧份额

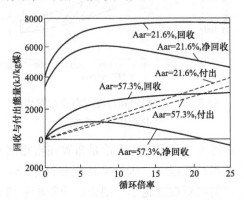

图 6-57　机组能耗分析的最佳循环倍率

图 6-57 中针对两种不同灰分的煤进行能耗分析，付出的能量与循环倍率呈线性关系，如图中虚线所示。回收能量扣除付出能量即为净回收能量，净回收能量达到最高值即为最佳循环倍率。

▶ **能力训练** ◀

1. 机组负荷对锅炉运行工况产生什么样的影响？
2. 送风量和流化风速对运行工况产生什么样的影响？
3. 燃料特性对运行工况产生什么样的影响？
4. 循环倍率对锅炉运行特性产生什么样的影响？

任务三　循环流化床锅炉的运行调节

▶ **任务目标** ◀

1. 知识目标
（1）熟悉循环流化床锅炉的典型运行指标。
（2）掌握循环流化床锅炉燃烧调节的方法。
（3）熟悉循环流化床锅炉燃烧控制子系统。

2. 能力目标

能对循环流化床锅炉进行燃烧调节。

> **知识准备** <

循环流化床锅炉的运行调节和控制与普通煤粉炉有类似之处，它也要借助于风量和燃料量调节来调节负荷。它在运行中的主要特征是，在床料循环系统中存在数量庞大的高温床料，改变燃料量和风量时，燃烧状态的改变反应慢，但大量的床料存在便于锅炉负荷迅速的改变。为了控制锅炉负荷和主蒸汽温度，除了控制燃料量和风量之外，可采用较快动作改变床料界面、炉膛内浓度分布、物料流量等手段。此外，对燃烧系统监视和调节与煤粉炉有很大的差别。本节重点分析燃烧系统的监视和运行调节。

一、循环流化床锅炉的典型运行指标

随着循环流化床锅炉的大型化和运行技术不断发展，循环流化床锅炉的典型运行指标见表 6-2。

表 6-2　　　　　　　　　　　　循环流化床锅炉的典型运行指标

项目	单位	数量	项目	单位	数量
燃烧效率		96~99.5	分离器阻力	Pa	<2000
锅炉效率		88~92	布袋除尘器寿命	年	2
脱硫效率	%	90 Ca/S=1.5~2.5	运行风速	m/s	4~6
厂用电率		8~10	HCl 排放		100
最低负荷		25~30	CO 排放		120~200
负荷变化率	%/min	5	SO₂ 排放	mg/m³	200~250
冷态启动时间	h	8~10	NOₓ 排放		100~200
热态启动时间		1~2	N₂O 排放		50~100
分离效率	%	90.0~99.7	粉尘排放		50

各种类型循环流化床锅炉，运行特性和运行参数各不相同，形成了各自的特色。表6-3列出四种类型循环流化床锅炉运行特性参数。

表 6-3　　　　　　　　　　　　四种类型循环流化床锅炉运行特性参数

项目	单位	Lurgi 型	Circofluid 型	Pyroflow 型	MSFB 型
密相区流化风速	m/s	5~8.5	3.5~5.5	5~8	6~9
稀相区最大烟气流速		8~10	5~6	8	
炉膛出口过量空气系数	—	1.15~1.2	1.2~1.25	1.2	
一次风率/二次风率	%	40/60	60/40	70/30	40/60
循环倍率	—	40	10~20	40~120	35~40
分离器入口颗粒浓度	kg/m³	10~20	2	10~25	5~7
炉膛烟气停留时间	s	>4	5	>4	>3
密相区燃烧份额	%		60~65		

项目	单位	Lurgi 型	Circofluid 型	Pyroflow 型	MSFB 型
燃料粒度	mm	0～6	0～10		0～50
石灰石颗粒度		0.1～0.5	0～2		
一次风压头	kPa	18～30	15～19	13～20	
压力控制点	—	分离器出口		布风板上 2m	给煤点下
压力控制点压力	kPa			6～8	-0.7～1.0

二、正常运行参数的调节

循环流化床锅炉点火启动之后进入正常运行状态,正常运行参数的调节,大部分与普通煤粉炉相同。循环流化床正常运行的特殊性是燃烧系统的调节与控制,而燃烧调节与负荷调节和主蒸汽压力控制密切相关。

运行人员根据负荷和煤质的情况及时调整燃烧,使锅炉运行能及时满足外界负荷需求,同时确保机组运行的经济性和安全性。

燃烧系统调节的核心问题是能量平衡和床料物质平衡。循环流化床设备调节控制的特点:一是炉内存在数量庞大的床料,下部为密相区,上部为稀相区。密相区稀相区各占相当数量的燃烧份额;二是大量床料参与循环,确保燃烧效率,使稀相区温度接近于密相区温度;三是相对比较稳定的床温,保证床内的燃烧效率,确保不结焦,控制 NO_x 生成量;四是分级送风,分级燃烧。燃烧调节包括给煤量调节、风量调节、床层温度调节、料层高度调节、炉膛压差调节、负荷调节。

(一)锅炉给煤量的调节

由锅炉能量平衡可知,当锅炉热效率、燃煤发热量不变时,锅炉的给煤量与负荷(主蒸汽流量)成正比。当锅炉的热效率或燃煤的发热量发生变化时,锅炉给煤量应做相应的调整,锅炉的热效率下降或燃煤的发热量降低,锅炉给煤量增加。

在改变给煤量同时,应及时调整风量。当负荷升高时,先加风,后加煤。当负荷降低时,先减煤,后减风。这是基本原则。

(二)风量调节

循环流化床锅炉的风量调节要比煤粉炉重要而且复杂。循环流化床锅炉的风量调节包括一次风量调节、二次风量调节、回料风量调节、播煤风量调节、冷渣风(再循环烟气)量调节等。

1. 一次风量调节

一次风量的调节需要考虑的问题比较多。一是一次风量应在正常流态化范围内,保证床料处于良好的流态化状态,不能低于临界流化风量;二是床温,一次风量对床温影响很大,给煤量一定,一次风量加大,床温降低;三是一次风量改变,将改变密相区和稀相区颗粒浓度分布和燃烧份额。其他条件不变,一次风量增加,流化速度加大。密相区相对颗粒浓度减少,稀相区相对颗粒浓度增大;四是一次风量的改变将影响循环倍率。其他条件不变,一次风量增大,床料的循环倍率增加,磨损加剧,风机电耗加大。

运行中也需经常监视一次风量,可通过一次风量的突然变化来判断床层燃烧工况。倘若一次风挡板未动,送风量突然自行减小,说明炉内床料量增大,可能是床料返回量增加的结果。倘若一次风挡板未动，送风量变自行增加，有可能床层内局部结焦，一次风走短路，从床层薄处通过。也有可能是炉内床料减少，阻力降低，或是煤种变化，煤中含灰量减少，床料返回量减少。因此一次风量自行变化，需查明原因，予以排除。

正常运行时，在保证正常流化状态下，一次风量主要根据床温和相应的燃料量来进行调整。

2. 一次风与二次风的比例

锅炉的送风分为一次风和二次风，二次风从不同高度送入炉内形成分段送风、分级燃烧。在密相区内造成缺氧燃烧，床层内形成还原性气氛，抑制空气中的氮气氧化形成 NO_x，也可控制燃料 NO_x 的生成。

一次风的份额直接决定了密相区的燃烧份额。一次风的份额越大，密相燃烧份额也越大。当一次风份额过大，密相区燃烧份额过高，要求更多的返料量来维持床温，倘若返料量不足，必然会导致床温过高，无法加煤进一步增加负荷。由表 6－2 可知，不同的炉型要求不同的一、二次风的比例。国内较为普遍是 Pyroflow 型。

通常二次风在布风板上方不同高度送入炉膛，有三个方面的作用：一是促进燃料进一步燃烧，弥补一次风量的不足，减少固体或气体未完全燃烧热损失；二是加强炉内气固两相流体混合与扰动；三是改变炉内稀相区的颗粒浓度，当二次风口布置位置合适，紧靠密相区，增大二次风量，可加大炉膛上部稀相区颗粒浓度和燃烧份额。

二次风量主要根据合理的炉膛出口过量空气系数来控制。

在实际运行过程中，在允许的负荷变动范围内，负荷下降，一次风按比例下降。当一次风量下降到临界流化风量时，一次风量不能再继续降低，风量需保持不变。再降低二次风量，此时循环流化床运行状态转向鼓泡床运行状态。

3. 回料风量、播煤风量、石灰石风量、冷渣风（再循环烟气）量调节

在床料循环系统中，回料风是使返料流化，作为回送的动力。返料量越大，所需要的回料风越多。播煤风是将煤均匀播撒入炉膛内，使炉内温度更为均匀，提高燃烧效率。随着给煤量的增加，播煤风量随之加大。石灰石风用于石灰石的气力输送，随着石灰石量的增加，石灰石风量随之加大。冷渣风一般采用再循环烟气，用于排渣的流化，以便回收灰渣物理热，随着排渣量的增加，冷渣风量随之加大。

（三）床层温度调节

床温是通过布置在密相区和炉膛各处的热电偶来测量。密相区的温度取决于密相区的热量平衡。煤在密相燃烧所释放的热量，应当等于一次风加热燃烧后所形成烟气带走的热量、受热面所吸收的热量和循环床料所带走的热量之和。为了维持床温，必须保持热平衡，其中一次风带走热量最大。所以密相区床温对一次风量的变化比较敏感。采用中温分离器的循环流化床锅炉可采用改变返料量来及时调节床温，冷渣风采用烟气再循环，可应用再循环烟气量来调节床温。

维持正常的床温是循环流化床锅炉正常运行的关键。一般认为，密相区床温超过煤灰的变形温度，有可能造成结焦。温度太高，对抑制 NO_x 的产生不利，对石灰石脱硫也不利。石灰石脱硫最佳床温为 830～930℃。当燃用无烟煤时，床温应该控制在 900～1000℃ 范围内；对燃用烟煤，床温应该控制在 850～950℃ 范围内。

由于循环流化床内存在大量的床料，具有很大的热惯性。这是在床温调整上必须考虑到

的问题。床温调节采用以下方法：前期调节法、冲量调节法、减量给煤法。

1. 前期调节法

所谓前期调节法，是当负荷或汽压稍有变换，不等床温有较大的变动，及时根据负荷变化趋势，细小幅度调节送风量和给煤量，避免床温在很大范围内波动，否则难以保证稳定运行。

2. 冲量调节法

所谓冲量调节法，是当炉温下降时，立即加大风量和给煤量，而且给煤量增加的幅度需足够大，同时调整一、二次风的比例，减少一次风率，增加二次风率。维持 $1\sim2min$ 后，恢复正常的给煤量和送风量。如果床温还未上升，再重复上述过程，确保床温恢复正常。

3. 减量给煤法

所谓减量给煤法，是当床温上升时，立即减少给煤量和风量，而且给煤量减少的幅度需足够大，同时调整一、二次风的比例，增加一次风率，降低二次风率。维持 $2\sim3min$ 后，如果床温停止上升，恢复正常的给煤量和送风量；如果床温继续上升，再重复上述过程，确保床温恢复正常。

（四）料层高度调节

调节料层高度是维持床层中床料物质平衡的重要手段。锅炉运行中料层高度过大或过小都会影响流化质量，甚至引起结焦。

锅炉投运前，通过冷态试验确定布风板下风室静压与料层高度关系曲线。锅炉运行中，通过风室静压来反映料层高度。当一次风量不变时，风室静压增高，穿过床层的流动阻力越大，说明床层床料增多，料层高度增加；反之，风室静压下降，说明床层床料减少，料层高度降低。床层流化正常时，风室静压指针呈周期性、小幅度、高频率摆动。当风室静压指针大幅度波动，说明可能在床层内出现结焦，或炉底存有大量炉渣，应及时排除。当风室静压指针不再摆动，说明料层高度过大，床层流化状态恶化，需及时排放多余炉渣。

有时在床层中选择恰当位置作为床层压力控制点，检测该处压力，并用料层压降来反映料层的高度。

排放底渣是调节料层高度的主要方法。在连续排放底渣时，排渣速度取决于给煤量、煤的灰分以及炉渣份额，也需要与冷渣器、排渣机构工作状态相协调。在非连续排渣时，需要事先设定风室静压料层压降的上限作为开始排放底渣的基准，设定风室静压料层压降的下限，作为停止排放底渣的基准。

倘若流化状态恶化，炉渣沉淀，密相层底部形成低温床层，可用床温作为辅助检测判断手段。

（五）炉膛压差调节

一般在炉膛上部选择测点位置和炉膛出口压差作为炉膛压差，它是反映炉膛上部循环床料浓度大小的参数。炉膛上部循环床料越多，颗粒浓度加大，炉膛压差增高。当锅炉负荷上升时，炉膛压差增高。由于炉膛压差越大，炉内颗粒浓度越高，炉膛上部所布置的受热面的传热系数提高，传热增强。

在锅炉运行过程中，应根据负荷大小适当控制炉膛压差。如果炉膛压差太大，可从放灰管适当排放一定数量的循环床料。倘若炉膛压差突然降低，甚至为零，说明返料装置堵塞，应停止返料，及时排除故障。

（六）负荷调节

对于不同类型循环流化床锅炉和不同性质的煤种，循环流化床锅炉调节负荷的能力各不相同，但与普通煤粉炉相比，循环流化床锅炉负荷调节范围大，调节速度快，适宜作为调峰机组。一般循环流化床锅炉负荷变化范围可达 $25\%\sim110\%$，升负荷速度可达每分钟 $5\%\sim7\%$，降负荷速度可达每分钟 $10\%\sim15\%$。

对于无外置式换热器的锅炉，负荷调节一般采用以下一系列可行的方法：①改变给煤量和风量，以保持能量平衡，这是必要的基本调节；②改变一、二次风配比，改变了炉内密相区和稀相区颗粒浓度分布。随着负荷的增加，减少一次风率，增加二次率。炉膛上部稀相区床料浓度和燃烧份额增大。炉膛上部受热面传热量增高，满足负荷增加的需要；③对于密相区，布置了埋管受热面循环流化床锅炉，可采用改变料层高度的方法来改变密相区受热面的传热；④改变循环床料量，采用循环灰收集器或灰渣斗中灰渣，当负荷增高时，在增加给煤量和送风量的同时添加灰渣量，提高炉内颗粒浓度，增强受热面传热。当负荷降低时，在减少给煤量和送风量的同时减少床层中灰渣量，减少炉内颗粒浓度，减弱受热面传热；⑤调节烟气再循环量，改变炉内流化状态，改变密相区和稀相区的燃烧份额，达到调整负荷的目的。

三、循环流化锅炉的控制系统

循环流化锅炉的控制系统大都采用分散控制系统（DCS），按控制功能分为以下四个部分：

（1）数据采集系统。包含了几乎所有的电量和非电量数据的测量、处理、显示、报警、记录、储存等功能。数据处理应包括数据统计、数据分析、操作指导、故障分析。

（2）模拟量控制，又称协调控制。所谓模拟量控制是指对对象运行状态进行自动连续调节，满足外界负荷需求，使对象的所有运行参数维持在许可的范围内。包括给水自动控制、燃烧自动控制、过热蒸汽温度自动调节、再热蒸汽温度自动调节等控制系统。

（3）顺序控制。按事先拟定的步骤、条件或时间，按顺序对系统和设备进行一系列的操作。包括整个机组的启停顺序控制、改变系统或设备工作状态顺序控制、单个设备启停或开关的顺序控制。顺序控制包括炉膛安全保护监视系统（FSSS）。

（4）连锁保护。热工连锁保护是指在机组启、停过程或运行过程中，一旦可能发生危及人身和设备安全的情况下，自动控制系统所采取的动作和措施。有三种类型：报警信号、连锁动作或操作、跳闸保护。

循环流化床锅炉热工和自动控制系统与一般煤粉炉相比，不同之处在于燃烧控制子系统。对于热工控制系统，循环流化床锅炉具有下列的特殊性：①炉内床料多，燃料颗粒大，燃烧系统热惯性大，燃烧具有很大的滞后；②床温是循环流化床燃烧状态的重要参数，需要对其进行控制；③炉内流化状态改变，密相区和稀相区燃烧份额将发生变化，对控制系统有一定的影响；④为了使炉内脱硫达到预期的效果，需对石灰石给料量进行相应的控制；⑤一次风量必须保证炉内良好的流化状态，需以临界流化风量为下限，以恰当的密相区燃烧份额为上限。料层高度对燃烧具有一定的影响，需要时对其进行控制；⑥以上各种控制参数相互关联，为多变量、非线性、随着时间变化的分布参数控制。下面以 Pyroflow 型锅炉控制系统为例，仅介绍燃烧控制子系统。

（一）床温控制系统

某电厂 CFB 有四种风送入炉膛内：流化床料的一次风，由布风板下部送入；使燃料进一

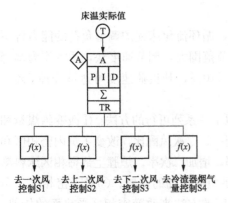

图 6-58 床温控制系统

步燃烧的二次风，在布风板上方不同高度位置，分两层送入；用于播送燃料或石灰石的高压播送风，由料口送入；冷渣器流化风，由炉底送入。

通过控制上述各种风的比例来控制床温。床温的测量是通过均匀布置在床体上的 10 只热电偶的平均值来获取的。床温控制系统如图 6-58 所示。

床温控制系统是根据实测床温与要求值进行比较后送入 PID 调节器，经过四个函数运算，输出四个设定值信号：S1 送入一次风量控制器、S2 送入上二次风量控制器、S3 送入下二次风量控制器、S4 送入冷渣器再循环烟气量控制器。

（二）一次风量控制系统

一次风量控制系统如图 6-59 所示。一次风量设定值信号 S1 来自床温控制系统，另一个一次风量设定值信号 M1 是通过燃料量运算出的一次风量信号。一次风量设定值必须大于下限 F_{min}，小于上限 F_{max}，再与实际一次风量测量值比较，偏差信号送入调节器 PI，直接控制一次风挡板开度。

（三）上二次风量和下二次风量控制系统

上二次风量和下二次风量控制系统如图 6-60 所示。上二次风量和下二次风量控制系统的控制量是过热器后烟气含氧量，以过热器后烟气含氧量实测量与设定值偏差量送入调节器作为控制上二次风量和下二次风量的校正信号。另一方面的信号分别是来自床温控制系统 S2 和 S3，通过燃料量运算信号 M2 和 M3。上述综合信号与实际测量值的偏差送入调节器，分别控制上二次风挡板和下二次风挡板的开度。

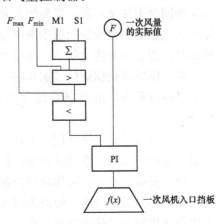

图 6-59 一次风量控制系统

（四）石灰石控制系统

石灰石控制系统如图 6-61 所示。石灰石控制系统应当保证最佳脱硫效果。排放烟气中 SO_2 的含量是此系统的控制量，因此排放烟气中 SO_2 的含量是此控制系统的校正信号。

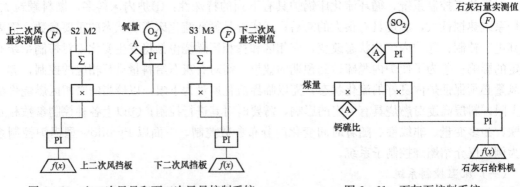

图 6-60 上二次风量和下二次风量控制系统   图 6-61 石灰石控制系统

（五）床压控制系统和返料风控制系统

床压是流化床流态化的重要参数，运行中需对床压进行严格控制。床压控制系统一般采用单回路系统，通过控制排渣量来控制床压。

返料风控制系统是一个单回路控制系统，不参与床温控制，通过控制高压罗茨风机出口挡板开度来控制返料风量。

（六）给煤量控制系统

给煤量控制系统主要接受负荷指令，同时接受风量和煤量交叉信号。根据负荷计算出燃料量，同时根据风煤配比计算出最大给煤量。按两者的低者选信号，分别控制各台给煤机的给煤量，保证在动态过程中，先加风后加煤，或先减煤后减风。

给煤机一般采用转速与煤量呈线性关系的变频调节方式。多台给煤机设计有增益自动回路，可以自动或手动，可以无扰动任意切投不同给煤机。

计算出一次风量 M1、上二次风量 M2 和下二次风量 M3 的信号。

（七）炉膛安全保护监视系统

对于循环流化床锅炉，炉膛安全保护监视系统包括锅炉保护系统 FSS、燃烧控制系统 BCS。除了保证稳定燃烧之外，侧重燃料投运或切除操作的正确顺序和连锁保护，主要功能包括主燃料切除 MFT；启停过程中的炉内吹扫；启动燃油系统泄漏试验；循环流化床锅炉的冷态启动，包括建立初始料床和流化风、升温控制等；热态启动；风道油燃烧器控制、启动燃油器控制、油燃烧器的火焰检测；煤和石灰石系统控制；一次风机、二次风机、高压流化风机、引风机、播煤风机的连锁。

▶ **能力训练** ◀

1. 循环流化床锅炉的典型运行指标有哪些？
2. 如何调节循环流化床锅炉燃烧？
3. 循环流化床锅炉燃烧控制子系统的组成是什么？

任务四　循环流化床锅炉运行问题的处理

▶ **任务目标** ◀

1. 知识目标
（1）掌握循环流化床锅炉出力不足的原因。
（2）掌握循环流化床锅炉床层结焦的原因及处理措施。
（3）掌握循环流化床锅炉返料装置堵塞的原因及处理措施。
（4）掌握循环流化床锅炉对流烟道可燃物再燃的原因及处理措施。
（5）掌握循环流化床锅炉耐火材料脱落的原因及处理措施。

2. 能力目标
（1）能分析循环流化床锅炉出力不足的原因。
（2）能分析循环流化床锅炉床层结焦的原因及处理措施。
（3）能分析循环流化床锅炉返料装置堵塞的原因及处理措施。

（4）能分析循环流化床锅炉对流烟道可燃物再燃的原因及处理措施。

（5）能分析循环流化床锅炉耐火材料脱落的原因及处理措施。

> 知识准备 <

循环流化床锅炉运行中常有一些特殊问题有待处理，这些问题包括出力不足、床层结焦、返料装置堵塞、对流烟道可燃物再燃、耐火材料脱落、炉墙损坏，以及磨损等问题。

循环流化床锅炉在刚开始运行时经常出现出力不足，锅炉达不到额定负荷。原因是多方面的，有锅炉设计问题，也有运行问题。

一、出力不足

1. 旋风分离器分离效率低

旋风分离器分离效率低是由多方面的因素引起的，与分离器进口气体的流速、气体温度、颗粒浓度、颗粒度等因素有关。

旋风分离器分离效率低于设计值导致小颗粒床料流失，返料量下降，造成炉膛上部稀相区颗粒浓度减少，热载体物质质量减少。尤其是细小颗粒的浓度减低，促使炉膛上部受热面传热系数下降。另外，旋风分离器分离效率低，飞灰量增大，飞灰含碳量增高，固体未完全燃烧热损失增大，对流受热面磨损加剧。

为了提高旋风分离器效率，要加大送风量，调整一、二次风配比，提高稀相区颗粒浓度和颗粒度，改进分离器结构和尺寸，促使分离效力提高。

2. 受热面布置不恰当

在密相区或稀相区受热面布置不当，或因煤种远偏离设计煤种，造成密相区和稀相区的颗粒浓度分布和燃烧份额产生很大的变化，促使受热面传热量达不到额定值。

3. 炉内状态控制不合理

正常循环流化床锅炉，炉内状态必须满足床料平衡、热量平衡。

所谓床料平衡包含三个方面的含义：一是炉内的床料量与负荷相对应，一定的负荷要求炉内要有一定的床料量，床料减少，炉内受热面传热量下降；二是床料在炉内的浓度分布与负荷相对应，一定的负荷要求炉内要有一定的床料浓度分布。倘若密相区或稀相区床料浓度变化很大，必然会影响炉内受热面的传热；三是床料的颗粒度与负荷相对应，给煤颗粒度应当符合设计要求，否则也会影响炉内受热面的传热。

热量平衡是指在不同负荷下，密相区和稀相区内燃烧所释放的热量应与受热面的吸热、床料和烟气所带走的热量相平衡，维持相应的床温，这样才能保证炉内受热面有足够的传热量。

4. 燃料颗粒度（直径）分布不合理

入炉的给煤大、中、小颗粒度要有合理的分布，只有合适的燃料颗粒度的级配，才能维持炉内正常流化、燃烧和床料循环。维持在不同负荷下，密相区和稀相区要有相对应的燃烧份额、颗粒浓度和粒度分布。

5. 配套辅助设备选择不合理

配套辅助设备的选择，尤其是各种风机的压头和风量选择不合理，不可能获得良好的流化状态和燃烧状态，因此有可能限制锅炉的出力。

二、床层结焦

床层结焦是循环流化床锅炉运行中一大忌讳，运行中应密切注意。

发生结焦的表现：当风室静压指针大幅度波动，密相区各温度测点温度差值加大，有明显火焰向上窜动，说明可能在床层内出现结焦。

床层结焦可分为两类：低温结焦和高温结焦。所谓低温结焦就是虽然总体床温没有超过煤灰的变形温度，但由于局部超温或灰渣中碱金属含量高，产生低温烧结，引起的局部结焦。低温结焦点不仅仅发生在床层内，其特点是焦块中含有未烧结的颗粒。所谓高温结焦就是由于总体床温超过煤灰的变形温度，引起结焦。高温结焦的特点是结焦面积大，焦块呈熔融状态，冷却后成为深褐色硬块，带有气孔。当床层内含碳量过高又未及时调整风量和返料量时，有可能造成床温过高。

造成床层结焦的原因是多方面的。一是操作不当引起床温过高。倘若一次风量较低，床料不能很好地流化，造成密相区床料堆积，稀相区燃烧份额大为减少。此时锅炉出力下降，又盲目增加给煤量，床温必然升高；二是煤种的改变，倘若煤种挥发分过低，使密相区燃烧份额增加，床温升高；三是燃料破碎设备选择或操作不当，燃料颗粒度过大或颗粒度级配不合理，粗大颗粒过多，导致密相区燃烧份额增大。

在正常运行或启动点火时，一旦出现结焦，立即会迅速扩大，并且有自动加速的趋势，应及时发现结焦点并及时清除。若大面积结焦，必须停炉打焦。

三、返料装置堵塞

维持正常返料量是循环流化床锅炉运行关键问题之一，返料装置堵塞，突然停止工作，主蒸汽温度和压力急剧降低，床温迅速上升，危及锅炉正常运行。

有两种情况造成返料装置堵塞，一是返料装置流化风量不足，造成床料循环不畅，物料堆积，因而堵塞；二是返料装置温度过高，造成高温结焦，因而堵塞。

若要排除故障，需要分析寻找具体故障原因：如返料风机风压不够，冷灰落入下部布风室造成通风面积减少，风帽堵塞造成通风不良，循环床料含碳量过高，返料装置温度过高，返料系统发生故障，循环倍率过高，返料装置漏风等，以上任何情况都有可能造成返料装置堵塞。返料装置应及时监视，预防堵塞。因为一旦发生堵塞，可能造成二次燃烧，事故扩大后难以处理。

发现堵塞后，应停止流化风，打开放灰管。待堵塞排除后，采用间断送风，投入返料装置，直至正常运行。

四、对流烟道可燃物再燃

发生对流烟道可燃物再燃的表面现象为：排烟温度急剧增高，一、二次风温增高，对流烟道负压变为正压，烟囱冒黑烟等情况。

发生对流烟道可燃物再燃的原因：一是返料装置堵塞，旋风分离器效率下降，导致可燃物进入对流烟道；二是燃烧调整不当，导致飞灰含碳量过高；三是引风机负压过大，将炉内的可燃物抽到对流烟道。

发生对流烟道可燃物再燃的处理方法：倘若返料装置堵塞，可停风放灰；倘若是燃烧调整不当，可重新进行燃烧调整，也可及时调整引风机负压；倘若排烟温度超过一定数值，可立即停炉。

五、耐火材料脱落

循环流化床锅炉使用大量的耐火材料，耐火材料脱落是较为常见的故障。

耐火材料脱落的原因：一是温度波动热应力冲击，如启动过程中温度快速变化，耐火材料中的固体骨料和黏合剂膨胀系数不一致，造成耐火材料裂纹或脱落；二是机械应力，当有金属物件穿过耐火材料层，金属和耐火材料膨胀系数不同，形成机械应力，造成耐火材料裂纹或脱落；三是固体床料冲刷磨损造成耐火材料裂纹或脱落；四是碱金属渗透造成耐火材料变质失效。

防止耐火材料裂纹或脱落措施：启动和停炉时控制升温和降温速度，防止耐火材料出现过高热应力，改善耐火材料的性能，增强耐火材料抗应力破坏能力。

▶ 能力训练 ◀

1. 循环流化床锅炉运行中常出现的问题有哪些？
2. 循环流化床锅炉出力不足的原因是什么？
3. 循环流化床锅炉床层结焦的原因是什么？如何处理？
4. 循环流化床锅炉返料装置堵塞的原因是什么？如何处理？
5. 循环流化床锅炉对流烟道可燃物再燃的原因是什么？如何处理？
6. 循环流化床锅炉耐火材料脱落的原因是什么？如何处理？

项目七 锅 炉 停 运

> 项目目标 <

（1）通过对汽包锅炉停运的学习，能说明汽包锅炉额定参数停运的步骤、汽包锅炉滑参数停运的步骤、汽包锅炉紧急停炉的步骤。

（2）通过对直流锅炉停运的学习，能说明直流锅炉正常停炉前的准备工作、直流锅炉滑参数停炉的步骤。

（3）通过对停炉后保养的学习，能说明停炉后湿法保养方法、停炉后干法保养方法、停炉后惰性保养方法。

任务一 汽包锅炉的停运

> 任务目标 <

1. 知识目标

（1）掌握汽包锅炉的停运方式及特点。

（2）掌握汽包锅炉额定参数停运的步骤。

（3）掌握汽包锅炉滑参数停运的步骤。

（4）掌握汽包锅炉紧急停炉的步骤。

2. 能力目标

（1）能说明汽包锅炉额定参数停运的步骤。

（2）能说明汽包锅炉滑参数停运的步骤。

（3）能说明汽包锅炉紧急停炉的步骤。

> 知识准备 <

一、汽包锅炉的停运方式及特点

锅炉停止运行，一般分为正常停炉和事故停炉两种情况。有计划的停炉检修和根据调度命令转入备用的情况属于正常停炉。由于事故原因必须停止锅炉运行时称为事故停炉。根据事故的严重程度，需要立即停止锅炉运行时，称为紧急停炉。若事故不严重，但为了设备安全又必须在限定时间内停炉时，则称为故障停炉。

正常停炉又分为检修停炉和热备用停炉两种。前者预期时间较长，是为大小修或冷备用而安排的停炉，要求停炉至冷态。后者停炉时间短，是根据负荷调度或紧急抢修而安排的，要求停炉后汽轮机金属温度保持较高水平，以便重新启动时，能按热态或极热态方式进行，从而缩短启动时间。

根据停炉过程中机炉参数是否变化，又分为滑参数停炉和额定参数停炉两种。滑参数停炉的特点是机炉联合停运，利用停炉过程中的余热发电和强制冷却机组，这样可使机组的冷却快而均匀。对于停运后需要检修的汽轮机，可缩短从停机到开缸的时间。额定参数停炉的特点是停炉过程中锅炉参数不变或基本不变，通常用于紧急停炉或备用停炉。

1. 额定参数停运

额定参数停运是指在停运过程中，维持机前蒸汽参数保持不变，逐步关小汽轮机调节汽门，减小进汽量，逐渐减负荷停机。锅炉也相应减负荷，逐渐降压冷却。

采用额定参数停运，进入汽轮机的蒸汽温度较高（只存在节流温降），因而在停运后能维持较高的金属温度；采用调节汽门控制负荷，能实现快速减负荷。对只需要短时停运，且希望机组停运后能维持较高金属温度的情况，即锅炉停运后转为短期热备用时，可采用该方式。

2. 滑参数停运

滑参数停运是指在汽轮机主汽门、调节汽门保持全开的情况下，通过调节锅炉燃烧，改变主蒸汽和再热蒸汽参数来逐渐降低机组的负荷，直至汽轮机停运、发电机解列、锅炉降压、冷却。

采用滑参数停运，由于在机组的减负荷和降温、降压过程中，蒸汽流量大，可使汽轮机各金属部件均匀冷却，缩短停机时间，且能充分利用机组的余热发电，减少停机热损失。对以检修为目的、需较长时间备用且希望金属快速冷却的机组，可采用该方式。

二、额定参数停运

锅炉的额定参数停运的基本过程一般可分为停运前的准备、减负荷、锅炉熄火和降压冷却等几个阶段。

1. 锅炉停运前的准备

锅炉停运前，应对锅炉进行一次全面检查，并记录缺陷设备，以便在检修时消除。对停炉检修或作为冷备用的锅炉，应将原煤斗和粉仓中的煤尽量用完。同时按规定进行必要的试验，如投点火油枪的试验，以便在停炉减负荷中用来稳燃。此外，停炉前还应对锅炉受热面进行全面吹灰，以保持各受热面在停炉后处于清洁状态。

2. 锅炉减负荷和锅炉熄火

锅炉的负荷随汽轮机负荷的降低而降低。汽轮机负荷下降，锅炉相应调整燃烧，并注意维持锅炉出口的蒸汽温度、蒸汽压力和汽包水位。同时根据减负荷的情况，逐渐减少运行燃烧器的数目。

对中间储仓式制粉系统，当运行给粉机转速减小到一定程度时，应停止其运行。随锅炉负荷的减少，逐渐减少运行给粉机的台数，并保持较高的给粉机转速，以维持较高的煤粉浓度。

对直吹式制粉系统，随锅炉负荷的下降，逐渐减少各运行制粉系统的给煤量，当各组制粉系统的给煤量减少到一定程度时，则停止一套制粉系统的运行。同时应调整各制粉系统的风量，以保持一定的煤粉浓度。

在锅炉减负荷、停用制粉系统和燃烧器的过程中，应注意磨煤机、给粉机和一次风管的清扫。对停用的燃烧器，应保持少量通风，以冷却燃烧器。当锅炉的负荷降到一定程度时（锅炉不投油枪燃烧的负荷与锅炉容量有关，一般最小为 40%～50% 额定负荷），应及时投油枪稳燃。

根据汽轮机的负荷情况，锅炉可选择一定时机，停止向炉内供应燃料，锅炉熄火。锅炉灭火后应对炉膛和烟道吹扫5～10min。

随锅炉负荷的降低，应相应减少给水，维持锅炉汽包水位。对回转式空气预热器，为防止转子冷却不均而变形，在锅炉熄火、送、引风机停运后，还应运转一段时间，待尾部烟温低于规定值后，再停止其运行。

3. 降压、冷却

锅炉熄火后，即进入降压、冷却阶段。在锅炉的降压、冷却过程中，应注意控制降压和冷却速度。以防锅炉受热面因冷却过快而产生过大的热应力。

在锅炉熄火后的最初4～8h，一般应关闭锅炉各孔、门挡板，以免锅炉急剧冷却。此后可逐渐打开烟道挡板和炉膛各孔、门，进行自然通风冷却。同时，可通过锅炉的进、放水，保持锅炉各部件均匀冷却。需要快速冷却时，可加快进、放水，必要时，可通风冷却。

锅炉停运后作短期备用时，可维持在较高的压力、温度。

三、滑参数停运

锅炉的滑参数停运的基本过程一般分为停运前的准备、锅炉负荷与蒸汽参数的滑降、锅炉熄火、降压和冷却等几个阶段。与额定参数停运相比，其主要区别在锅炉负荷、蒸汽参数的滑降阶段。

锅炉滑参数停运时，锅炉负荷和蒸汽参数的滑降是根据汽轮发电机组的要求分阶段进行的。

机组在额定工况下运行时，一般先将机组的负荷降至85％～90％额定负荷，逐渐开大汽轮机的调节汽门至全开，将蒸汽温度、压力降至允许值的下限，在此条件下稳定一段时间。待金属各部件的温差减小后，开始负荷、参数的滑降。

在稳定负荷的情况下，调节锅炉燃烧，采用喷水减温，先减低主蒸汽温度，使其低于汽轮机第一级金属温度30～50℃，为防止金属热应力过大，一般汽温的温降速度不宜超过1.5℃/min，金属的温降速度不宜超过1℃/min。待金属温降速度减慢、主蒸汽的过热度接近50℃时，再降低主蒸汽压力。机组的负荷随蒸汽压力的降低成比例降低。稳定一段时间后，再以同样的方法进行负荷和参数的滑降。

滑参数停运时，滑停到最低负荷时通常有两种停运方法。

若机组需短时停运，可手动脱扣汽轮机，同时锅炉熄火，发电机解列。该停运方式可使汽轮机金属温度维持在250℃以上；若需机组充分冷却，锅炉可维持最低负荷燃烧后熄火，此时汽轮机调节汽门全开，利用余热发电，待负荷降至接近零时，发电机解列，汽轮机利用余热继续空转，以使其通流部分充分冷却。

四、紧急停炉

锅炉的紧急停炉是指在机组发生重大事故、危及设备和人身安全时，立即停止锅炉机组的运行。如：锅炉运行中发生严重满水或严重缺水、受热面严重损坏、锅炉灭火等，均应紧急停炉。紧急停炉主要操作为：

（1）立即切断向炉内供应一切燃料，锅炉熄火。

（2）将自动切换为手动操作。

（3）尽量维持锅炉汽包水位，关闭各级减温水。

（4）维持30％额定风量，保持适当的炉膛负压，进行通风吹扫，通风时间一般不少于5min（但当锅炉发生尾部烟道二次燃烧时应先灭火后再通风吹扫）。

> 能力训练 ◄

1. 汽包锅炉额定参数停运的步骤是什么？
2. 汽包锅炉滑参数停运的步骤是什么？
3. 汽包锅炉紧急停炉的步骤是什么？

任务二　直流锅炉停运

> 任务目标 ◄

1. 知识目标
（1）熟悉直流锅炉正常停炉前的准备工作。
（2）掌握直流锅炉滑参数停炉的步骤。
（3）掌握直流锅炉滑参数停炉的注意事项。
2. 能力目标
（1）能说明直流锅炉正常停炉前的准备工作。
（2）能说明直流锅炉滑参数停炉的步骤。

> 知识准备 ◄

一、正常停炉前的准备
（1）系统全面检查并统计缺陷。
（2）机组大小修或停机超过七天，应将所有原煤仓烧空。
（3）启动燃油泵，对炉前油系统进行全面检查，确认系统备用良好，保证有足够的燃油能满足停炉要求。
（4）停炉前应对锅炉受热面全面吹灰一次。
（5）确认汽轮机方面检修要求以确定滑停参数。
（6）测量炉水循环泵绝缘良好，正常备用。
（7）提前烧空一台制粉系统对应的原煤仓，并吹空停运该制粉系统，保留三套制粉系统运行。根据调度许可停炉时间预估上煤量，合理上煤。

二、滑停过程
（1）申请调度同意，按照滑停曲线开始降负荷。
（2）若有需要则配合汽轮机或电气做相关试验。
（3）烧空第二套制粉系统及原煤仓。
（4）负荷300MW左右，并入电泵退出一台汽泵运行。
（5）负荷260MW左右，分离器水位正常，启动炉水循环泵备用。
（6）当降至最低稳燃负荷210MW时，投入油枪稳燃，投空气预热器连续吹灰，退出电除尘运行。
（7）进一步降低锅炉负荷，负荷低于180MW，可退出另一台汽泵，保留电泵运行，注意省煤器入口流量与炉水循环泵电流正常。

（8）烧空第三套制粉系统及原煤仓，负荷滑至 120MW 左右，配合汽轮机给水切旁路及退高压加热器等操作。

（9）烧空最后一套制粉系统及原煤仓，逐渐撤出油燃烧器，配合汽轮机打闸。

（10）MFT 后炉膛吹扫 5～10min，根据检修需要闷炉或通风冷却。

三、停炉后的冷却

滑参数停机在汽轮机打闸、锅炉灭火后，继续保持电动给水泵运行对锅炉进行冷却。

锅炉灭火后炉水循环泵保持运行，控制汽水分离器和水冷壁金属降温速度不得高于 2℃/min，金属温度偏差不得高于 50℃。电动给水泵保持打循环方式运行，当储水箱水位下降时要及时补水，以维持储水箱水位。汽水分离器压力达到 0.8MPa 左右，储水箱温度降至 200℃左右时，停止炉水循环泵、电动给水泵运行，进行热炉放水。

调整总风量至 800t/h 左右，炉膛压力保持－100Pa～－150Pa。当预热器入口烟气温度降低至 60℃以下时，停止引、送风机运行。

四、滑参数停炉过程中的注意事项

（1）滑停过程中保持蒸汽过热度大于 100℃，最低不小于 56℃，保证高压缸排汽温度高于对应压力下饱和温度 20℃。

（2）严格控制降温降压速度，并保持主、再热蒸汽温度度同步。过热蒸汽和再热蒸汽降温速度：<1.5/min，过热蒸汽和再热蒸汽降压速度：<0.2MPa/min，汽缸金属温降率：<1℃/min，主、再热蒸汽两侧温差小于 83℃。

（3）降参数过程中，应严密监视汽缸各部分温度的变化，汽缸各点温度控制在规定范围内。汽轮机调节级蒸汽温度不低于调节级金属温度 56℃以上，否则应停止降温。螺栓温度不允许高于法兰温度 30℃。

（4）锅炉根据滑停参数控制好煤水比保证汽温均匀下降，严禁汽温反弹。

（5）滑停过程在停磨、投油枪过程中保持锅炉热负荷的稳定。

（6）在利用减温水降温过程中，控制减温器后温度大于对应压力下饱和温度 20℃，防止减温水过量。合理控制燃烧和减温水使用，防止出现汽温突变。

（7）在整个滑停过程中要严密监视汽轮机胀差、轴位移、上下缸温差、各轴承振动及轴瓦温度在规程规定的范围内，否则应打闸停机，锅炉 MFT。

（8）滑停过程中，当煤油混烧时，空气预热器吹灰应改为连续吹灰。

▶ **能力训练** ◀

1. 直流锅炉正常停炉前的准备工作是什么？

2. 直流锅炉滑参数停炉的步骤是什么？直流锅炉滑参数停炉的注意事项有哪些？

任务三　停　炉　后　的　保　养

▶ **任务目标** ◀

1. 知识目标

（1）掌握停炉后湿法保养方法。

（2）掌握停炉后干法保养方法。

（3）掌握停炉后惰性保养方法。

2. 能力目标

（1）能说明停炉后湿法保养方法。

（2）能说明停炉后干法保养方法。

（3）能说明停炉后惰性保养方法。

知识准备

锅炉在冷备用期间会受到腐蚀危害，为防腐应不使空气进入停用锅炉的汽水系统；保持金属内表面干燥；在金属表面形成具有防腐蚀作用的薄膜（钝化膜）；使金属浸泡在含有除氧剂或其他保护剂的水溶液中。锅炉停运后具体的保养方法如下：

1. 湿法保养

用湿法保养时，在机组停用后向汽水系统充满除氧水。依靠其他汽源、水泵等维持系统正压，以防止氧气侵入，同时可添加联氨等除氧剂。为此，系统内的水应不断循环，以保证水内这些化学药品良好混合。在无除氧水可用时，可以添加诸如氢氧化钠或氨等防蚀剂，在这种情况下，建议定期检测 pH 值并定时进行水的循环。

2. 干法保养

用干法保养时，在设备停用后应在热态和尚有压力的条件下，将水、汽系统放空，为此，应首先打开疏水阀和空气阀，接着根据需要投入凝汽器抽真空装置，锅炉可以采用带压放水，利用余热烘干的办法进行干法保护。

采用干法保护时，只有将汽水系统中的空气湿度始终保持在 50％ 以下才有防腐效果，因而需监视水、汽系统出口湿度来确定其干燥状况。此外，也可以单独使用具有吸潮性能的干燥剂（如硅胶）或以此作为干法保护的补充。

3. 惰性保养

惰性保养一般使用含氧量少于 0.01％ 的氮气。氮气注入充水系统或注水全部放空的系统内，并维持系统正压，以防止氧气侵入。

锅炉停用保养方法较多，为了便于选择，以下列出了有关原则：

（1）对大型超高压汽包锅炉和直流锅炉，由于过热器系统较为复杂，水汽系统内的水不易放尽，因此大都采用充氮法和加热蒸汽压力法。

（2）停用时间的长短。对短期停运的锅炉，应采用压力防腐法；对长期停用和封存的锅炉设备应用干燥剂法、联氨法和氨液法。

（3）环境温度。采用湿法保养时，应注意冬季不使炉内温度低于 0℃，以防止冻坏设备。

能力训练

1. 停炉后湿法保养方法是什么？

2. 停炉后干法保养方法是什么？

3. 停炉后惰性保养方法是什么？

项目八 锅炉事故处理

项目目标

（1）通过对汽水系统事故处理的学习，能分析锅炉水冷壁损坏、过热器损坏、再热器损坏、省煤器损坏、缺水事故、满水事故、给水管道损坏、蒸汽管道损坏、给水管道水冲击、蒸汽管道水冲击的现象、原因及处理措施。

（2）通过对制粉系统事故处理的学习，能分析中间储仓式钢球磨煤机制粉系统故障处理的措施，并能分析磨煤机、给煤机、排粉机、煤粉仓、粗粉分离器、细粉分离器故障的现象、原因及处理措施。

（3）通过对燃烧系统事故处理的学习，能分析炉膛灭火、尾部烟道二次燃烧的现象、原因及处理措施。

任务一 汽水系统事故处理

任务目标

1. 知识目标

（1）掌握锅炉水冷壁损坏、过热器损坏、再热器损坏、省煤器损坏的现象、原因及处理措施。

（2）掌握锅炉缺水事故、满水事故的现象、原因及处理措施。

（3）掌握给水管道损坏、蒸汽管道损坏、给水管道水冲击、蒸汽管道水冲击的现象、原因及处理措施。

2. 能力目标

（1）能分析锅炉水冷壁损坏、过热器损坏、再热器损坏、省煤器损坏的现象、原因及处理措施。

（2）能分析锅炉缺水事故、满水事故的现象、原因及处理措施。

（3）能分析给水管道损坏、蒸汽管道损坏、给水管道水冲击、蒸汽管道水冲击的现象、原因及处理措施。

知识准备

一、锅炉水冷壁损坏

1. 现象

（1）水冷壁泄漏初期，在锅炉泄漏处可听到轻微泄漏声。随着锅炉泄漏点扩大，泄漏声逐渐加大，严重时汽包水位急剧下降，给水流量不正常地大于蒸汽流量。

（2）炉膛负压变正，从着火孔、人孔、炉墙不严密处向外喷烟气和水蒸气。

（3）燃烧不稳，火焰发暗，严重时锅炉灭火。

（4）各段烟气及排烟温度下降，蒸汽流量、蒸汽压力下降，引风机电流增大。

2. 原因

（1）凝汽器泄漏，给水及锅水品质不合格，使管内壁结垢腐蚀。

（2）运行操作不当，燃烧方式不合理。长期低负荷运行，排污阀泄漏，锅炉结焦。水冷壁长时间受热不均，造成水循环不良，引起管子局部过热爆破。

（3）管内或联箱内有杂物堵塞，烧坏管子。

（4）焊接质量不佳，有咬边、气孔、夹渣、未焊透等。管材不合格，错用钢材，制造安装工艺不良。

（5）个别管子被飞灰和煤粉长时间冲刷，吹灰系统流水不畅。吹灰器投入时，汽水混合物吹损水冷壁或吹灰器卡在炉内，运行人员未及时发现而吹损水冷壁，使管壁局部变薄而爆破。

（6）大焦块脱落，砸坏水冷壁管子。

（7）锅炉严重缺水时，又强行上水，或严重缺水使管子过热爆破。

（8）由于燃煤含硫量高，致使炉膛内高温区产生高温腐蚀，使管壁减薄而爆破。

（9）停炉期间防腐措施不落实，管壁腐蚀，最终导致水冷壁管爆破。

3. 处理

（1）若水冷壁损坏不严重，能维持正常汽包水位和燃烧，不致很快扩大事故，可以降低蒸汽压力和负荷，短时间运行，请示停炉。

（2）如不能维持正常汽包水位或燃烧急剧恶化，应紧急停炉。

（3）停炉后，保留一台引风机运行，维持炉膛正常负压。同时在条件许可的情况下，可以继续上水，维持正常汽包水位。但上水时间不宜太长，以免引起汽包上、下壁温差大于40℃。

（4）如炉管的泄漏量很大，停炉后无法保持汽包正常水位，应立即停止上水，并严禁开启省煤器再循环门，引风机应在炉内蒸汽全部排出后停止。

（5）停止静电除尘器运行。

4. 水冷壁泄漏的判断

（1）将锅炉蒸汽除灰减压站蒸汽总门关闭，锅炉周围仍有泄漏声，可以判断锅炉管有泄漏存在，排除蒸汽吹灰器机头阀不严，蒸汽漏入炉膛内蒸汽声音。

（2）水冷壁管具体泄漏部位的判断，首先投入锅炉助燃油枪，降低机组负荷直至停止全部燃煤燃烧器，根据实际燃油量、带电负荷，然后从看火孔清楚地观察到水冷壁泄漏部位。

二、过热器损坏

1. 现象

（1）过热器爆口附近有泄漏声，严重时炉膛负压变正，从看火孔、人孔门处向外喷烟气或蒸汽。

（2）过热蒸汽流量不正常地小于给水流量。

（3）爆管侧蒸汽压力下降。

（4）过热器爆管，排烟温度下降，如爆管在低温段时，将造成过热蒸汽温度升高。

2. 原因

（1）蒸汽品质、给水品质不良，使过热器管内结垢。

（2）锅炉点火初期操作不当，过热蒸汽内蒸汽流速低、升温过快，引起管壁超温。

（3）锅炉燃烧调整不当，局部烟温偏斜，个别管壁超温。

（4）焊接质量不佳，焊口有咬边、夹渣、气孔、未焊透等，错用钢材或制造工艺不良。

（5）管内或联箱内有杂物堵塞。

（6）低负荷运行时，投入减温水或喷水头损坏，造成过热器管内水塞、局部过热。

（7）过热器管排变形，产生烟气走廊，导致飞灰磨损，使管子变薄。

（8）过热器设计不合理，过热器长期超值运行。

（9）吹灰器安装位置不当或吹灰器系统疏水不畅。吹灰蒸汽带水，致使过热器管被吹薄或脆裂损坏。

（10）停炉保养不当，造成腐蚀或运行中燃用高硫煤，在炉膛内有还原性气体，产生高温腐蚀。

3. 处理

（1）若过热器泄漏不严重，应降压运行，加强监视并申请停炉。

（2）如损坏严重，大量蒸汽向外喷出，不能维持运行，应紧急停炉，防止吹坏邻近管排，停炉后保留一台引风机运行，维持炉膛负压，保持汽包水位，并严防汽包上、下壁温差大于 40℃。

三、再热器损坏

1. 现象

（1）爆管侧附近有泄漏气流声，严重时炉膛负压变正，向外冒烟、冒灰、冒汽。

（2）爆管侧烟温、热风温度、排烟温度下降。

（3）爆管侧烟道负压变小，严重时变正，引风机电流增大。

（4）爆管侧再热器出口蒸汽压力下降，出入口压差增大，如再热器低温段爆管，将造成再热器出口蒸汽温度升高。

2. 原因

（1）停炉保养不当，管中长期积水，造成内部腐蚀。

（2）吹灰器安装调试不当，或吹灰器卡在炉内，将再热器吹薄。

（3）再热器处有烟气走廊，飞灰磨损使管子变薄。

（4）蒸汽品质、给水品质不合格，使管内结垢。

（5）锅炉升火、停炉、甩负荷过程中，再热器没有得到很好地保护，使再热器管子过热。

（6）联箱内有异物堵塞。

（7）焊接质量不合格，有咬边、气孔、夹渣、未焊透等缺陷，错用钢材，制造、安装工艺不良。

（8）燃烧调整不当，引起管壁超温。

3. 处理

（1）保持炉膛正常负压，申请停炉。

（2）停炉后，根据炉膛负压情况，留一台引风机运行。

四、省煤器损坏

1. 现象

(1) 给水流量不正常地大于蒸汽流量，严重时汽包水位下降。

(2) 省煤器泄漏处附近有异常响声。

(3) 严重时从炉墙不严密处往外漏水、冒气，下部向外流水。

(4) 省煤器后烟气两侧烟温偏差增大，泄漏侧热风温度、排烟温度下降，炉膛负压变小，引风机入口负压增大。

2. 原因

(1) 除氧器除氧效果差，给水含氧量超标，造成省煤器入口端氧腐蚀。

(2) 给水品质不合格，使馆内结垢。

(3) 焊接质量不佳，有咬边、气孔、夹渣、未焊透等缺陷，错用钢材，制造安装工艺不良。

(4) 管壁被飞灰磨薄或管内被异物堵塞，局部过热。

(5) 启、停炉过程中，省煤器再循环使用不正确，对省煤器没有保护好，二次燃烧造成省煤器过热。

(6) 停炉后锅炉保养效果不好，造成腐蚀。

3. 处理

(1) 若损坏不严重，锅炉降低负荷，维持正常汽包水位，加强监视，申请停炉。

(2) 若损坏严重，无法维持汽包水位或燃烧时，应紧急停炉。

(3) 停炉后加强上水，维持汽包正常水位，并关闭所有排污阀、放水阀、若水位维持不住，应停止上水。

(4) 停止上水后，严禁开启省煤器再循环门，保留一台引风机运行。

五、锅炉缺水事故

1. 缺水现象

(1) 汽包水位低光字牌信号出现，音响报警。

(2) 所有水位计低于正常水位。

(3) 给水流量不正常地小于蒸汽流量。

(4) 缺水严重时过热蒸汽温度升高，当过热蒸汽温度自动调节投入时，减温水流量增大。

2. 原因

(1) 给水自动调节器动作失灵，给水调节装置故障自关。

(2) 低置水位计失灵，使运行人员误判断而误操作。

(3) 负荷突然增大，未及时调整汽包水位。

(4) 给水压力低及给水系统故障，高压加热器跳闸，旁路阀开启速度慢或未开启运行的给水泵故障停运，备用泵未联动，给水泵再循环阀失控自开等。

(5) 排污管道、阀门泄漏或操作不当。

(6) 水冷壁、省煤器、过热器、再热器爆管。

3. 处理

(1) 发现汽包水位低、水位异常时，应对照汽、水流量，校对汽包水位计指示是否正确。

（2）证实汽包水位低时，将给水自动调节切手动调节，开大给水调节阀或调节给水泵转数，增加锅炉进水量，若正在排污，应立即停止。

（3）若给水压力低时，应提高给水压力或启动备用给水泵。

（4）若汽包水位降低至低限，应紧急停炉。

（5）查出原因，消除故障后，保证正常汽包水位，重新点火恢复运行。

六、锅炉满水事故

1. 现象

（1）汽包水位高光字牌信号出现，音响报警。

（2）所有水位计指示高于正常水位。

（3）满水时，水位计正值增大，给水流量不正常地大于蒸汽流量，严重时蒸汽温度急剧下降，蒸汽管道内发生水冲击，蒸汽含盐量增加。

2. 原因

（1）给水自动调节机构失灵，给水调节阀、给水泵调速装置故障。

（2）低地水位计失灵，指示偏低，使运行人员误判断而导致误操作。

（3）给水压力突然升高。

（4）负荷突然减小，未及时调整汽包水位降低给水流量。

3. 处理

（1）应立即对照汽水流量，核对水位计是否正确。

（2）证实汽包水位高时．应立即将给水自动切手动调节，关小给水调节阀或降低给水泵转数，若给水调整阀卡涩时，关小给水管道上的截止阀或降低给水泵出力。

（3）开启事故放水阀，或开大连续排污阀。

（4）汽包水位计正值达到制造厂规定的紧急停炉的水位值时，紧急停炉，全开事故放水阀，解列减温器，必要时开启集汽联箱疏水。

（5）如汽包水位已达到制造厂家规定极高值（跳闸值）时，应立即停炉。停止向锅炉上水，开启省煤器再循环门，加强锅炉放水，待汽包水位恢复正常后，关闭放水门。故障消除后，尽快恢复锅炉运行。

七、给水管道损坏

1. 现象

（1）管道爆破后有很大的响声，损坏处保温材料潮湿，有渗水、漏水现象。

（2）给水压力下降，汽包水位下降。

（3）爆破点在给水流量测点前，给水流量指示下降。反之，指示上升。

（4）减温水流量下降，过热蒸汽温度升高。

2. 原因

（1）错用钢材，焊接质量不佳，有气孔、夹渣、未焊透、焊缝裂纹等缺陷，制造安装工艺有缺陷。

（2）支吊架位置不合理。

（3）管道腐蚀。

（4）高压加热器频发跳闸，给水温度变化大，造成剧烈振动。

（5）管子蠕胀速度超过允许值，未及时采取相应措施。

（6）超过使用年限。

3. 处理

（1）如轻微泄漏、能维持汽包正常水位，则切断系统，可切换给水系统到备用系统或采用带压堵漏处理。

（2）若不能切断系统进行处理，轻微泄漏能维持汽包正常水位，采用带压堵漏或申请停炉。

（3）如严重爆破，不能维持汽包正常水位或严重威胁人身、设备安全时，应立即停炉，停止给水泵向锅炉供水。

八、蒸汽管道损坏

1. 现象

（1）管道爆破后有很大的响声，损坏处保温材料潮湿、漏汽。

（2）蒸汽压力下降，汽包水位上升。

（3）爆破点在流量测点前，蒸汽流量指示下降；反之，指示上升。

2. 原因

（1）错用钢材，焊接质量不佳，有气孔、夹渣、裂纹、未焊透等缺陷，制造安装有缺陷。

（2）支吊架固定位置不合理。

（3）管道腐蚀、保温脱落、风雨侵袭造成管道应力过大。

（4）启、停过程中，升温冷却速度过快，造成管道剧烈振动或发生水冲击。

（5）管道腐蚀速度超过允许值，未及时监督和未采取相应措施。

（6）超过使用年限。

3. 处理

（1）若轻微泄漏，监视运行，采用带压堵漏或申请停炉。

（2）如严重爆破，应立即停炉，停炉后，保持高水位，严防汽包上、下壁温差大于40℃。

九、给水管道水冲击

1. 现象

（1）管道有振动或冲击声。

（2）给水压力摆动大。

2. 原因

（1）上水前未彻底排除管道内空气。

（2）给水泵故障，止回门忽开忽关，给水压力剧变。

（3）给水管支架固定不好。

（4）给水温度剧烈变化。

（5）省煤器再循环使用不当。

3. 处理

（1）上水时全开空气门，应缓慢充水，将管内空气排尽，当空气门满管流水时，再关闭空气门。

（2）将给水管道固定好。

（3）保持给水温度、压力稳定。

十、蒸汽管道水冲击

1. 现象

（1）蒸汽管道振动或有冲击声。

（2）蒸汽压力摆动大。

2. 原因

（1）进汽前未进行暖管和疏水。

（2）有水或低温蒸汽进入高温管道内。

（3）蒸汽管道设计不合理，水平管道布置倾斜度不足，疏水管位置不合理，疏水不在最低点，无法疏水。

3. 处理

（1）延长暖管时间。

（2）开启过热器各疏水门，开启汽轮机主汽门前疏水门，必要时开启对空排气门。

（3）根据汽温情况，关小或解列减温水，特别是锅炉启动过程中尽可能在并网后投入减温器，必须投入减温器时，采用减温器调节阀前手动门节流，控制减温水流量，并调整燃烧，恢复正常蒸汽温度。

水冲击消除后，检查各支吊架情况，发现缺陷立即消除。

▶ **能力训练** ◀

1. 锅炉水冷壁损坏的现象、原因及处理措施分别是什么？

2. 锅炉过热器损坏的现象、原因及处理措施分别是什么？

3. 锅炉再热器损坏的现象、原因及处理措施分别是什么？

4. 锅炉省煤器损坏的现象、原因及处理措施分别是什么？

5. 锅炉缺水事故的现象、原因及处理措施分别是什么？

6. 锅炉满水事故的现象、原因及处理措施分别是什么？

7. 给水管道损坏的现象、原因及处理措施分别是什么？

8. 蒸汽管道损坏的现象、原因及处理措施分别是什么？

9. 给水管道水冲击的现象、原因及处理措施分别是什么？

10. 蒸汽管道水冲击的现象、原因及处理措施分别是什么？

任务二　制粉系统事故处理

▶ **任务目标** ◀

1. 知识目标

（1）掌握中间储仓式钢球磨煤机制粉系统故障处理的措施。

（2）掌握磨煤机、给煤机、排粉机、煤粉仓、粗粉分离器、细粉分离器故障的现象、原因及处理措施。

2. 能力目标

（1）能分析中间储仓式钢球磨煤机制粉系统故障处理的措施。

（2）能分析磨煤机、给煤机、排粉机、煤粉仓、粗粉分离器、细粉分离器故障的现象、原因及处理措施。

> 知识准备 <

一、中间储仓式钢球磨煤机制粉系统故障分析及处理

1. 遇到下列情况之一后，应紧急停止制粉系统

（1）锅炉灭火。

（2）中间储仓式制粉系统自燃着火和爆炸。

（3）磨煤机、排粉机、减速箱等轴承温度上升很快，超过厂家设计规定值或 SD 118—1984《125MW 机组锅炉运行规程》，DL/T 610—1996《200MW 级锅炉运行导则》规定值。

（4）磨煤机减速箱、磨煤机等轴承润滑油中断。

（5）磨煤机电动机，排粉机电动机电流不正常地升高，超过额定电流值。

（6）电气设备故障需停止。

（7）中间储仓式制粉系统细粉分离器发生严重堵塞。

（8）危及人身及设备安全。

2. 遇到下列情况，应紧急停止磨煤机运行

（1）磨煤机内爆炸。

（2）钢球磨煤机大瓦温度超过厂家规定值，回油温度超过规定值。

（3）磨煤机主轴承、减速箱等润滑油中断。

（4）磨煤机电动机、减速箱、磨煤机定轴承振动超过规定值。

（5）磨煤机大罐内发生强烈的撞击声，钢球磨煤机钢瓦脱落。

（6）同步电动机失励磁及冒烟，电流不正常，超过规定值。

（7）危及设备人身安全。

3. 遇到下列情况之一，应停止制粉系统

（1）磨煤机、粗粉分离器堵塞。经停止给煤机后仍不能很快恢复正常运行。

（2）磨煤机出口和排粉机入口温度表均失灵，无法监视风粉混合物温度。

（3）钢球磨煤机内钢瓦脱落，磨煤机产生异常的金属撞击声。

（4）磨煤机出口、粗粉分离器、细粉分离器、排粉机入口、煤粉仓等防爆门损坏或爆破。

（5）磨煤机、排粉机、减速箱等轴承温度升高。润滑油回油温度超过 50℃。

（6）设备发生振动或地脚螺栓有松动现象。

二、磨煤机断煤

1. 断煤现象

（1）磨煤机出口温度升高，磨煤机电流先大后小。

（2）磨煤机入口负压增大、压差减小、系统负压减小，磨煤机钢球声音增大。

（3）排粉机电流增大。

（4）过热蒸汽温度升高。

2. 断煤原因

（1）给煤机故障。

（2）原煤块过大，煤中有杂物，造成落煤管堵塞。

（3）原煤斗中无煤。

（4）原煤水分过大。

3. 磨煤机断煤的处理

（1）原煤斗不下煤，入口短管堵塞时，应立即进行敲打疏通，煤斗无煤时，立即通知燃料运行人员上煤。

（2）停止给煤机，消除大块原煤及杂物。

（3）若磨煤机出口温度超过 DL 435—1991《火电厂煤粉锅炉燃烧室防爆规程》表中规定的磨煤机出口允许最高温度时，仍不能及时消除磨煤机断煤时，应立即减少系统风量，关小热风门，开大冷风门，降低磨煤机出口温度。

三、磨煤机堵煤

1. 堵煤现象

（1）磨煤机入口负压减小，严重时变正压，磨煤机出、入口压差增大，排粉机入口负压增大。

（2）磨煤机入口向外跑粉，磨煤机声音沉闷。

（3）磨煤机出口温度下降。

（4）堵煤严重时，排粉机电流减小。

2. 堵煤原因

（1）原煤水分小，给煤机自流未及时发现和处理。

（2）磨煤机通风量调整不当，冷风/热风调整挡板开度失衡，磨煤机出口温度低，磨煤机干燥出力降低，或通风量不足。

（3）调整给煤量时，瞬间给煤量突然过大。

3. 堵煤的处理

（1）当磨煤机堵塞不严重时，应减小给煤量或停止给煤，根据磨煤机入口负压，适当增加或减少系统通风量；根据磨煤机出口温度，适当调整热风门和再循环门开度，维持磨煤机出口温度为规定值；当磨煤机出口温度降低时，应当减少冷风量或再循环风量，增加热风量，提高磨煤机出口温度。

（2）若磨煤机堵煤严重时，应停止磨煤机。断电后开启出入口检查孔，掏出积煤后进行通风，然后恢复正常运行。

四、粗粉分离器回粉管堵塞

1. 堵塞现象

（1）磨煤机入口负压减小，磨煤机压差减小，粗粉分离器出口负压增大。

（2）回粉管锁气器动作不正常或不动作。

（3）煤粉细度变粗，严重时排粉机电流减小。

2. 堵塞原因

（1）木屑分离器未投入或损坏。

（2）原煤中杂物、塑料、食品袋、木块过多。

(3) 回粉管锁气器卡塞。

(4) 排粉机入口挡板开度过大，系统负压过大。

(5) 粗粉分离器内防磨涂层脱落。

3. 堵塞处理

(1) 活动粗粉分离器锁气器，敲打疏通回粉管，清除木屑分离器。

(2) 减少或停止给煤量，活动或开大粗粉分离器调整挡板，将粗粉分离器内积粉抽走。若上述处理无效时，应停止制粉系统进行疏通工作。

五、旋风分离器堵塞

1. 堵塞现象

(1) 制粉系统三次风带粉量增加，在原有给粉机转数下，锅炉汽压、汽温升高，严重时安全阀动作。

(2) 旋风分离器入口负压减小，出口（排粉机入口）负压增大。

(3) 排粉机电流增大。

(4) 煤粉仓粉位下降。

2. 堵塞原因

(1) 下粉管锁气器刀口脱落，动作不灵活。

(2) 运行中输粉绞笼跳闸未及时发现或送粉时导向挡板倒错位置。

(3) 粉仓粉位过高。

(4) 煤粉水分大，黏在下粉管上，造成堵塞。

3. 堵塞处理

(1) 旋风分离器堵塞严重时，应检查旋风分离器下部锁气器和筛子，取出杂物后疏通下粉管。

(2) 堵塞严重时，应立即停止给煤机，关小排粉机入口挡板，降低给粉机转数，调整燃烧，维持原燃烧器的燃烧稳定。维持汽压，若锅炉汽压仍然上升，可停止部分燃烧器，如果影响锅炉燃烧，应停止制粉系统运行，待燃烧正常后，再启动排粉机，适当开启排粉机入口挡板，进行处理。

(3) 活动旋风分离器下粉管锁气器，并清理下粉篦子，敲打细粉分离器下粉管。

(4) 如粉仓满粉，立即停止制粉系统。

(5) 在处理过程中，应注意粉仓粉位，根据情况启动另一台制粉系统，维持适当负荷。

六、煤粉仓棚粉

1. 棚粉现象

(1) 煤粉仓棚粉后，给粉机下粉不均匀，一次风携带煤粉少，炉膛内烟气温度降低，锅炉汽温、汽压、蒸汽流量下降，锅炉负荷波动大。

(2) 不下粉的给粉机一次风管内风压变小，炉内燃烧不稳，严重时锅炉灭火。

2. 棚粉原因

(1) 煤粉仓内煤粉温度低，煤粉潮湿。

(2) 煤粉仓内煤粉温度高，煤粉自然结块。

3. 棚粉的处理

(1) 投入油枪助燃，调整风量，稳定燃烧。

（2）敲打或活动给粉机挡板，清理粉块。

（3）如果煤粉仓内粉位低，应进行补粉。

（4）不下粉的给粉机不应多台运行，应停止部分不下粉的给粉机，以免突然下粉造成汽压、汽温急剧升高。

（5）如锅炉灭火，按灭火事故处理。

七、给煤机跳闸

1. 跳闸现象

（1）控制盘上跳闸给煤机的红灯灭，绿灯闪光，事故喇叭响，电流指示到零。

（2）若监盘发现不及时，磨煤机出口温度高，磨煤机出、入口压差变小，并且磨煤机发出强烈的钢球撞击声。

2. 跳闸原因

（1）原煤的粒度太大或煤中的杂物卡住，刮板式给煤机链条不转或者本身原因，卡住链条不转；皮带给煤机断皮带等。

（2）煤层厚或其他原因造成给煤机过负荷。

（3）电气故障，机械故障。

3. 跳闸处理

（1）将跳闸给煤机的开关复位，适当减少制粉系统通风量，维持磨煤机出口温度不超过 DL 435—1991《火电厂煤粉锅炉燃烧室防爆规程》的规定。

（2）检查刮板式给煤机的链条及其他转动部位是否卡住，检查皮带给煤机的皮带等。

（3）检查电气设备。

（4）如给煤机故障短时不能排除，应停止制粉系统运行，故障消除后，重新启动制粉系统。

八、磨煤机跳闸

1. 跳闸现象

（1）控制盘上跳闸磨煤机的红灯灭，绿灯闪光，事故喇叭响。

（2）与跳闸磨煤机相对应的给煤机跳闸，跳闸的磨煤机、给煤机的电动机电流指示到零。

（3）磨煤机跳闸连锁动作，关闭停运磨煤机的热风门、冷风门、再循环风门；开启自然风门，切除停运磨煤机的出口温度、入口负压调节器。

（4）因润滑油压低保护动作而引起磨煤机跳闸时，控制盘上光字牌出现磨煤机润滑油压低信号。

（5）磨煤机入口负压增大，出、入口压差减小。

2. 跳闸原因

（1）锅炉大连锁或辅机连锁动作。

（2）润滑油压力低或流量低保护动作。

（3）低电压保护动作。

（4）电气设备故障，厂用电中断，有人按事故按钮。

3. 跳闸处理

（1）将跳闸磨煤机、给煤机开关复位。

（2）检查保护动作情况，如有漏项或保护应动而未动的，应手动完善。

（3）适当减小制粉系统的通风量，维持磨煤机的出口温度在规定值范围内，并保证磨煤机入口负压在规定值。

（4）检查电气设备情况，若发现问题及时处理。

（5）如跳闸磨煤机短时不能恢复，应停止排粉机运行，故障消除后，根据煤粉仓粉位情况联系值班人员，重新启动制粉系统。

九、排粉机跳闸

1. 跳闸现象

（1）在控制盘上跳闸排粉机的红灯灭，绿灯闪光，事故喇叭响。

（2）跳闸排粉机系统的磨煤机、给煤机跳闸，跳闸排粉机、磨煤机、给煤机的电动机电流指示回零。

（3）排粉机跳闸连锁动作，跳闸排粉机入口风门应关闭，跳闸的磨煤机入口的热风门、冷风门、再循环风门也应关闭，切除跳闸磨煤机出口温度、入口负压调节器，开启跳闸磨煤机的自然风门。

（4）炉膛负压增大。

（5）过热蒸汽温度、压力下降。

2. 跳闸原因

（1）锅炉辅机连锁动作。

（2）电气设备故障，厂用电中断，有人按事故按钮。

3. 跳闸处理

（1）将跳闸的排粉机、磨煤机、给煤机开关复位。

（2）检查保护动作情况，如有漏项或保护未动作，应手动完善。开启三次风冷风门，若三次风管有烧红现象，应申请降负荷。

（3）检查电气设备系统情况，若发现问题应及时处理。

（4）故障清除后，送上电源，重新启动。

（5）若排粉机故障需停电时，必须将三次风冷却风门选手动方式，手动开启对应的三次风冷却风门。排粉机送电后，三次风门冷却选自动方式，恢复自然状态。

十、制粉系统的自燃与爆炸

1. 自燃与爆炸的现象

（1）制粉系统负压不稳，剧烈波动，检查孔冒火星。

（2）制粉系统自燃处管壁温度不正常升高，煤粉温度升高。

（3）制粉系统爆炸时有响声，系统负压变正，从不严处向外冒粉、冒煤、冒火，防爆门鼓起或破裂。

（4）排粉机电流增大，振动增加，严重时叶片损坏。

2. 自燃与爆炸原因

（1）制粉系统内有存粉、积煤，温度升高面引起自燃。

（2）煤粉过细，水分过低。

（3）启动制粉系统时，有火源未及时消除。

（4）制粉系统在正常运行中断煤，磨煤机出口温度过高。

（5）磨煤机停止运行后，热风门未关严。

（6）外部火源或易燃易爆物品进入磨煤机。

（7）制粉系统在运行或检修时，未做好安全措施而进行明火作业。

3. 自燃与爆炸的处理

（1）当发现磨煤机入口有火源时，应加大给煤量或浇水。

（2）发现制粉系统自燃或爆炸时，应紧急停止制粉系统，关闭各风门，禁止开自然风门，严禁系统通风。

（3）关闭吸潮管挡板，必要时通入蒸汽消防灭火。

（4）蒸汽灭火后，打开各人孔门、检查孔进行系统内部检查。检查各部温度、爆破及设备损坏程度，确认无异常后，将积粉清理干净，可重新启动制粉系统。

（5）启动时，需加强通风干燥，并敲打粗粉分离器回粉管和旋风分离器下粉管，以防堵管。

十一、煤粉仓的自燃与爆炸

1. 自燃与爆炸现象

（1）煤粉仓内温度不正常地升高。

（2）煤粉仓内有烟或火星，并能嗅到烟的气味。

（3）严重时可能导致煤粉仓爆炸，爆炸时有巨大的响声，防爆门破裂。

（4）煤粉自燃后，结成焦炭或煤粉仓内壁材料裂纹脱落，使给粉机下粉不均匀或不下粉。严重时给粉机卡涩，造成燃烧不稳甚至锅炉灭火。

2. 自燃与爆炸原因

（1）磨煤机出口温度高，煤粉仓内温度超过规定值。

（2）煤粉过细，挥发分高，水分低。

（3）未执行煤粉仓定期降粉制度，煤粉仓内负压维持不够。

（4）停炉时煤粉仓内余粉过多，未能严密封闭煤粉仓，又没有采取防范措施。

（5）煤粉仓严重漏风及有外来火源或在煤粉仓附近明火作业。

3. 自燃与爆炸的处理

（1）如煤粉仓内温度超过规定值时，应停止制粉系统运行，关闭吸潮挡板，增加锅炉负荷，迅速降低煤粉仓粉位，或加大制系统出力，迅速补粉，淹熄自燃的煤粉。

（2）经降低粉位后，如果粉仓内煤粉温度仍继续上升，可使用灭火装置（CO_2 或蒸汽消防）。在投入蒸汽消防灭火时，应将蒸汽中疏水疏净，同时监视给粉机来粉情况，必要时投入油枪助燃。

（3）确认灭火后，方可重新启动制粉系统。

（4）停运的锅炉，煤粉仓发生自燃，应先将蒸汽消防管内水疏净后，使用蒸汽灭火。

4. 煤粉仓自燃与爆炸的预防措施

（1）经常检查制粉系统内的积粉。

（2）控制磨煤机出口温度在规定范围内。

（3）防止外来火源。

（4）停炉时间超过 3 天，应将煤粉仓内煤粉烧尽。

（5）消除煤粉仓漏风。

(6) 煤粉仓内温度超过规定值时，应立即降粉。

十二、双进双出钢球磨煤机的故障原因分析及处理

电动机与主减速箱齿形联轴器故障——齿条断裂故障原因分析及处理

1. 故障现象

(1) 电动机转动而钢球磨煤机大罐不转。

(2) 机组负荷直线下降。

(3) 磨煤机内煤位急剧上升。

(4) 磨煤机阻力增大，磨煤机出口温度呈下降趋势。

2. 故障原因

(1) 电动机主轴与减速箱连接轴不同心。

(2) 磨煤机启动时，电动机转动方向与磨煤机大罐摆动方向相反，启动力矩过大。

(3) 电动机地脚螺栓松动。

3. 故障处理

(1) 停止磨煤机运行，重新找正。

(2) 磨煤机启动时，待大罐盘车停止后，再投入气动离合器，以减少启动力矩。

十三、磨煤机大、小传动齿轮损坏故障原因分析及处理

1. 故障原因

(1) 磨煤机小齿轮地脚螺栓松动。

(2) 磨煤机大、小齿轮啮合部位变化，啮合间隙轴向跳动、径向跳动偏离设计值。

(3) 大、小齿轮内积存废润滑油过多，未定期清理。

2. 故障处理

(1) 停止磨煤机运行，拧紧地脚螺栓。

(2) 检查核对调整大小齿轮啮合情况，符合检修工艺规程要求，严重时将大小齿轮翻面重新找正。

(3) 清理大小齿轮内废润滑油。

十四、磨煤机气动离合器摩擦片损坏故障原因分析及处理

1. 故障现象

(1) 磨煤机启动时，就地有异味。

(2) 气动离合器投入后，磨煤机未转动。

2. 故障原因

磨煤机启动前，磨煤机冷却系统投入，使磨煤机驱动端和自由端轴瓦与大轴之间形成油膜。磨煤机冷却系统停止时，磨煤机大罐摆动，当磨煤机启动瞬间，气动离合器投入，大罐摆动方向与电动机转动方向相反时，将严重损坏气动离合器摩擦片。

3. 故障处理

磨煤机冷却系统停止，磨煤机大罐摆动停止后，（磨煤机冷却系统停止后，约 4min 大罐停止摆动）启动主电动机投入气动离合器，可有效防止气动离合器摩擦片的损坏。

十五、磨煤机驱动端和自由端大轴密封损坏故障原因分析与处理

1. 故障现象

(1) 磨煤机大轴密封损坏时，密封空气向大气中泄漏，发出强大的气流声。

（2）当泄漏严重时，密封空气压力低于磨煤机出口风压，大量煤粉将向外泄漏。

2. 故障原因

（1）大轴密封条接口断裂。

（2）大轴密封条压紧弹簧损坏。

3. 故障处理

（1）无备用磨煤机时，降低机组负荷，停止故障磨煤机运行。当有备用磨煤机时，应及时启动备用磨煤机，停故障磨煤机。

（2）更换磨煤机大轴密封圈。

十六、三次风逆止挡板脱落故障原因分析及处理

1. 故障现象

磨煤机内通风量受阻，增加磨煤机入口热风挡板开度，磨煤机入口、出口风压增加，而磨煤机通风量仍维持不变，说明三次风逆止挡板脱落。

2. 故障原因

检修质量不良。

3. 故障处理

停止磨煤机进行检修。

十七、磨煤机入口短管和热风道内积煤故障原因分析及处理

1. 故障现象

（1）磨煤机通风量降低，当磨煤机出口温度低时，开大热风挡板，通风量仍不能增大。

（2）磨煤机出口、粗粉分离器后风压降低。

2. 故障原因

（1）磨煤机正常停运或故障停运，磨煤机冷却系统未投入，磨煤机大罐未在低速下转动，即向磨煤机入口清除故障给煤机皮带上的原煤，造成磨煤机入口短管内堵煤。

（2）在给煤机自动秤校验前，应在停止磨煤机时，将给煤机皮带上的原煤走空。若在磨煤机停运的情况下，启动给煤机，将给煤机皮带至闸板之间原煤全部放入磨煤机入口短管内，堵煤高度超过磨煤机入口热风道，大量原煤通过热风道不锈钢网进入磨煤机入口水平热风道，堵塞磨煤机入口热风道。

（3）磨煤机在正常运行过程中堵煤，主要是原煤水分大，机组负荷大，运行人员未认真监视磨煤机出口气粉混合物温度。磨煤机出口混合温度已降低，未及时增加热风量，减少冷风量，提高磨煤机干燥能力。反而盲目增加给煤量，造成磨煤机入口堵塞。

3. 故障分析

以检修后的磨煤机正常运行的通风量、一次风机入口挡板开度、磨煤机入口热风挡板开度、磨煤机出口风压值为依据，与磨煤机日常运行时一次风投入口挡板开度、磨煤机入口热风调节挡板开度、磨煤机出口风压值对比，即可判断磨煤机入口堵煤情况。

4. 故障处理

停止磨煤机运行，进行解体清理。

十八、细粉分离器旋转锁气器堵塞故障原因分析及处理

1. 故障现象

（1）细粉分离器旋转锁气器被堵塞后，三次风带粉量增大，再热蒸汽温度和过热蒸汽温

度升高。

（2）旋转锁气器仍在运转。

2. 故障原因

旋转锁气器上部被塑料袋、尼龙编织物堵塞。

3. 故障处理

停止磨煤机运行，进行清理。

十九、磨煤机驱动端、自由端润滑系统油压低故障原因分析及处理

1. 故障现象

（1）磨煤机驱动端、自由端润滑油压力低报警。

（2）磨煤机驱动端、自由端润滑油油泵故障报警。

（3）磨煤机驱动端、自由端润滑油流量低报警。

2. 故障原因

（1）管线向外漏油。

（2）低压油泵出口溢流阀定值偏低，检修时溢流阀内部弹簧装错，弹簧不受力或弹簧断裂。

（3）轴承箱内润滑油量不足。

（4）低压润滑油泵入口管堵塞。

3. 故障处理

（1）消除管线漏油。

（2）提高检修质量。

（3）轴承箱内润滑油位在 1/2 以上。

（4）清理润滑油泵入口管线。

二十、磨煤机减速箱润滑油流量低故障原因分析及处理

1. 故障现象

（1）磨煤机减速箱润滑油压力低报警。

（2）磨煤机减速箱润滑油流量低报警。

（3）磨煤机减速箱润滑油泵故障报警。

2. 故障原因

（1）检修更换油质后，润滑油温低，加热器未投入。

（2）润滑油泵密封点或管接头漏油。

（3）减速箱内杂物多，过滤器堵塞。

（4）润滑油泵切换过程中，停运润滑油泵出口止回门被杂物卡塞，未关闭严密，投入运行的润滑油泵出口润滑油流入停用的备用润滑油泵，润滑油流向各润滑点的流量减少。

3. 故障处理

（1）消除管线泄漏点。

（2）清理润滑油过滤器。

（3）消除止回阀卡塞，保证止回阀关闭严密。

（4）电加热器投入，控制润滑油温度。

二十一、磨煤机主轴承温度升高故障原因分析及处理

1. 故障现象

磨煤机驱动端、自由端轴瓦温度高报警。

2. 故障原因

(1) 润滑油冷却器冷却水流量不足。

(2) 润滑油冷却水管内部结垢或堵塞。

3. 故障处理

(1) 磨煤机正常运行中，不定期监视磨煤机主轴瓦金属温度。若轴瓦金属温度有上升趋势，首先观察润滑油泵运行参数、冷却水系统供回水管管壁温度变化，判断轴瓦金属温度升高原因，是否需要停止故障磨煤机运行。启动备用磨煤机，进行故障磨煤机闭式冷却水系统的冲洗。

(2) 如果润滑油系统运行正常，一般将轴瓦冷却水回水阀关闭。卸开轴瓦侧法兰，将冷水中污水排放干净，轴瓦金属温度可以恢复到正常运行值。

二十二、中速磨煤机润滑油系统油压降低故障原因及处理

1. 故障可能原因

(1) 润滑油系统泄漏。

(2) 润滑油过滤网堵塞。

(3) 润滑油黏度低。

(4) 润滑油泵故障。

2. 故障的处理

(1) 润滑油系统检修，消除泄漏。

(2) 清洗或更换过滤网。

(3) 加大润滑油冷却器冷却水流量，降低润滑油温度，或使用高黏度润滑油。

(4) 检修或更换润滑油泵。

二十三、磨煤机出口气粉混合温度偏高

1. 故障可能原因

(1) 磨煤机着火。

(2) 原煤仓中的煤已自燃，或开始挥发的积煤进入磨煤机。

(3) 正压运行的磨煤机，石子煤箱内充满可能引燃的黄铁矿及纤维可燃物质未及时排出。

(4) 上次停磨时，残留的煤粉未抽净，在间隔较长时间内再启动，残留煤粉已经自燃。

(5) 磨煤机入口热一次风门误动作开大。

(6) 磨煤机入口冷一次风门误动作关小。

(7) 给煤机误动作停止，或给煤机堵塞。

(8) 磨煤机出口温度控制器误动作。

2. 故障处理

(1) 当发现磨煤机着火迹象时，应立即减少通风量，适当加大给煤量。若上述处理无效，应停止制粉系统，关闭一次风进口挡板及出口隔绝挡板，断绝空气来源，以将火源熄灭。然后开启磨煤机检查门及石子煤门，喷入灭火剂。

（2）关闭热一次风门，停止磨煤机，检修热一次风控制系统。

（3）关闭冷一次风门，停止磨煤机，检修冷一次风门控制系统。

（4）停止磨煤机，检查、修理给煤机控制系统和给煤管堵塞。

（5）检查校对磨煤机出口温度表，若超过误差时应更换。

二十四、磨煤机出口温度低

1. 故障可能原因

（1）原煤太湿。

（2）热一次风门未开或开度不足。

（3）冷/热一次风误动作，冷风门开度大；热风门开度小；一次风温度低；一次风流量低。

2. 故障处理

（1）降低给煤量。

（2）检查和修理热一次风门，开大热一次风门。

（3）停止磨煤机运行，检查和检修冷/热风门控制系统。

（4）冷风门关小。

（5）热风门开大。

（6）提高一次风温度，降低给煤量。

（7）增加一次风流量。

二十五、磨煤机电动机电流过大

1. 故障可能原因

（1）给煤量过大，磨煤机过载或原煤太湿。

（2）煤粉过细。

（3）磨煤机加载装置弹簧压力过大。

（4）电动机故障。

（5）磨煤机断煤。

2. 故障处理

（1）降低给煤机的给煤量，检查给煤机和原煤水分与煤的硬度。

（2）调整粗粉分离器调节挡板开度，使煤粉细度 R_{90} 符合锅炉燃烧要求。

（3）检查调整中速磨煤机加载装置到设定值。

（4）检查修理电动机。

（5）检查给煤机和落煤管是否堵塞。

二十六、磨煤机电动机电流过小

1. 故障可能原因

（1）电动机联轴器与轴断开。

（2）有的磨辊卡住没有工作。

2. 故障处理

（1）停止磨煤机，检查修理联轴器。

（2）停止磨煤机运行，检查修理磨辊。

二十七、磨碗处风压偏高

1. 故障可能原因

(1) 给煤机给煤量过多，磨煤机过载。

(2) 煤粉过细。

(3) 磨碗风环堵塞。

(4) 一次风流量过大。

(5) 磨碗风环通流面积不够。

2. 故障处理

(1) 降低给煤机的给煤量，检查给煤机挡板及控制系统和煤的硬度。

(2) 调整粗粉分离器调节挡板开度，使 R_{90} 符合燃烧要求。

(3) 清扫磨煤机磨碗风环。

(4) 检查一次风机控制系统。

(5) 拆除部分风环节流圈。

二十八、磨碗处风压偏低

1. 故障可能原因

(1) 给煤机给煤量降低。

(2) 磨碗风环泄漏。

(3) 一次风流量过小。

2. 故障处理

(1) 检查给煤机运行情况及下煤管堵塞情况。

(2) 检查修理磨碗风环泄漏。

(3) 检查一次风控制系统。

二十九、锅炉燃烧器喷嘴断煤

1. 故障可能原因

(1) 一次风煤粉管道堵塞。

(2) 给煤机、下煤管堵塞。

(3) 一次风流量过小。

2. 故障处理

(1) 停止给煤机运行，检查磨煤机一次风流量，敲击一次风煤粉管道，或用压缩空气由燃烧器向粗粉分离器端分段吹扫。

(2) 检查疏通给煤机和下煤管。

(3) 检查一次风控制风门运行情况，增加一次风流量。

三十、煤粉细度太粗或过细的原因及处理

1. 故障可能原因

(1) 粗粉分离器调节挡板开度不当。

(2) 粗粉分离器调节挡板内外指示不一致。

(3) 粗粉分离器调节挡板磨损。

(4) 内锥体衬板磨损。

(5) 粗粉分离器倒内锥体位置不正确。

2. 故障处理

(1) 调整粗粉分离器调节挡板开度，使煤粉细度 R_{90}、R_{200} 满足经济燃烧要求。

(2) 校对粗粉分离器调节挡板，使调节挡板内、外指示一致。

(3) 粗粉分离器调节挡板，内锥体衬板磨损部位进行检修或更换。

(4) 将倒内锥体公差降至 1/2 或 3in。

三十一、磨碗上方有噪声

1. 故障可能原因

(1) 磨煤机磨碗上方无煤。

(2) 磨辊工作不正常。

(3) 磨辊加载装置弹簧压力不均匀。

2. 故障处理

(1) 停止磨煤机运行，检修磨辊。

(2) 检查磨辊加载装置。

三十二、磨碗下方有噪声

1. 故障可能原因

(1) 刮板断裂。

(2) 风环断裂。

2. 故障处理

停止磨煤机运行，检查修理。

三十四、齿轮箱有噪声

1. 故障可能原因

(1) 轴承损坏。

(2) 齿轮损坏。

2. 故障处理

停止磨煤机运行，检查修理。

三十四、水平驱动轴漏油

1. 故障可能原因

迷宫式密封脏污。

2. 故障处理

停止磨煤机运行，清洗迷宫式密封。

三十五、齿轮箱油温升高

1. 故障可能原因

(1) 冷却水流量低。

(2) 冷油器堵塞。

(3) 油位低。

2. 故障处理

(1) 增加冷却水流量。

(2) 清理冷油器。

(3) 加油提高油位，并检查、消除漏油。

三十六、磨煤机负荷过大

1. 故障可能原因

（1）给煤量过大，磨碗上煤层太厚。

（2）加载装置加载弹簧压力过大。

（3）磨碗与磨辊间隙不当。

（4）煤粉过细。

（5）原煤粒度太小。

2. 故障处理

（1）减小给煤量。

（2）降低加载装置加载弹簧压力。

（3）调整磨碗与磨辊间隙符合设计值。

（4）调整粗粉分离器调节挡板开度，降低煤粉细度。

（5）改进混配煤工作，增大原煤尺寸。

三十七、轴承温度升高

1. 故障可能原因

（1）润滑油油位低。

（2）冷油器冷却水流量不足，或冷却水温度偏高。

（3）轴承工作不正常。

2. 故障处理

（1）增加润滑油。

（2）检查和清洗冷油器，增加冷却水流量或降低冷却水温度。

（3）检修或更换轴承。

三十八、润滑油系统断油

1. 故障可能原因

（1）润滑油系统油管或油过滤器堵塞。

（2）润滑油泵工作不正常。

2. 故障处理

（1）停止磨煤机运行，清洗润滑油管路和过滤器。

（2）停止磨煤机运行后，检修或更换润滑油泵。

三十九、石子煤排出口漏煤

1. 故障可能原因

（1）磨煤机过载——给煤量过多或煤粉过细。

（2）磨辊、磨碗磨损。

（3）加载装置弹簧压力不当（太大或太小）。

（4）磨辊在启动时不转。

（5）通过磨碗的一次风速太低。

（6）磨煤机风环开得太大。

2. 故障处理

（1）减少给煤量，同时检查给煤机运行情况以及原煤硬度，适当开大粗粉分离器调节挡板开度。

　　（2）调整磨辊、磨碗间隙符合设计值。

　　（3）更换磨辊、磨碗。

　　（4）调整加载弹簧压力。

　　（5）停止磨煤机运行，打开磨煤机检查孔，清除异物。

　　（6）增加暖磨时间。

　　（7）检查磨辊润滑油黏度。

　　（8）增大原煤粒度。

　　（9）检查一次风控制系统的运行情况，提高磨碗的一次风速。

　　（10）增加风环节流圈，提高风环流速。

▶ 能力训练 ◀

　　1. 中间储仓式钢球磨煤机制粉系统故障处理的措施是什么？

　　2. 磨煤机断煤的现象、原因及处理措施分别是什么？

　　3. 磨煤机堵煤的现象、原因及处理措施分别是什么？

　　4. 粗粉分离器回粉管堵塞的现象、原因及处理措施分别是什么？

　　5. 旋风分离器堵塞的现象、原因及处理措施分别是什么？

　　6. 给煤机跳闸的现象、原因及处理措施分别是什么？

　　7. 磨煤机跳闸的现象、原因及处理措施分别是什么？

　　8. 排粉机跳闸的现象、原因及处理措施分别是什么？

任务三　燃烧系统事故处理

▶ 任务目标 ◀

　　1. 知识目标

　　（1）掌握炉膛灭火的现象、原因及处理措施。

　　（2）掌握尾部烟道二次燃烧的现象、原因及处理措施。

　　2. 能力目标

　　（1）能分析炉膛灭火的现象、原因及处理措施。

　　（2）能分析尾部烟道二次燃烧的现象、原因及处理措施。

▶ 知识准备 ◀

　　常见的锅炉燃烧事故有炉膛灭火和尾部烟道二次燃烧。

　　一、炉膛灭火

　　炉膛灭火事故是锅炉的常见事故。运行中发生炉膛灭火时，若能及时发现，正确处理，则能尽快重新点火恢复锅炉运行；若发现不及时，没有立即切断燃料或处理不当，则可能引起炉膛或烟道爆炸，即打炮。锅炉一旦发生煤粉爆燃，会造成锅炉设备严重损坏，甚至造成人身伤亡事故。

1. 炉膛灭火的现象

炉膛灭火时通常有以下现象：

（1）炉膛负压急剧增大，炉膛发黑，锅炉灭火报警并 MFT。

（2）汽温、汽压及蒸汽流量急剧下降，氧量表摆到最大。

（3）若因辅机事故引起灭火，如引风机、送风机一次风机跳闸等事故，则还伴有这些辅机事故的现象。

2. 炉膛灭火的原因

（1）煤质太差或煤种突变。煤中灰分、水分偏高，挥发分偏低，致使着火困难，容易灭火。煤种突变，发热量和成分与设计煤种相差太大，也容易造成灭火。

因此，在燃用劣质煤时，应提前通知运行人员，并加强燃烧的监视和调节，以防灭火。

（2）炉膛温度低。运行时锅炉负荷低、炉膛漏风过大、风量偏大、打焦孔和其他孔、门开启时间过长，均会造成炉膛温度降低，使燃料着火困难，容易灭火。

为防止因炉膛温度低而造成灭火，运行中应注意控制风量，保持最佳过量空气系数，正常运行时，炉膛负压不宜过大，炉膛各孔、门的开启时间不宜过长，以免漏风过大。此外，运行中锅炉的负荷不能太低（一般国产锅炉的负荷应大于 50% 额定负荷，进口锅炉的负荷应大于 40% 额定负荷）；若必须在低负荷下运行时，应及时投油枪助燃，以稳定燃烧。

（3）燃烧调整不当。运行中燃烧调整不当，如风、粉配比不当，一次风速过高以致燃烧器根部脱火，一次风速过低以致一次风管堵塞，给粉机给粉不均等，均会造成锅炉燃烧不稳，甚至灭火。

因此，运行中应根据锅炉负荷和燃料情况，正确调整燃烧工况。

此外，锅炉辅机事故，如送、引风机跳闸、给粉机故障、受热面爆破等，也会造成炉膛灭火。

3. 炉膛灭火的处理

（1）炉膛灭火后，应立即停止全部给粉机、停止制粉系统、关闭所有油喷嘴，切断向炉内供应一切燃料。

（2）注意并保持锅炉汽包水位，关闭各级减温水。

（3）减小锅炉送、引风量至 30% 额定风量，通风 5~10min，抽出炉膛和烟道中的存粉，待查明原因并消除后，方可按热态启动重新点火。

若炉膛灭火后出现打炮，则应立即停止全部给粉机、停止制粉系统、关闭所有油喷嘴，切断向炉内供应一切燃料。并停止送、引风，关闭因爆炸而打开的人孔门、看火门，修复防爆门，检查并确认炉膛和烟道无火苗时，可启动引风机 5~10min 抽粉。若发现烟道中有火，则应先用专用灭火器或吹灰器灭火，待无火苗时，再通风抽粉。查明原因并消除后，可重新启动。若打炮造成锅炉设备损坏，如水冷壁管弯曲、漏水，横梁弯曲，炉墙破裂，汽包移位等，则应停炉检修。

二、尾部烟道二次燃烧

锅炉烟道中沉积的可燃性物质发生燃烧时，称为尾部烟道二次燃烧。

1. 尾部烟道二次燃烧的现象

（1）烟道各部分温度和排烟温度急剧上升，烟道和炉膛负压急剧波动甚至变成正压。

（2）烟筒冒黑烟，氧量变小，严重时从烟道各孔、门处和引风机轴封处冒烟或火星，烟道防爆门动作。

（3）锅炉各运行参数不正常，参数的变化与燃烧与在烟道中的位置有关。一般是汽压、蒸汽流量下降，过热蒸汽温度、再热蒸汽温度及空气预热器出口风温部分或全部升高，空气预热器电流增大，严重时变形卡涩。

2. 尾部烟道二次燃烧的原因

发生尾部烟道二次燃烧是由于烟道中沉积了大量的可燃性物质，在一定条件下重新燃烧。造成烟道中可燃性物质积聚的原因有：

（1）燃烧工况失调。运行中煤粉过粗、风粉混合差、给粉机给粉不均、火焰中心偏高等，均会造成煤粉未燃尽就进入烟道；燃油中水分大、杂质过多、来油不均，雾化质量差等，也会造成油滴和炭黑沉积于尾部烟道。因此，运行中应严密监视燃烧工况，对故障设备要及时修理。

（2）低负荷运行时间过长或启、停炉频繁。锅炉长时间低负荷运行或频繁启、停，一方面炉膛温度低，燃烧工况差，煤粉燃烧不充分；另一方面，烟气速度较低，易造成可燃物沉积。

（3）风量调节不当。锅炉在低负荷运行时，风量调整不当，特别是在油、煤混烧阶段，容易造成未燃尽的炭黑、油滴和煤粉沉积于烟道中。

3. 尾部烟道二次燃烧的处理

（1）运行中发现烟道温度、排烟温度不正常地升高时，应检查风、粉配合情况及燃烧工况，并调节燃烧方式，如降低火焰中心位置，投吹灰装置对受热面进行吹灰，必要时降低锅炉负荷。

（2）若采取上述措施无效，烟道和排烟温度急剧升高，并检查判明已发生烟道二次燃烧时，应立即停炉，停止向炉内供应一切燃料，停止送、引风和一次风，关闭各风门挡板和烟道周围的门、孔，用蒸汽吹灰器或专用整齐灭火管进行灭火；打开省煤器再循环门保护省煤器，维持少量给水，保持汽包水位；根据汽温的变化情况及时调节减温水；开启旁路系统保护再热器。待烟道各部分温度恢复至正常值，可关闭吹灰器，缓慢打开检查孔、门，确认烟道中已无火苗，小心启动引风机并逐渐打开其挡板，抽出烟道内的烟气和蒸汽，冷却后，对烟道受热面进行全面检查后方可重新启动。

▶ 能力训练 ◀

1. 炉膛灭火的现象、原因及处理措施分别是什么？
2. 尾部烟道二次燃烧的现象、原因及处理措施分别是什么？

参 考 文 献

[1] 张磊，廉根宽. 大型锅炉运行. 北京：中国电力出版社，2012.

[2] 张磊，彭德振. 大型火力发电机组集控运行. 北京：中国电力出版社，2006.

[3] 张磊. 超超临界火力发电机组集控运行. 北京：中国电力出版社，2008.

[4] 张磊，柴彤. 大型火力发电机组故障分析. 北京：中国电力出版社，2007.

[5] 张磊，张立华. 600MW 火力发电厂机组运行技术　锅炉分册. 北京：中国电力出版社，2006.

[6] 张磊，柴彤. 大型火力发电厂典型生产管理. 北京：中国电力出版社，2008.

[7] 陈庚. 单元机组集控运行. 北京：中国电力出版社，2001.

[8] 杨飞. 单元机组运行. 2 版. 北京：中国电力出版社，2006.

[9] 孙奉仲，杨祥良，等. 热电联产技术与管理. 北京：中国电力出版社，2008.

[10] 姚文达，姜凡. 火电厂锅炉运行及事故处理. 北京：中国电力出版社，2007.

[11] 李增枝. 锅炉运行. 北京：中国电力出版社，2007.

[12] 廉根宽，张磊. 辅助设备检修. 北京：中国电力出版社，2013.

[13] 张磊，廉根宽. 电站锅炉四管泄漏分析与治理. 北京：中国水利水电出版社，2009.

[14] 张磊，廉根宽. 大型热电机组运行与管理. 北京：中国水利水电出版社，2010.

[15] 张磊，廉根宽. 锅炉运行技术问答. 北京：化学工业出版社，2009.

[16] 王金枝，程新华. 电厂锅炉原理. 3 版. 北京：中国电力出版社，2014.

[17] 牛卫东. 单元机组运行. 3 版. 北京：中国电力出版社，2013.